浙江省普通高校“十三五”新形态教材

土木工程施工学习辅导与练习

谢咸颂 主编

化学工业出版社
·北京·

内 容 简 介

本教材依据高等学校土木工程学科专业指导委员会制定的“土木工程施工”课程指导性教学内容与要求，以及最新的施工及验收规范、标准编写而成。全书共分十章，主要内容包括土方工程、深基础工程、砌筑工程、钢筋混凝土工程、预应力混凝土工程、结构安装工程、路桥工程、防水工程、装饰装修工程、脚手架工程等。每章包含学习要点以及填空题、单项选择题、多项选择题、术语（名词）解释、问答题、计算题、案例分析等多种题型的练习与解答。本教材还配有七十余个教学微课视频和十套模拟试题，方便教师组织教学和学生自学与练习。

本教材为高等学校土木工程专业土木工程施工课程的教学指导书，也可供参加自学考试、培训考试、执业资格考试人员及专业人员参考。

图书在版编目（CIP）数据

土木工程施工学习辅导与练习/谢咸颂主编．—北京：化学工业出版社，2021.1

浙江省普通高校“十三五”新形态教材

ISBN 978-7-122-38045-6

Ⅰ.①土… Ⅱ.①谢… Ⅲ.①土木工程-工程施工-高等学校-教材 Ⅳ.①TU7

中国版本图书馆 CIP 数据核字（2020）第 244586 号

责任编辑：王文峡　　文字编辑：林　丹　师明远

责任校对：王佳伟　　装帧设计：王晓宇

出版发行：化学工业出版社（北京市东城区青年湖南街 13 号　邮政编码 100011）

印　　刷：北京京华铭诚工贸有限公司

装　　订：三河市振勇印装有限公司

880mm×1230mm　1/16　印张 16　字数 477 千字　　2021 年 3 月北京第 1 版第 1 次印刷

购书咨询：010-64518888　　售后服务：010-64518899

网　　址：http://www.cip.com.cn

凡购买本书，如有缺损质量问题，本社销售中心负责调换。

定　　价：58.00 元

前言

《土木工程施工学习辅导与练习》是浙江省高等学校在线开放课程“施工技术”的配套教材，旨在解决施工技术知识点多与课时少的矛盾，改变学生对知识点的重点掌握不透、理解不深，对考点判断存在偏差，对要点把握不足，学习方法不得力，学习效果不佳等现状。编者结合多年来一线教学经验，以知识点简明清晰、突出重点为原则，将经典的教学内容及考题，与施工新技术、新方法、新规范、新标准凝结为一体。每章分为学习要点、习题及解答两部分：其中学习要点力求条理分明、简洁清晰，精心制作了七十余个教学微课视频，方便学生进行碎片化学习；习题及解答力求题型丰富经典、内容全面、解析到位，提供了填空题、单项选择题、多项选择题、术语（名词）解释、问答题、计算题、案例分析题等七种题型的练习与解答。同时还提供了十套模拟试题与相应的参考答案，便于检查知识的掌握程度。

本书由谢咸颂主编。教材共十章，其中第一章、第四章、第五章、第六章、第九章、第十章及模拟试题由衢州学院谢咸颂编写，第二章、第三章由三明学院苏万鑫编写，第七章由衢州市住房和城乡建设局毛建林编写，第八章由衢州市住房和城乡建设局周慧编写。本教材的建筑云课教学视频由北京睿格致科技有限公司制作与提供。衢州学院建筑工程学院胡云世、金坚强、汪小超担任本教材第二章、第三章、第九章的视频教学工作。

本书由谢咸颂负责全书统稿。在编写过程中参考了许多文献资料、有关的施工技术和管理经验，得到了土木工程界专业人士的热情帮助和大力支持，谨此对文献资料的作者和有关经验的总结者表示诚挚的感谢。

本书的其他视频和相关资料放在浙江省高等学校在线开放课程共享平台上，网址 https://www.zjooc.cn/。需要在浙江省高等学校在线开放课程共享平台上开课的学校可以联系本书作者，发邮件至 xsong1967@126.com。

由于编者水平有限，书中难免有不足之处，恳切希望读者批评指正。

编者

2020 年 4 月

目 录

第一章 土方工程 / 001

学习要点 / 001
第一节 概述 / 001
一、土的工程分类 / 001
二、土的工程性质 / 001
第二节 土方量计算与调配 / 003
一、基坑、基槽、路堤的土方量计算 / 003
二、场地平整标高计算 / 003
三、土方调配与优化 / 006
第三节 排水与降水 / 009
一、集水井排水或降水 / 009
二、流砂及其防治 / 010
三、井点降水法 / 010
四、降水对周围地面的影响及预防措施 / 015
第四节 边坡与支护 / 015
一、土方边坡 / 015
二、土壁支护 / 016
第五节 土方工程机械与开挖 / 017
一、主要挖土机械及其性能 / 017
二、基坑开挖 / 018
第六节 土方填筑 / 019
一、土料选择和填筑方法 / 019
二、填土压实方法 / 020
三、影响填土压实的因素 / 020
四、填土压实的质量检验 / 020
习题及解答 / 021

第二章 深基础工程 / 034

学习要点 / 034
第一节 概述 / 034
一、深基础的类型 / 034
二、桩基础组成与种类 / 034
三、常用规范 / 034
第二节 预制桩施工 / 035
一、预制桩的制作、运输和堆放 / 035
二、锤击沉桩法施工 / 035
三、静力压桩法施工 / 037
四、振动沉桩法施工 / 037
第三节 灌注桩施工 / 037
一、干作业成孔灌注桩（用于无地下水或已降水） / 038
二、泥浆护壁成孔法（有地下水） / 038
三、沉管灌注桩 / 040
四、人工挖孔灌注桩 / 040
第四节 其他深基础施工 / 041
一、地下连续墙施工 / 041
二、墩基础施工 / 041
三、沉井基础 / 042
第五节 桩基础的检测与验收 / 042
一、桩基础的检测 / 042
二、桩基础验收 / 042
习题及解答 / 043

第三章 砌筑工程 / 052

学习要点 / 052
第一节 概述 / 052

第二节　砌筑材料的准备　/ 052
一、块材　/ 052
二、砂浆　/ 053
三、垂直运输　/ 055
第三节　砖砌体施工　/ 055
一、施工准备　/ 055
二、施工工艺　/ 055
第四节　砌块砌体施工　/ 057
一、施工准备　/ 057
二、砌筑施工　/ 057
三、构造柱、圈梁、混凝土带、芯柱等施工　/ 058
四、砌块砌体质量要求　/ 058
五、填充墙砌筑要求　/ 058
第五节　石砌体施工　/ 059
一、毛石砌体施工　/ 059
二、料石砌体施工　/ 059
三、石挡墙施工　/ 059
习题及解答　/ 059

第四章　钢筋混凝土工程　/ 070

学习要点　/ 070
第一节　概述　/ 070
第二节　钢筋工程　/ 070
一、钢筋概述　/ 070
二、钢筋连接　/ 071
三、钢筋配料　/ 074
四、钢筋代换　/ 076
五、钢筋安装　/ 077
六、钢筋的隐蔽工程验收　/ 078
第三节　模板工程　/ 078
一、概述　/ 078
二、一般现浇构件的模板构造　/ 079
三、组合式定型模板　/ 080
四、工具式模板　/ 080
五、永久式模板　/ 081
六、模板设计　/ 082
七、模板的拆除　/ 084
第四节　混凝土工程　/ 084
一、混凝土的制备　/ 084
二、混凝土的运输　/ 086
三、混凝土的浇筑　/ 086
四、混凝土密实成型　/ 089
五、混凝土养护　/ 090
六、混凝土质量检验　/ 090
习题及解答　/ 092

第五章　预应力混凝土工程　/ 111

学习要点　/ 111
第一节　概述　/ 111
第二节　先张法施工　/ 111
一、先张法施工设备　/ 112
二、先张法施工工艺　/ 112
第三节　后张法施工　/ 113
一、锚具和张拉机具　/ 114
二、后张法有黏结预应力施工　/ 114
三、后张无黏结预应力施工　/ 116
四、后张缓黏结预应力施工　/ 117
习题及解答　/ 117

第六章　结构安装工程　/ 125

学习要点　/ 125
第一节　概述　/ 125
第二节　起重机械与设备　/ 125
一、自行杆式起重机　/ 125
二、塔式起重机　/ 126
三、桅杆式起重机　/ 127
四、起重索具设备　/ 127
第三节　单层工业厂房结构安装　/ 129
一、吊装前准备　/ 129
二、构件吊装工艺　/ 129
三、结构吊装方案　/ 131
第四节　多、高层房屋结构安装　/ 135

一、吊装机械的选择与布置 / 135
二、结构吊装方法与吊装顺序 / 135
三、构件的平面布置 / 135
四、构件吊装工艺 / 136
习题及解答 / 137

第七章 路桥工程 / 146

学习要点 / 146
第一节 概述 / 146
第二节 路基工程 / 146
一、路基填筑 / 146
二、路堑开挖 / 147
三、路基压实 / 147
第三节 路面工程 / 147
一、路面基垫层施工 / 147
二、沥青路面施工 / 148
三、水泥混凝土路面施工 / 149
第四节 桥梁工程 / 149
一、桥梁工程施工的内容 / 149
二、基础墩台施工 / 149
三、桥梁上部结构施工 / 150
习题及解答 / 151

第八章 防水工程 / 155

学习要点 / 155
第一节 概述 / 155
第二节 地下防水工程 / 155
一、概述 / 155
二、防水混凝土 / 156
三、卷材防水层施工 / 158
四、涂膜防水层施工 / 159
五、膨润土板（毡）防水层施工 / 159
第三节 屋面防水工程 / 160
一、概述 / 160
二、卷材防水层施工 / 160
三、涂膜防水施工 / 161
习题及解答 / 162

第九章 装饰装修工程 / 174

学习要点 / 174
第一节 概述 / 174
第二节 抹灰工程 / 175
一、抹灰的组成与分类 / 175
二、基体处理 / 175
三、抹灰材料要求 / 175
四、一般抹灰施工 / 176
五、装饰抹灰施工 / 176
第三节 饰面工程 / 177
一、饰面砖镶贴 / 177
二、石材饰面板安装 / 179
三、木质地板安装 / 180
四、金属幕墙安装 / 180
第四节 门窗与吊顶工程 / 181
一、门窗安装工程 / 181
二、吊顶工程 / 182
第五节 涂饰与裱糊工程 / 183
一、涂饰工程 / 183
二、裱糊工程 / 184
第六节 细部工程 / 185
第七节 墙体保温工程 / 185
一、外墙保温工程 / 185
二、外墙内保温施工 / 186
三、外墙外保温系统施工 / 187
习题及解答 / 193

第十章 脚手架工程 / 204

学习要点 / 204
第一节 概述 / 204

一、脚手架的分类 / 204
二、脚手架的搭设要求 / 204
第二节 扣件式及碗扣式钢管脚手架 / 205
一、扣件式钢管脚手架 / 205
二、碗扣式钢管脚手架 / 206
第三节 盘扣式及门式钢管脚手架 / 206
一、盘扣式钢管脚手架 / 206
二、门式钢管脚手架 / 206
第四节 悬挑式及附着式脚手架 / 207
一、悬挑式脚手架 / 207
二、附着升降式脚手架 / 207
习题及解答 / 208

附录 模拟试题 / 217

试题一 / 217
试题二 / 220
试题三 / 222
试题四 / 225
试题五 / 227
试题六 / 229
试题七 / 231
试题八 / 234
试题九 / 237
试题十 / 238

参考文献 / 241

二维码一览表

序号	二维码名称	页码
1	1-1　微课 1　土的工程分类及性质(1)	002
2	1-2　微课 2　土的工程分类及性质(2)	003
3	1-3　微课 3　土方量计算与调配(1)	004
4	1-4　微课 4　土方量计算与调配(2)	005
5	1-5　微课 5　土方量计算与调配(3)	006
6	1-6　微课 6　土方量计算与调配(4)上	008
7	1-7　微课 7　土方量计算与调配(4)下	009
8	1-8　4D 微课　集水井降水	010
9	1-9　微课 8　轻型井点概述(1)	011
10	1-10　微课 9　轻型井点布置(2)	012
11	1-11　微课 10　轻型井点计算(3)	013
12	1-12　微课 11　轻型井点计算实例(4)上	015
13	1-13　微课 12　轻型井点计算实例(4)下	015
14	1-14　4D 微课　轻型井点降水	015
15	1-15　4D 微课　土钉支护施工	016
16	1-16　微课 13　土方工程机械化施工(1)	018
17	1-17　4D 微课　基坑中心岛法与盆式开挖	019
18	1-18　微课 14　土方工程机械化施工(2)	019
19	1-19　微课 15　土方填筑	020
20	1-20　填空题解答	021
21	1-21　单项选择题解析	022
22	1-22　多项选择题解析	028
23	1-23　名词解释解答	031
24	1-24　问答题解答	031
25	1-25　计算题解答	031
26	1-26　案例分析参考答案	033
27	2-1　微课 16　锤击沉桩法施工(上)	036
28	2-2　微课 17　锤击沉桩法施工(下)	037
29	2-3　4D 微课　预制管桩施工(静压力)	037
30	2-4　微课 18　干作业灌注桩	038

序号	二维码名称	页码
31	2-5　微课 19　泥浆护壁灌注桩	039
32	2-6　4D 微课　钻孔灌注桩	039
33	2-7　微课 20　沉管灌注桩(上)	040
34	2-8　微课 21　沉管灌注桩(下)	040
35	2-9　4D 微课　沉管灌注桩	040
36	2-10　4D 微课　人工挖孔桩施工	041
37	2-11　4D 微课　地下连续墙施工	041
38	2-12　填空题解答	043
39	2-13　单项选择题解析	044
40	2-14　多项选择题解析	048
41	2-15　术语解释解答	050
42	2-16　问答题解答	050
43	2-17　案例分析参考答案	050
44	3-1　微课 22　砌体结构(1)砌筑砂浆	055
45	3-2　微课 23　砌体结构(2)砖砌体施工	056
46	3-3　微课 24　砌体结构(3)砖砌体质量要求	057
47	3-4　4D 微课　砌块砌筑施工	058
48	3-5　4D 微课　构造柱施工	058
49	3-6　4D 微课　填充墙施工	058
50	3-7　填空题解答	059
51	3-8　单项选择题解析	060
52	3-9　多项选择题解析	066
53	3-10　术语解释解答	068
54	3-11　问答题解答	068
55	3-12　案例分析参考答案	068
56	4-1　微课 25　钢筋工程(1)	071
57	4-2　微课 26　钢筋工程(2)	073
58	4-3　微课 27　钢筋工程(3)	074
59	4-4　微课 28　钢筋工程(4)	076
60	4-5　4D 微课　梁钢筋绑扎施工	078
61	4-6　4D 微课　柱钢筋绑扎施工	078
62	4-7　4D 微课　板钢筋绑扎施工	078

序号	二维码名称	页码
63	4-8　微课 29　钢筋工程(5)	078
64	4-9　4D 微课　梁模板安装施工	080
65	4-10　4D 微课　柱模板安装施工	080
66	4-11　4D 微课　板模板安装施工	080
67	4-12　微课 30　混凝土工程(1)上	085
68	4-13　微课 31　混凝土工程(1)下	086
69	4-14　微课 32　混凝土工程(2)上	087
70	4-15　微课 33　混凝土工程(2)下	088
71	4-16　微课 34　混凝土工程(3)	089
72	4-17　微课 35　混凝土工程(4)	090
73	4-18　微课 36　混凝土工程(5)	091
74	4-19　填空题解答	092
75	4-20　单项选择题解析	094
76	4-21　多项选择题解析	101
77	4-22　术语解释解答	105
78	4-23　问答题解答	105
79	4-24　计算题解答	106
80	4-25　案例分析参考答案	107
81	5-1　微课 37　预应力结构工程(1)	113
82	5-2　4D 微课　先张法施工	113
83	5-3　微课 38　预应力结构工程(2)	116
84	5-4　4D 微课　后张法施工	116
85	5-5　填空题解答	117
86	5-6　单项选择题解析	118
87	5-7　多项选择题解析	120
88	5-8　术语解释解答	122
89	5-9　问答题解答	123
90	5-10　计算题解答	123
91	5-11　案例分析参考答案	124
92	6-1　填空题解答	137
93	6-2　单项选择题解析	138
94	6-3　多项选择题解析	141

序号	二维码名称	页码
95	6-4　术语解释解答	142
96	6-5　问答题解答	142
97	6-6　计算绘图题解析	143
98	6-7　案例分析参考答案	145
99	7-1　微课 39　水泥混凝土路面施工	149
100	7-2　填空题解答	151
101	7-3　单项选择题解析	152
102	7-4　多项选择题解析	152
103	7-5　名词解释解答	153
104	7-6　问答题解答	153
105	7-7　计算题解答	153
106	7-8　案例分析参考答案	153
107	8-1　4D 微课　地下防水	159
108	8-2　4D 微课　屋面防水施工	161
109	8-3　4D 微课　热熔法	161
110	8-4　4D 微课　自粘法	161
111	8-5　4D 微课　冷粘法	161
112	8-6　4D 微课　涂膜防水	162
113	8-7　填空题解答	162
114	8-8　单项选择题解析	163
115	8-9　多项选择题解析	168
116	8-10　术语解释解答	172
117	8-11　问答题解答	172
118	8-12　案例分析参考答案	172
119	9-1　微课 40　装饰装修工程概述	174
120	9-2　微课 41　抹灰工程(1)	175
121	9-3　微课 42　抹灰工程(2)	176
122	9-4　4D 微课　一般抹灰工程施工	176
123	9-5　4D 微课　顶棚抹灰工艺	176
124	9-6　4D 微课　外墙抹灰施工	176
125	9-7　4D 微课　瓷砖墙面施工	178
126	9-8　4D 微课　大理石楼面施工	179

序号	二维码名称	页码
127	9-9　4D 微课　幕墙干挂石材工艺	180
128	9-10　4D 微课　架空拼花实木地板铺设施工工艺	180
129	9-11　4D 微课　塑钢窗安装施工	182
130	9-12　4D 微课　外墙涂料施工	184
131	9-13　填空题解答	193
132	9-14　单项选择题解析	195
133	9-15　多项选择题解析	199
134	9-16　术语解释解答	202
135	9-17　问答题解答	202
136	9-18　案例分析参考答案	202
137	10-1　4D 微课　落地式钢管脚手架	206
138	10-2　4D 微课　碗扣式模板脚手架施工	206
139	10-3　4D 微课　门式钢管脚手架	207
140	10-4　填空题解答	208
141	10-5　单项选择题解析	209
142	10-6　多项选择题解析	212
143	10-7　术语解释解答	215
144	10-8　问答题解答	215
145	10-9　案例分析参考答案	216
146	试题一参考答案	219
147	试题二参考答案	222
148	试题三参考答案	225
149	试题四参考答案	227
150	试题五参考答案	229
151	试题六参考答案	231
152	试题七参考答案	234
153	试题八参考答案	236
154	试题九参考答案	238
155	试题十参考答案	240

第一章 土方工程

学习要点

第一节 概 述

土方工程主要包括平整、开挖、填筑等施工过程和排水、降水、稳定土壁等辅助工作。常用规范：《建筑地基基础工程施工质量验收标准》（GB 50202—2018）、《建筑基坑支护技术规程》（JGJ 120—2012）。

一、土的工程分类

在施工中，按开挖的难易程度将土分为八类：

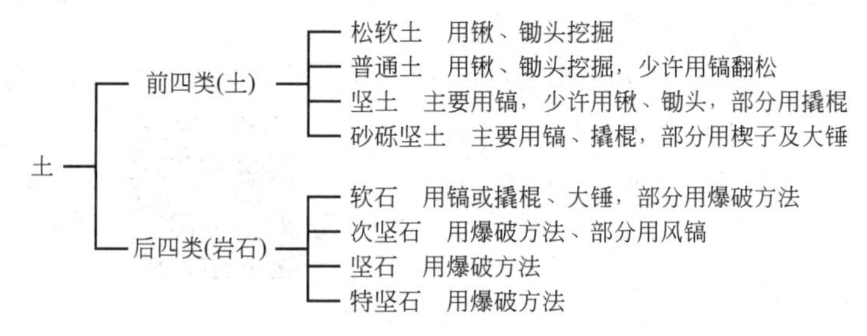

二、土的工程性质

1. 土的质量密度

天然密度 ρ：土在天然状态下单位体积的质量，用 ρ 表示。一般土 ρ 为 1600～2000kg/m^3。

干密度 ρ_d：单位体积土中固体颗粒的质量，用 ρ_d 表示。它是检验填土压实质量的控制指标（105℃，烘干 3～4h）。

2. 土的含水率

（1）土的含水率　土的含水率 ω 是指土中所含的水与土的固体颗粒间的质量比，以百分数表示。$\omega=(m_{湿}-m_{干})/m_{干}$。

【例 1-1】 称取 101.5g 土，经 105℃烘干 3～4h，再次称量为 100g，则该土的含水率为多少？

解：

由题意可知：$m_{湿}=101.5$g；$m_{干}=100$g。$\omega=(m_{湿}-m_{干})/m_{干}=[(101.5-100)/100]\times100\%=1.5\%$，即该土的含水率为 1.5%。

土的含水率影响土的施工方法、边坡的稳定和土的回填质量。

(2) 最佳含水量　最佳含水量是指填土获得最大密实度时的含水率。

测试方法：

① 可以采用击实试验；

② 在工程实际中常用手握经验方法确定，归纳为8个字，即“手握成团，落地开花”。

3. 土的渗透性

土的渗透性是指土体中水渗流的性能，一般用渗透系数 K 表示。

依据达西定律 $V=Ki$，可知 K 的物理意义，即为水力坡度 i（水头差 Δh 与渗流距离 L 之比）为1时，地下水的渗透速度。

4. 土的可松性

自然状态下的土经过开挖后，其体积因松散而增大，以后虽经回填压实，仍不能恢复其原来的体积。

土的可松性程度用可松性系数表示，即

$$K_s=\frac{V_2}{V_1};\quad K_s'=\frac{V_3}{V_1}$$

式中　K_s——最初可松性系数；

K_s'——最后可松性系数；

V_1——土在天然状态下的体积，m^3；

V_2——土经开挖后的松散体积，m^3；

V_3——土经回填压实后的体积，m^3。

工程应用：K_s 是计算土方施工机械及运十车辆等的重要参数；K_s' 是计算场地平整标高及填方时所需挖土量等的重要参数。

5. 边坡坡度

边坡坡度以其高度 H 与其底宽度 B 之比表示。

即：土方边坡坡度 $i=H/B=1/(B/H)=1:m$

其中 $m=B/H$，称为坡度系数，也就是每挖1m深土方所放出的宽度。

1-1　微课1
土的工程分类及性质（1）

6. 土的可松性应用实例

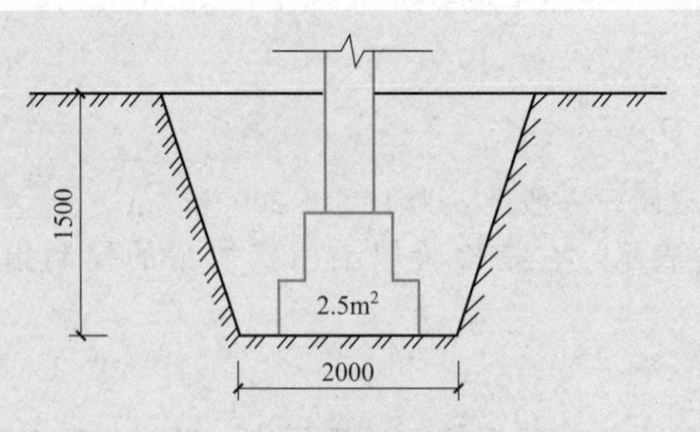

图1-1　基槽及基础剖面图

【例1-2】　某建筑物外墙为条形毛石基础，基础平均截面面积 $2.5m^2$。基槽深1.5m，底宽2.0m，边坡坡度为1∶0.5，如图1-1所示。地基为粉土，$K_s=1.25$，$K_s'=1.05$。

计算100m长的基槽挖方量、需留填方用松土量和弃土量。

解：

1. 基槽上口尺寸：$2+2\times1.5\times0.5=3.5(m)$

2. 计算基槽土方开挖方量：

梯形基槽断面积：$(2+3.5)\times1.5/2=4.125(m^2)$

故基槽土方的开挖方量：

$$V_{挖1}=4.125\times100=412.5(m^3)$$

压实后的填方量 $V_{填3}=412.5-2.5\times100=162.5(m^3)$

天然状态的填方量 $V_{填1}=V_{填3}/K_s'=162.5/1.05=154.76(m^3)$

松散状态的填方量 $V_{填2}=V_{填1}\times K_s=154.76\times1.25=193.5(m^3)$

松散状态的弃土量 $V_{弃2}=V_{挖2}-V_{填2}=V_1K_s-V_{填2}=412.5\times1.25-193.5=322.1(m^3)$

【注意】 等式两边土方的状态必须一致。

1-2 微课 2

土的工程分类及性质（2）

第二节 土方量计算与调配

一、基坑、基槽、路堤的土方量计算

1. 拟柱体

拟柱体——有两个互相平行的面，而面的形状可以是任意的。

2. 基坑土方量计算

基坑土方量按拟柱体计算，即

$$V=\frac{H}{6}(F_1+4F_0+F_2)\text{（平均截面法）}$$

式中 V——土方工程量，m^3；

H——基坑的深度，或基槽、路堤的长度，m；

F_1，F_2——基坑的上下底面积，或基槽、路堤两端的面积，m^2；

F_0——F_1与F_2之间的中截面面积，m^2。

3. 基槽、路堤土方量计算

基槽与路堤通常根据其形状（曲线、折线、变截面等）划分成若干计算段，分段计算土方量，然后再累加求得总的土方工程量（$V=\sum V_i$）。

如果基槽、路堤是等截面的，则 $F_1=F_2=F_0$，由上式可得

$$V=HF_1$$

二、场地平整标高计算

场地设计标高一般在设计文件上规定，如无规定，按以下情形确定。

(1) 中小型场地——挖填平衡法；

(2) 大型场地——最佳平面设计法（用最小二乘法，使挖填平衡且总土方量最小）。

确定场地设计标高应考虑如下因素：

① 满足生产工艺和运输的要求；

② 尽量利用地形，减少挖填方数量；

③ 争取在场区内挖填平衡，降低运输费；

④ 有一定泄水坡度，满足排水要求。

（一）确定场地设计标高

1. 初步设计标高（按挖填平衡）

$$H_0=\frac{1}{4N}(\sum H_1+2\sum H_2+3\sum H_3+4\sum H_4)$$

式中 H_1——一个方格独有的角点标高，m；

H_2，H_3，H_4——分别为二、三、四个方格所共有的角点标高，m；

H_0——场地的中心标高，m。

2. 场地设计标高的调整

按泄水坡度调整各角点设计标高。

（1）单向排水　各方格角点设计标高为：

$$H_n = H_0 \pm li$$

式中 H_0——中心线标高，m；

l——该方格角点至场地中心线的距离，m；

i——场地泄水坡度。

（2）双向排水时　各方格角点设计标高为：

$$H_n = H_0 \pm l_x i_x \pm l_y i_y$$

式中 H_0——中心点标高，m；

l_x，l_y——该点距离中心线 y-y，x-x 的距离，m；

i_x，i_y——场地在 x-x，y-y 方向上的泄水坡度。

1-3 微课 3
土方量计算与调配（1）

【例 1-3】 某建筑场地方格网、地面标高如图 1-2 所示，方格边长 $a=20$m。泄水坡度 $i_x=2‰$，$i_y=3‰$，不考虑土的可松性的影响，试确定方格各角点的设计标高。

解：

（1）初步设计标高（场地平均标高）

$$H_0=(\sum H_1+2\sum H_2+3\sum H_3+4\sum H_4)/4N$$

$$\sum H_1=70.09+71.43+70.70+69.10=281.32(\text{m})$$

$$2\sum H_2=2\times(70.40+70.95+71.22+70.95+70.20+69.62+69.37+69.71)=1124.84(\text{m})$$

$$4\sum H_4=4\times(70.17+70.70+70.38+69.81)=1124.24(\text{m})$$

$$H_0=(281.32+1124.84+1124.24)/(4\times9)=70.29(\text{m})$$

（2）按泄水坡度调整设计标高

$$H_n=H_0\pm l_x i_x \pm l_y i_y$$

$$H_1=70.29-30\times2‰+30\times3‰=70.32(\text{m})$$

$$H_2=70.29-10\times2‰+30\times3‰=70.36(\text{m})$$

$$H_3=70.29+10\times2‰+30\times3‰=70.40(\text{m})$$

其余角点设计标高如图 1-3 所示。

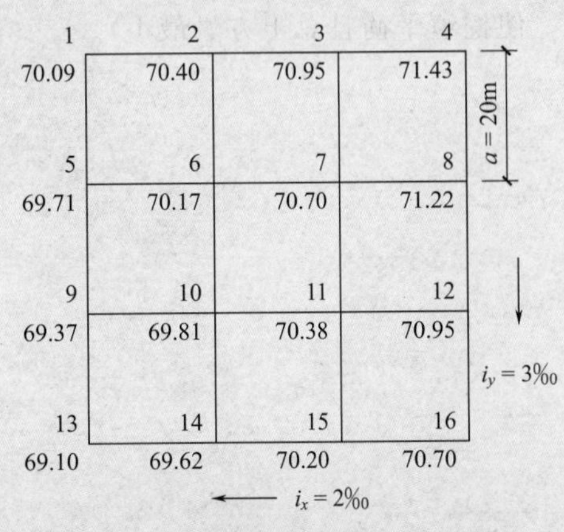

图 1-2　场地方格网及地面标高

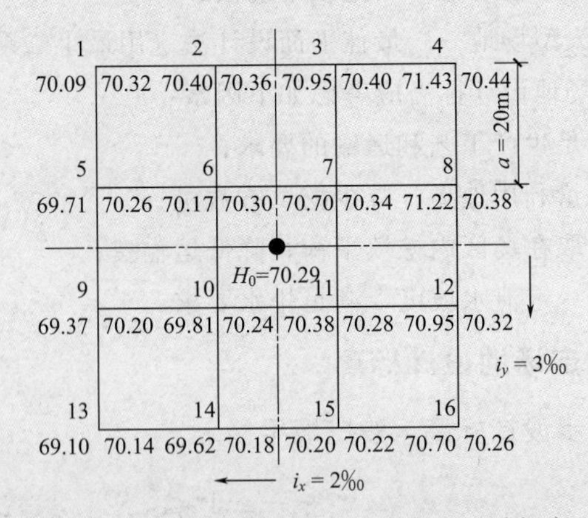

图 1-3　场地平整设计标高及各角点设计标高

（二）场地土方量计算

计算方法通常有方格网法和断面法。方格网法适用于地形较为平坦、面积较大的场地；断面法多用于地形起伏变化较大的地区。

1. 计算各方格角点的施工高度 h_n

$$h_n = H_n - H'_n$$

即：h_n = 该角点的设计标高 − 自然地面标高（m），所得正值为填方高度、负值为挖方高度。

例 1-3 中：

$h_1 = 70.32 - 70.09 = +0.23$（m）；

$h_2 = 70.36 - 70.40 = -0.04$（m）。

各方格角点的施工高度如图 1-4 所示。

1 +0.23　2 −0.04　3 −0.55　4 −0.99
70.09　70.32　70.40　70.36　70.95　70.40　71.43　70.44
5 +0.55　6 +0.13　7 −0.36　8 −0.84
69.71　70.26　70.17　70.30　70.70　70.34　71.22　70.38
9 +0.83　10 +0.43　11 −0.10　12 −0.63
69.37　70.20　69.81　70.24　70.38　70.28　70.95　70.32
13 +1.04　14 +0.56　15 +0.02　16 −0.44
69.10　70.14　69.62　70.18　70.20　70.22　70.70　70.26
$a = 20$m　$i_y = 3‰$　$i_x = 2‰$

图 1-4　场地方格角点施工高度

2. “零线”位置的确定

零线即挖方区与填方区的分界线，在该线上，施工高度为 0；在相邻角点施工高度为一挖一填的方格边线上，用插入法求出零点的位置：

$$x = \frac{h_1}{h_1 + h_2} a$$

零点位置计算示意如图 1-5 所示。

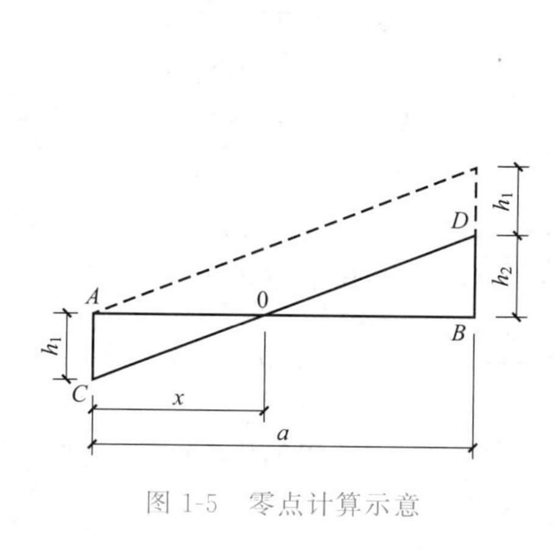

图 1-5　零点计算示意

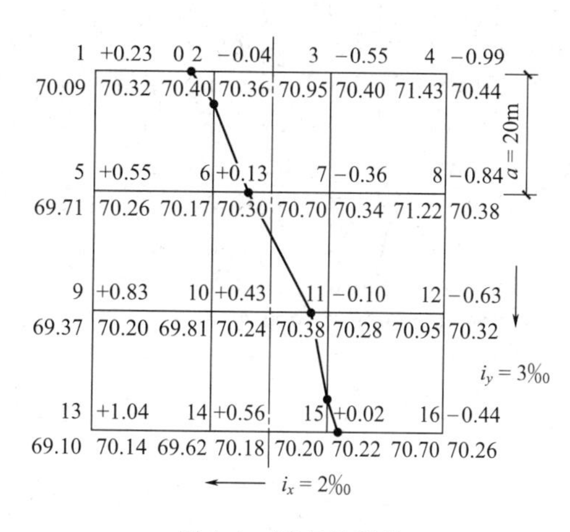

图 1-6　零点及零线

将各相邻的零点连接起来即为零线。场地方格网零点及零线位置如图 1-6 所示。

3. 场地土方量计算

1-4　微课 4
土方量计算与调配（2）

各方格土方量计算常用四方棱柱体法。根据所计算的施工高度，四方棱柱体可以分为：

（1）方格四个角点全部为填方或全部为挖方时：

$$V = \frac{a^2}{4}(h_1 + h_2 + h_3 + h_4)$$

式中　V——挖方或填方体积，m^3；

a——方格边长，m；

h_1，h_2，h_3，h_4——方格四个角点的填挖高度，均取绝对值，m。

（2）方格四个角点，部分是挖方、部分是填方时：

$$V_{挖}=\frac{a^2}{4}\times\frac{(\sum h_{挖})^2}{\sum h}$$

$$V_{填}=\frac{a^2}{4}\times\frac{(\sum h_{填})^2}{\sum h}$$

式中　$\sum h_{填(挖)}$——方格角点中填（挖）方施工高度的总和，取绝对值，m；

$\sum h$——方格四角点施工高度之总和，取绝对值，m；

a——方格边长，m。

先按方格求出挖、填方量，再求整个场地总挖方量、总填方量。

【例 1-4】 计算例 1-3 中场地的填方量和挖方量，如图 1-7 所示。

解：

（1）部分挖、部分填方格土方量计算

$$V_{\text{I}填}=\frac{a^2}{4}\times\frac{(\sum h_{填})^2}{\sum h}=\frac{20^2}{4}\times\frac{(0.23+0.55+0.13)^2}{0.23+0.04+0.55+0.13}=87.2(\text{m}^3)$$

$$V_{\text{I}挖}=\frac{a^2}{4}\times\frac{(\sum h_{挖})^2}{\sum h}=\frac{20^2}{4}\times\frac{0.04^2}{0.23+0.04+0.55+0.13}=-0.2(\text{m}^3)$$

同理得其他部分挖、部分填方格的土方量：

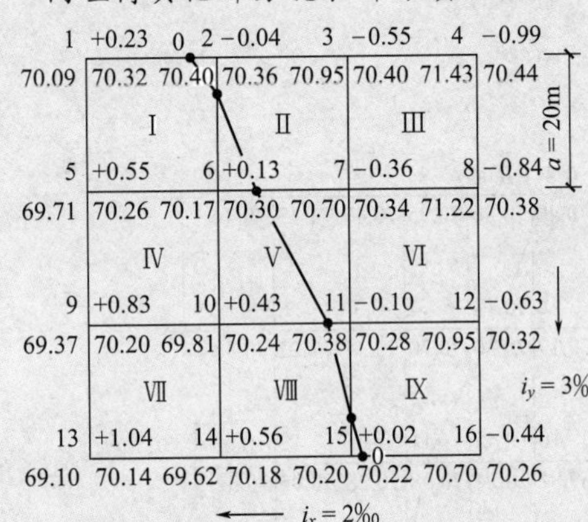

图 1-7　场地方格网及标高

$V_{\text{II}填}=1.6(\text{m}^3)$

$V_{\text{II}挖}=-83.6(\text{m}^3)$

$V_{\text{V}填}=30.7(\text{m}^3)$

$V_{\text{V}挖}=-20.7(\text{m}^3)$

$V_{\text{VIII}填}=91.9(\text{m}^3)$

$V_{\text{VIII}挖}=-0.9(\text{m}^3)$

$V_{\text{IX}填}=0.03(\text{m}^3)$

$V_{\text{IX}挖}=-115(\text{m}^3)$

（2）全挖、全填方格土方量计算

$$V_{\text{III}挖}=\frac{a^2}{4}\sum h=\frac{20^2}{4}(0.55+0.99+0.84+0.36)=-274(\text{m}^3)$$

$$V_{\text{IV}填}=\frac{a^2}{4}\sum h=\frac{20^2}{4}(0.55+0.13+0.83+0.43)=194(\text{m}^3)$$

同理得，其他全挖、全填方格的土方量：

$$V_{\text{VI}挖}=-193(\text{m}^3)$$

$$V_{\text{VII}填}=286(\text{m}^3)$$

（3）最后，汇总各方格的挖方量、填方量

$$V_{挖}=-(0.2+83.6+274+20.7+193+115+0.9)=687.4(\text{m}^3)$$

$$V_{填}=(87.2+1.6+194+30.7+286+91.9+0.03)=691.43(\text{m}^3)$$

三、土方调配与优化

1. 目的

在使土方总运输量最小（$\text{m}^3\cdot\text{m}$）或土方运输成本最低的条件下，确定填挖方区土方的调配方向和数量，从而达到缩短工期和降低成本的目的。

2. 步骤

（1）找出零线，画出挖方区、填方区。

（2）划分调配区。

【注意】

① 调配区的划分应与建、构筑物位置协调，并考虑开工、施工顺序；

② 调配区的大小应该满足主导施工机械的技术要求；

③ 调配区的范围应与方格网协调，便于确定土方量；

④ 借土、弃土区应作为独立调配区。

（3）确定挖、填方区间的平均运距（即土方重心间的距离）　可近似的以几何形心代替土方体积重心。

（4）列出挖、填方平衡及运距表　场地挖、填方平衡及运距见表 1-1。

表 1-1　挖、填方平衡及运距

挖＼填	B_1/m	B_2/m	B_3/m	挖方量/m^3
A_1/m	50	70	100	500
A_2/m	70	40	90	500
A_3/m	60	110	70	500
A_4/m	80	100	40	400
填方量/m^3	800	600	500	1900

（5）调配

① 方法。采用最小元素法进行就近调配。

② 顺序。先从运距最小的开始，使其土方量最大。调配结果见表 1-2。

③ 结果。所得运输量较小，但不一定是最优方案。

表 1-2　土方初始调配方案

n 列（m 行）

挖＼填	B_1/m		B_2/m		B_3/m		挖方量/m^3
A_1/m	500	50		70		100	500
A_2/m		70	500	40		90	500
A_3/m	300	60	100	110	100	70	500
A_4/m		80		100	400	40	400
填方量/m^3	800		600		500		1900

【例 1-5】　某工程场地各调配区土方量和平均运距见表 1-1，试确定该场地土方调配的最优方案。

解：表 1-2 初始方案的土方总运输量为：

$$500\times50+500\times40+300\times60+100\times110+100\times70+400\times40=97000(m^3\cdot m)$$

（6）画出调配图。

3. 调配方案的优化（线性规划中的表上作业法）

（1）确定初步调配方案（如表 1-2）　要求：有几个独立方程土方量要填几个格，即应填 $m+n-1$ 个格，不足时补“0”。

如例 1-5 中：$m+n-1=4+3-1=6$，已填 6 个格，满足。

（2）判别是否最优方案　用位势法求检验数 λ_{ij}，若所有 $\lambda_{ij}\geqslant0$，则方案为最优解。

① 求位势U_i和V_j。位势就是在运距表的行或列中用运距（或单价）同时减去的数，目的是使有调配数字格的检验数为零，而对调配方案的选取没有影响。

计算方法：平均运距（或单方费用）$C_{ij}=U_i+V_j$

设$U_1=0$，

则$V_1=C_{11}-U_1=50-0=50$；

$U_3=C_{31}-V_1=60-50=10$；

$V_2=C_{32}-U_3=110-10=100$；

……

位势计算结果见表1-3。

表1-3 位势计算表

挖＼填	位势数	B_1		B_2		B_3	
位势数	U_i＼V_j	$V_1=50$		$V_2=100$		$V_3=60$	
A_1	$U_1=0$	500	50		70		100
A_2	$U_2=-60$		70	500	40		90
A_3	$U_3=10$	300	60	100	110	100	70
A_4	$U_4=-20$		80		100	400	40

② 求空格的检验数λ_{ij}。

1-6 微课6
土方量计算与调配（4）上

$\lambda_{ij}=C_{ij}-U_i-V_j$；

$\lambda_{11}=50-0-50=0$(有土)；

$\lambda_{12}=70-0-100=-30$；

$\lambda_{13}=100-0-60=40$；

$\lambda_{21}=70-(-60)-50=80$；

……

各格的检验数计算结果见表1-4。

表1-4 检验数计算表

挖＼填	位势数	B_1		B_2		B_3	
位势数	U_i＼V_j	$V_1=50$		$V_2=100$		$V_3=60$	
A_1	$U_1=0$	0	50	−30	70	+40	100
A_2	$U_2=-60$	+80	70	0	40	+90	90
A_3	$U_3=10$	0	60	0	110	0	70
A_4	$U_4=-20$	+50	80	+20	100	0	40

结论：表中λ_{12}为负值，不是最优方案。应对初始方案进行调整。

(3) 方案调整

调整方法：闭回路法。

调整顺序：从负数绝对值最大的格开始（本例X_{12}）。

① 找闭回路。沿水平或垂直方向前进，遇到调配土方数字的格转弯，然后依次前进，直至回到出发点，形成一条闭回路（表1-5）。

表 1-5　找 X_{12} 的闭合回路

挖＼填	B_1	B_2	B_3	挖方量/m³
A_1	(400) 500	(100) X_{12}		500
A_2		500		500
A_3	300 (400)	100 (0)	100	500
A_4			400	400
填方量/m³	800	600	500	1900

② 调整调配值。从空格 X_{12} 出发，在奇数次转角点的数字中，挑最小的土方数调到空格中。同时将其他奇数次转角的土方数都减、偶数次转角的土方数都加这个土方量，以保持挖填平衡。

③ 新方案再求位势及空格的检验数。位势及检验数计算结果见表 1-6。

表 1-6　位势及检验数计算

挖＼填	位势数	B_1		B_2		B_3	
位势数	U_i＼V_j	$V_1=50$		$V_2=70$		$V_3=60$	
A_1	$U_1=0$	0	<u>50</u>	0	<u>70</u>	+40	100
A_2	$U_2=-30$	+50	70	0	<u>40</u>	+60	90
A_3	$U_3=10$	0	<u>60</u>	+30	110	0	<u>70</u>
A_4	$U_4=-20$	+50	80	+50	100	0	<u>40</u>

由于所有的检验数 $\lambda_{ij}\geqslant 0$，故该方案已为最优方案。

若检验数仍有负值，则重复以上步骤，直到全部 $\lambda_{ij}\geqslant 0$ 而得到最优解。

④ 绘出调配图。包括调运的流向、数量、运距。图中箭杆上方数字为土方调配数，下方为运输距离。土方调配图见图 1-8。

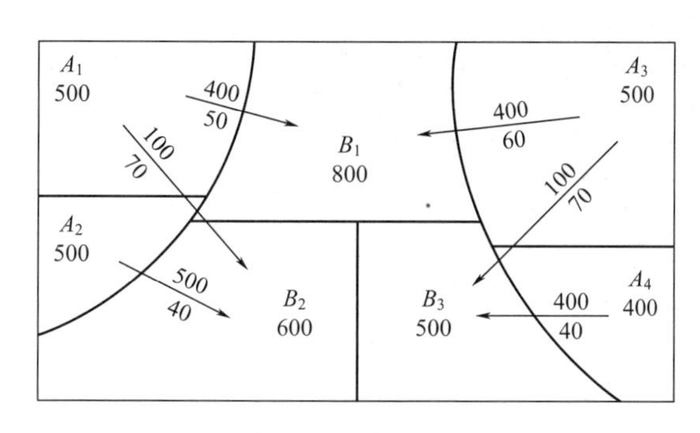

图 1-8　土方调配图

⑤ 求出最优方案的总运输量。

$400\times50+100\times70+500\times40+400\times60+100\times70+400\times40=94000(m^3\cdot m)$

1-7　微课 7
土方量计算与调配（4）下

第三节　排水与降水

一、集水井排水或降水

明沟集水井法是在基坑开挖过程中，沿坑底的周围或中央开挖排水沟，并在基坑边角处设置集水井，将水汇入集水井，用水泵抽走。

1. 排水沟的设置

沿基坑四周设置，底宽≥300mm，纵坡≥0.3%，沟底低于坑底0.3～0.5m。

2. 集水井的设置

基础范围以外边角处设置，间距30～50m，直径0.6～0.8m，井底低于坑底0.8～1m。

明沟集水井法设备简单、排水方便、费用低，宜用于粗粒土层和渗水量小的黏性土；用于细砂和粉砂，易导致边坡坍塌或产生流砂现象。

二、流砂及其防治

1. 动水压力

动水压力（G_D）是指地下水在渗流过程中将受到土颗粒的阻力，水流对土颗粒产生的压力。

$$G_D=\gamma_w I=\gamma_w \Delta H/L$$

式中 I——水力坡度；

γ_w——水的重力密度；

ΔH——水头差；

L——渗流距离。

动水压力与水力坡度成正比。水头差越大，动水压力越大；而渗流距离越长，则动水压力越小。动水压力作用方向与水流方向一致。

2. 流砂原因

动水压力大于等于土的浸水重度时，土粒被水流带到基坑内。

流砂主要发生在细砂、粉砂及砂质粉土中。

3. 流砂的防治

主要途径：减小或平衡动水压力；改变其方向。

具体措施：

① 加深挡墙法；

② 水下挖土法；

③ 井点降水法；

④ 截水封闭法。

三、井点降水法

1. 井点降水法概念

井点降水法就是在坑槽开挖前，预先在其四周埋设一定数量的滤水管（井），利用抽水设备从中抽水，使地下水位降落到坑槽底标高以下，并保持至回填完成或地下结构有足够的抗浮能力为止。

2. 优缺点

（1）优点

① 开挖的土保持干燥状态，防止流砂，避免地基隆起，改善工作条件，提高边坡稳定性；

② 加大坡度减少挖土量；

③ 加速地基土固结，保证地基土的承载力，提高工程质量。

（2）缺点 可能造成周围地面沉降和影响环境。

3. 类型

井点降水法有轻型井点、喷射井点、管井井点、深井井点及电渗井点几种类型，应根据土的渗透系数、降低水位的深度、工程特点及设备条件进行选择。

（一）轻型井点

1. 轻型井点设备

由管路系统、抽水设备组成。

（1）管路系统　包括滤管、井点管、集水总管及弯连管等。

① 滤管。

a. 长 1.0～1.5m、直径 38mm 或 51mm 的无缝钢管；

b. 管壁钻有直径为 12～19mm 的滤孔；

c. 滤管上端与井点管连接。

② 井点管。井点管为直径 38mm 或 51mm、长 5～7m 的钢管；井点管上端用连接管与集水总管相连。

③ 集水总管。集水总管为直径 100～127mm 的无缝钢管，每段长 4m。与井点管连接的短接头，间距 0.8m、1m 或 1.2m。

④ 弯连管。使用透明塑料管、胶管或钢管，宜有阀门。

（2）抽水设备　包括真空泵、射流泵和隔膜泵等。

① 真空泵：真空度高，体量大、耗能高、构造复杂，一套设备能负荷总管长度 100～120m。

② 射流泵：简单、轻小、节能（负荷的总管长度 30～50m），可以两台联合，工程中常用。

③ 隔膜泵：工程中较少用。

2. 轻型井点布置

（1）确定平面布置方案

平面布置形式：单排布置、双排布置、环形布置或 U 形布置。

一般根据基坑平面形状及尺寸、基坑的深度、土质、地下水位及流向、降水深度要求等确定。

① 单排布置：适用于坑、槽宽度小于 6m，且降水深度不超过 5m 的情况；井点管应布置在地下水的上游一侧；两端延伸长度不宜小于坑、槽的宽度。如图 1-9 所示。

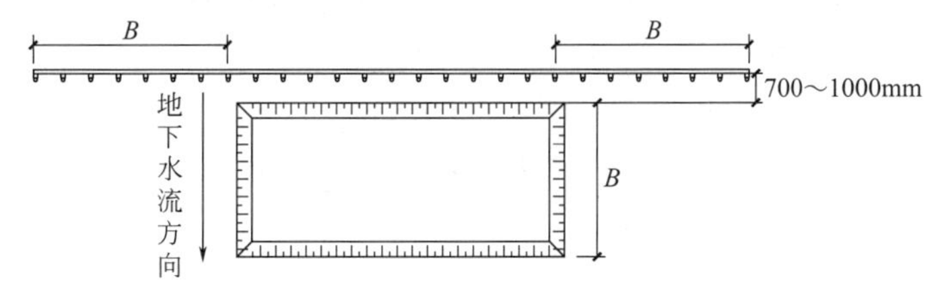

图 1-9　单排井点平面布置图

② 双排布置：适用于基坑宽度大于 6m 或土质不良的情况。

③ 环形布置：适用于大面积基坑。

④ U 形布置：井点管不封闭的一段、应设在地下水的下游处。

井点管距离坑壁一般不宜小于 0.7～1.0m。

（2）高程布置　主要确定井点管埋深，即滤管上口至总管埋设面的距离。

高程布置的计算公式：

$$h \geqslant h_1 + \Delta h + iL$$

式中　h——井点管埋深，m；

h_1——总管埋设面至基底的距离，m；

Δh——基底至降低后的地下水位线的距离，m，一般取0.5～1m；

L——井点管至基坑中心的水平距离（注意：选用长方形基坑的短边/2），m，当井点管单排时，为井点管至对边坡脚的水平距离；

i——水力坡度（当井点管为单排布置时$i=1/4$，双排布置时$i=1/7$，环形布置时$i=1/10$）。

上述计算结果，应满足：$h \leqslant h_{p_{max}}$

式中，$h_{p_{max}}$为抽水设备的最大抽吸高度，一般轻型井点的$h_{p_{max}}$为6～7m。

上述计算结果，如出现：$h > h_{p_{max}}$时，

a. 当计算结果h略大于$h_{p_{max}}$，且地下水位较深时，可采用降低总管埋设面的方法——先挖深、再埋设总管；

b. 当计算结果h比$h_{p_{max}}$较大时，可采用多级井点降水的方法。

【注意】 滤管必须埋设在含水层内。井点管应露出地面0.2m，便于连接弯联管。

3. 轻型井点计算

1-10 微课9
轻型井点布置（2）

（1）判断井型

① 依据水井所在位置地下水状况：

无压井——水井布置在自由潜水面的含水层中；

承压井——水井布置在承压含水层中。

② 依据水井滤管与不透水层关系：

非完整井——水井底部未达到不透水层；

完整井——水井底部达到不透水层。

（2）涌水量计算

① 无压完整井群井涌水量计算。

$$Q=1.366K(2H-S)S/(\lg R-\lg x_0)$$

式中 K——土层渗透系数，m/d；

H——含水层厚度，m；

S——基坑中心水位降低值，m；

R——抽水影响半径，m，$R=1.95S\sqrt{HK}$；

x_0——环状井点系统的假想半径，m，当基坑为圆形或不规则形状时，$x_0=\sqrt{F/\pi}$，当基坑为矩形时，$x_0=\eta(A+B)/4$；

A——基坑上口井点管所围成矩形的长边，m；

B——基坑上口井点管所围成矩形的短边，m；

F——井点系统所包围的面积，m^2；

η——调整系数（见表1-7）。

表1-7 调整系数η

B/A	0	0.2	0.4	0.6	0.8	1.0
η	1.0	1.12	1.14	1.16	1.18	1.18

② 无压非完整井群井涌水量计算（近似解）。地下水不仅从井的侧面流入，还从井底渗入，因此涌水量要比完整井大。以有效影响深度H_0代替含水层厚度H，再次计算Q。

$$Q=1.366K(2H_0-S)S/(\lg R-\lg x_0)$$

H_0可根据$S'/(S'+l)$比值查得，见表1-8。

表1-8 有效深度H_0值

$S'/(S'+l)$	0.2	0.3	0.5	0.8
H_0	$1.3(S'+l)$	$1.5(S'+l)$	$1.7(S'+l)$	$1.85(S'+l)$

表中，S'为井点管内水位降落值，m；l为滤管长度，m。

【注意】①当H_0值超过H时，取$H_0=H$；

②计算R时，也应以H_0代入。

(3) 确定井管的数量与间距

① 单井出水量：

$$q=65\pi dl\sqrt[3]{K}$$

式中　d、l——滤管直径、长度，m。

② 最少井点数：

$$n'=1.1Q/q$$

式中　1.1——备用系数。

③ 最大井距：

$$D'=L_{总管}/n'$$

式中　$L_{总管}$——总管长度，m。

④ 确定井距：井距D需要同时满足以下三个条件：①$D\leqslant D'$；②$D\geqslant 15d$；③符合总管的接头间距，0.8m、1m或1.2m。

1-11　微课10
轻型井点计算（3）

⑤ 确定井点数：

$$n=L_{总管}/D$$

【例1-6】 某基坑底宽12m，长16m，地面标高为−0.3m，基坑底标高−4.8m，挖土边坡1∶0.5。地质勘察资料表明，在天然地面以下1m为黏土层，其下有8m厚的砂砾层（渗透系数$K=12m/d$），再下面为不透水的黏土层。地下水位在地面以下1.5m。现决定采用轻型井点降低地下水位，试进行井点系统设计。

解：

(1) 井点系统布置　总管埋设在原始地面（标高−0.3m），则基坑开挖深度为4.5m。

基坑上口尺寸：$AB=(12+4.5\times0.5\times2)\times(16+4.5\times0.5\times2)=16.5\times20.5(m)$

井点管所围成的面积为：$F=18.5\times22.5(m^2)$（井点管距基坑边：1m）

总管长度：$L=(18.5+22.5)\times2=82(m)$

基坑A/B小于2.5，且基坑宽度小于2倍抽水影响半径R，故按环状井点布置。

基坑中心的降水深度为：$S=4.8-1.8+0.5=3.5(m)$（其中$\Delta h=0.5m$）

井点管的要求埋设深度h为：

$$h\geqslant h_1+\Delta h+iL=4.5+0.5+(1/10)\times(18.5/2)=5.925(m)$$

选6m长井点管，如外露0.2m，则长度不够。

假设井点管埋设在地面以下x(m)处，即基坑先下挖x(m)。

此时放坡开挖深度为$4.5-x$。

基坑上表面长：$16+(4.5-x)\times0.5\times2=20.5-x$

基坑上表面宽：$12+(4.5-x)\times0.5\times2=16.5-x$

井点管距离基坑上口：1m。

井点管包围长：$20.5-x+2=22.5-x$

井点管包围宽：$16.5-x+2=18.5-x$

井点管埋深公式

$$h=h_1+\Delta h+iL=4.5-x+0.5+(1/10)\times(18.5-x)/2=5-x+0.925-0.05x=6-0.2$$

求解x

$$x=0.119(\mathrm{m})$$

实际取 $x=0.5(\mathrm{m})$

此时，井点管的要求埋设深度 h：

$$h \geqslant h_1+\Delta h+iL=4+0.5+(1/10)\times(18/2)=5.4(\mathrm{m})$$

采用长 6m、直径 38mm 的井点管，井点管外露 0.2m，则井点管埋入土中的实际深度为 6.0－0.2＝5.8m，大于要求埋设深度，故高层布置符合要求。

(2) 基坑涌水量计算　取滤管长度 $l=1\mathrm{m}$，则井点管及滤管总长为 7m，滤管底部距不透水层为 9.3－(5.8＋1＋0.8)＝1.7m，故按无压非完整井环形井点系统计算，其涌水量：

$$Q=1.366K\frac{(2H_0-S)S}{\lg R-\lg x_0}$$

井点管处降水深度：$S'=5.8+0.8-1.8=4.8(\mathrm{m})$

$$\frac{S'}{S'+l}=\frac{4.8}{4.8+1}=0.83$$

查表 1-8 得：$H_0=1.85(S'+l)=10.73(\mathrm{m})$。由于实际含水层厚度 $H=9.3-1.8=7.5(\mathrm{m})$

故取 $H_0=H=7.5(\mathrm{m})$

抽水影响半径 R：

$$R=1.95S\sqrt{H_0K}=1.95\times3.5\times\sqrt{7.5\times12}=64.8(\mathrm{m})$$

基坑假想圆半径 x_0：

$B/A=18/22=0.82$，查表 1-7 得 η 为 1.18。

$$x_0=\eta(A+B)/4=1.18(18+22)/4=11.8(\mathrm{m})$$

涌水量 Q：

$$Q=1.366K\frac{(2H_0-S)S}{\lg R-\lg x_0}$$

$$=1.366\times12\times\frac{(2\times7.5-3.5)\times3.5}{\lg64.8-\lg11.8}$$

$$=892(\mathrm{m^3/d})$$

(3) 计算井点管数量及井距　单根井点管涌水量（选滤管直径为 38mm，与井点管配套）：

$$q=65\pi dl\sqrt[3]{K}=65\times3.14\times0.038\times1\times\sqrt[3]{12}$$

$$=17.76(\mathrm{m^3/d})$$

井点管数量：

$$n_{\min}=1.1\times\frac{Q}{q}=1.1\times\frac{892}{17.76}=55.2(\text{根})$$

取 56 根。

井距：

$$D_{\max}=\frac{L}{n_{\min}}=\frac{80}{56}=1.43(\mathrm{m})$$

取井距为 1.2m。

井点管数量 $n=80/1.2=66.7$(根)，实际总根数取 67 根。

井点管平面布置如图 1-10 所示。

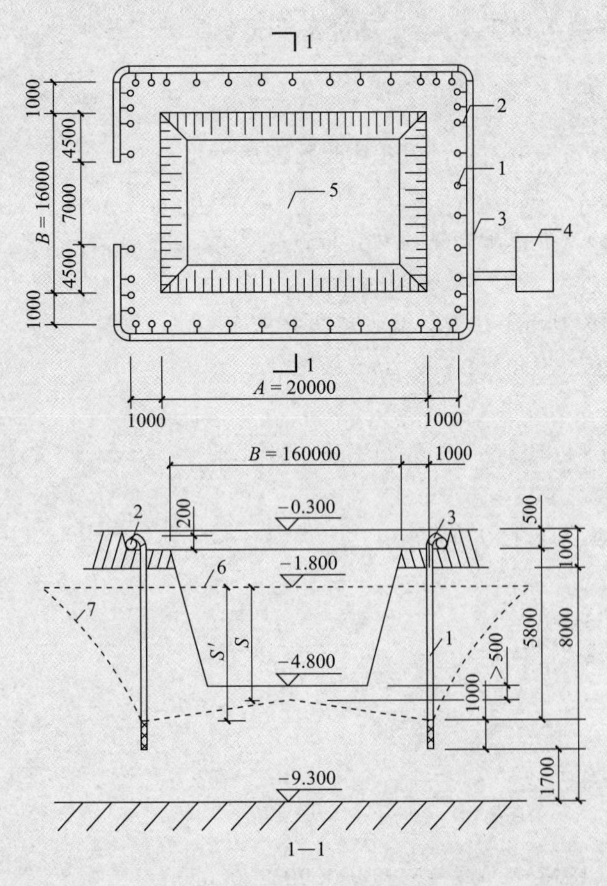

图 1-10　井点管平面布置与切面图

1-12　微课 11
轻型井点计算实例（4）上

1-13　微课 12
轻型井点计算实例（4）下

4. 轻型井点施工

（1）井点埋设程序　放线定位→打井孔→埋设井点管→安装总管→用弯联管将井点管与总管接通→安装抽水设备。

（2）成井方法　回转钻成孔法、水冲法、套管水冲成孔法。

（3）使用要求

1-14　4D 微课
轻型井点降水

① 先试抽，检查有无漏气；
② 正式抽水后应连续进行，以防堵塞；
③ 对周围地面及附近建筑物进行沉降观测。

（二）喷射井点

1. 降水深度

降水深度可达 8～20m。

2. 适用范围

适用于渗透系数为 0.1～20m/d 的砂土、淤泥质土层。

（三）管井井点

管井井点就是沿基坑每隔一定距离设置一个管井，每个管井单独用一台水泵不断抽水来降低地下水位。

管井井点设备主要由管井、吸水管和水泵组成。

管井间距 10～15m；管井深度 8～15m；降水深度 6～10m。

四、降水对周围地面的影响及预防措施

1. 降水对周围地面的影响

① 地面不均匀沉降；
② 周围建筑物倾斜、下沉；
③ 道路开裂或管线断裂。

2. 预防沉降的措施

（1）回灌井点法　在降水井点与建筑物之间设置一排回灌井点。降水的同时向土层内灌水，形成一道隔水帷幕（使建筑物下的水位下降≤1m）。

（2）设置止水帷幕法　深层搅拌法、压密注浆法、冻结法等。

（3）减少土颗粒损失法

① 减缓降水速度；
② 根据土的颗粒选择适当的滤网；
③ 确保井点砂滤层的厚度和施工质量。

第四节　边坡与支护

一、土方边坡

（一）影响边坡稳定的因素

1. 边坡稳定条件

土体的重力及外部荷载所产生的剪应力（T）小于土体的抗剪强度（C），即 $T<C$。

2. 影响边坡大小的因素

土质、挖方深度、开挖方法、留置时间、排水情况、坡上荷载（动、静、无）。

（二）放坡与护面

1. 直壁限值

砂土和碎石土≤1.0m；粉土和粉质黏土≤1.25m；黏土≤1.5m；坚硬黏土≤2m。

2. 放边坡

(1) 边坡形式　斜坡、折线坡、踏步式坡。

(2) 最陡坡度规定　临时性挖方边坡值见表1-9。

表1-9　临时性挖方边坡值

土的类别		边坡值(高∶宽)
砂土(不包括细砂、粉砂)		(1∶1.50)～(1∶1.25)
一般性黏土	硬	(1∶1.00)～(1∶0.75)
	硬、塑	(1∶1.25)～(1∶1.00)
	软	1∶1.50或更缓
碎石类土	充填坚硬、硬塑黏性土	(1∶1.00)～(1∶0.50)
	充填砂土	(1∶1.00)～(1∶1.50)

(3) 护面措施　覆盖法，挂网法，挂网抹面法，土袋、砌砖压坡法及喷射混凝土法。

二、土壁支护

当地质条件和周围环境不允许放坡时使用。

（一）基槽支护

常用横撑式支撑——适用于较窄且施工操作简单的管沟、基槽。

(1) 水平挡土板式

断续式——含水率小的黏性土，深度3m内；

连续式——松散土，深度5m内。

(2) 垂直挡土板式　松散和含水率很大的土，深度不限。

（二）基坑支护

1. 土钉墙支护

土钉墙支护，是在开挖边坡表面每隔一定距离埋设土钉，并铺钢筋网喷射细石混凝土面板，使其与边坡土体形成共同工作的复合体。

(1) 构造要求

① 土钉长度l为0.5～1.2倍基坑深度、间距1～2m、倾角5°～20°；

② 钻孔直径70～120mm，插筋直径16～32mm的HRB335、HRB400级钢筋；

③ 厚度80～100mm、C20细石混凝土、内配φ6～10mm@150～250mm钢筋网；φ14～20mm加强筋与土钉钢筋焊接。

(2) 土钉墙施工　自上而下分段、分层开挖工作面，修整坡面→喷射第一层混凝土→钻孔、安设土钉钢筋→注浆，安设连接件→绑扎钢筋网、喷射第二层混凝土→设置坡顶、坡面和坡脚的排水系统。

(3) 特点　结构简单、施工方便快速、节省材料、费用低等。

(4) 适用范围　适用于淤泥、淤泥质土、黏土、粉质黏土、粉土等土质，地下水位低，深度在12m以内的基坑。增加预应力锚杆时深度≤15m。

2. 喷锚网支护

喷锚网支护指在开挖边坡的表面铺钢筋网、喷射混凝土面层后成孔，埋设预应力锚杆，借助锚杆与滑坡面以外土体的拉力，使边坡稳定。

(1) 构造要求

① 混凝土厚度：一般土层厚100～200mm、C20、钢筋网Φ6@200mm×200mm；

② 锚杆长度：由计算确定，间距2.0～2.5m，钻孔直径80～150mm。

(2) 施工要点　自由端长度伸过土体破裂面1m。

(3) 特点　结构简单、承载力高、安全可靠；可用于多种土层，适应性强；施工机具简单，施工灵活；污染小，噪声低，对邻近建筑物影响小；可与土方开挖同步进行，不占绝对工期；不需要打桩，支护费用低等。

(4) 适用范围　土质不均匀，稳定土层、地下水位低、埋置较深，开挖深度在18m以内的基坑。

3. 支护挡墙

(1) 挡墙形式

① 板桩挡墙。

钢板桩挡墙——一字形、U形或Z形，能挡土、止水。

型钢横挡墙——工字钢、槽钢或H型钢，不能止水。

特点：工具式，费用较低。

适用：深5～10m的基坑。

② 排桩式挡墙。

常用：钻孔、挖孔灌注桩；单排、双排布置。

特点：刚度较大，抗弯强度高；一次性使用，无止水性能。

适用范围：黏性土、砂土、深度＞6m的基坑，以及邻近建筑物、道路、管线的工程。

③ 水泥土挡墙。

通过深层搅拌、旋喷的方法将喷入的水泥与土掺和而成，属重力式挡墙。

功能：挡土、止水。

适用范围：淤泥质土、黏土、粉土、夹砂层的土、素填土等土层；深度为5～7m的基坑；插入H型钢，深度可达8～10m。

④ 板墙式挡墙。

地下连续墙——现浇或预制。

作用：防渗、挡土，做地下室外墙的一部分。

特点：刚度大，整体性好。技术复杂，费用较高。

适用范围：坑深大，土质差，地下水位高的部位；邻近有建（构）筑物，应采用逆作法施工。

(2) 挡墙的支撑形式

① 悬臂式——底部嵌固于土中，用于基坑深度较小者（＜5m）；

② 斜撑式——基坑内有支设位置；

③ 锚拉式——在滑坡面以外能打设锚桩，再以钢索拉住挡墙（坑深＜12m）。

④ 水平支撑式——地面上下有障碍物或土质较差等（对撑、角撑、桁架、圆形、拱形）。

第五节　土方工程机械与开挖

一、主要挖土机械及其性能

1. 推土机施工

推土机具有操纵灵活、运转方便、所需工作面较小、行驶速度快、易于转移等优点，且具有多种用途。

① 适用范围：运距在100m以内的平土或移挖作填；运距30～60m为最佳。一般可挖一～三类土。

② 提高生产效率的方法：可采用下坡推土、槽形推土以及并列推土等方法。

2. 铲运机施工

铲运机是一种能独立进行挖土、运土、卸土和填土等工作的土方机械。

① 特点：运土效率高。

② 适用范围：一至二类土且地形变化不大（坡度20°以内），运距60～800m的大面积场地施工。

③ 铲运机运行路线：可采用环形路线或“8”字路线。

a. 施工地段较短、地形起伏不大采用环形路线；

b. 挖、填相邻，地形起伏较大，且工作地段较长采用“8”字形路线。

④ 提高效率方法：采用下坡铲土、跨铲法、推土机助铲法等，可缩短装土时间，提高土斗装土量，以充分发挥其效率。

3. 单斗挖土机

根据工作装置有正铲、反铲、拉铲和抓铲之分。

(1) 正铲挖土机

① 工作特点：“前进向上，强制切土”；挖掘力大，生产效率高，易与汽车配合。

② 适用范围：停机面以上一～四类土、含水率27%以下的较干燥基坑。

③ 正铲的开挖方式：正向开挖、侧向卸土（生产率较高）；正向开挖、后方卸土。

(2) 反铲挖土机

① 工作特点：“后退向下，强制切土”，可与汽车配合。

② 适用范围：停机面以下、一～三类土的基坑、基槽、管沟开挖。

③ 反铲挖土机开挖方式：

沟端开挖——挖宽0.7～1.7R，效率高、稳定性好；

沟侧开挖——挖宽0.5～0.8R。

(3) 拉铲挖土机

① 工作特点：“后退向下，自重切土”；开挖深度、宽度大，甩土方便。

② 适用范围：停机面以下、一～二类土，开挖较深较大的基坑、沟渠或水中挖土，以及填筑堤坝、河道清淤。

③ 开挖方式：沟端开挖（挖宽1.3～1.7R）、沟侧开挖（挖宽0.8R）。

1-16　微课13

土方工程机械化施工（1）

(4) 抓铲挖土机

① 工作特点：“直上直下，自重切土”，效率较低。

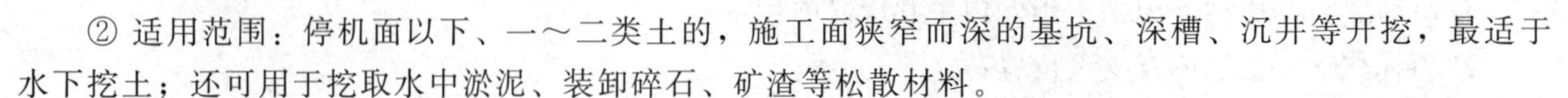

② 适用范围：停机面以下、一～二类土的，施工面狭窄而深的基坑、深槽、沉井等开挖，最适于水下挖土；还可用于挖取水中淤泥、装卸碎石、矿渣等松散材料。

二、基坑开挖

1. 基坑开挖方式

(1) 分层开挖　用于1∶(7～8)的坡道。汽车下到基坑中运输土方，最后挖坡道。雨天施工时，对基坑底的土质有一定破坏。

(2) 墩式开挖　用于无修坡道的场地。搭设栈桥时，基坑四周先挖，最后挖中间小岛，但支护结构暴露时间长，变形较大。

(3) 盆式开挖　用于逆作法施工。基坑中间土方先挖，最后挖四周，支护结构暴露时间短，变形较小。

2. 开挖施工要点

十六字原则：开槽支撑，先撑后挖，分层开挖，严禁超挖。

① 合理选用施工机械；制订开挖方案，绘制开挖图（包括开挖路线、顺序、范围、基底标高、边坡坡度、排水沟、集水井位置及挖出的土方堆放地点等）。

② 连续开挖尽快完，防止雨水流入。

③ 坑边堆土防坍塌，及时清运；堆土 2m 以外，高≤1.5m。

④ 严禁扰动基底土（预留 200～300mm 厚土层用人工清底），加强测量防超挖。

⑤ 发现文物、古墓，停挖、上报、待处理；

⑥ 注意安全，雨后复工先检查。

1-17 4D微课

基坑中心岛法与盆式开挖

3. 基础验槽

基槽（坑）开挖完毕并清理好以后，在垫层施工以前，施工单位应会同勘察单位、设计单位、监理单位、建设单位一起进行现场检查并验收基槽，通常称为验槽。

（1）验收人　勘察、设计、监理、施工、建设等各方相关技术人员应共同参加验槽。

（2）依据　设计图纸要求符合《建筑地基基础工程施工质量验收标准》（GB 50202—2018）。

（3）目的　检查地基是否与勘察、设计资料相符合。

（4）检验方法和要求　一般用表面验槽法，必要时采用钎探检查或洛阳铲检查。

验槽（坑）的主要内容和方法如下：

① 检查基槽的开挖平面位置、尺寸、槽底深度，检查是否与设计图纸相符，开挖深度是否符合设计要求。

② 仔细观察槽壁、槽底土质类型、均匀程度和有关异常土质是否存在，核对基坑土质及地下水情况是否与勘察报告相符。

③ 检查基槽之中是否有旧建筑物基础、古井、古墓、洞穴、地下掩埋物及地下人防工程等。

1-18 微课 14

土方工程机械化施工（2）

④ 检查基槽边坡外缘与附近建筑物的距离，判断基坑开挖对建筑物稳定是否有影响。

⑤ 天然地基验槽应检查、核实、分析钎探资料，对存在的异常点位进行复核检查。桩基应检测桩的质量。验槽的重点应选择在桩基、承重墙或其他受力较大部位。

第六节 土方填筑

一、土料选择和填筑方法

1. 土料选择

① 可以用作填土的土：碎石类土、砂土、爆破石渣及含水率符合压实要求的黏性土。

② 不能用的土：冻土、淤泥、膨胀性土、含有机物＞8%的土、含可溶性硫酸盐＞5%的土。

③ 不宜用的土：含水率过大的黏性土。

2. 填筑方法

① 尽量采用同类土填筑。透水性不同的土不得混杂乱填，应分层填筑，并将透水性好的土填在下部（防止出现“水囊”）。

② 水平分层填土、分层压实，每层铺填厚度应根据土的种类及使用的压实机械而定。

③ 填方位于倾斜的地面时，应先将斜坡挖成阶梯状［台阶高×宽＝(0.2～0.3)m×1m］，以防填土横向侧移。

④ 基础验收合格后方可土方回填，且应在基础两侧同时进行，以防土方侧向挤压基础。

二、填土压实方法

填土的压实方法有碾压、夯实和振动压实。

（1）碾压　适用于大面积填土工程。

① 平碾（压路机）：刚性平碾，使用最普遍。

② 羊足碾：需要较大的牵引力，且只能用于压实黏性土。

③ 气胎碾：合理组织利用运土工具碾压，但单独使用不经济。

（2）夯实　主要用于小面积填土，可以夯实黏性土或非黏性土。

① 优点：可以压实较厚的土层。

② 夯实机械：夯锤、内燃夯土机和蛙式打夯机等。

（3）振动压实　主要用于压实非黏性土。

振动压实的机械：振动压路机、平板振动器等。

三、影响填土压实的因素

1. 压实功的影响

填土压实质量与压实机械所做的功成正比。开始压实时，土的干密度急剧增加，待到接近土的最大干密度时，压实功虽然增加许多，但土的干密度几乎没有变化。

2. 含水量的影响

土的最佳含水量（当土具有适当含水量时，水起了润滑作用，土颗粒之间的摩阻力减小，从而易压实）：土在某含水量的条件下，做同样的压实功，所得到的密度最大，即土的最佳含水量 ω_0 有最大干密度。

各种土的最佳含水量和所能获得的最大干密度，可由击实试验确定。

3. 铺土厚度的影响

铺土厚度应小于压实机械压土时的有效作用深度（土在压实功作用下，压应力随深度增加而逐渐减小，其影响深度与压实机械、土的性质和含水量等有关），最优的铺土厚度应能使土方压实且机械的功耗费最少。

四、填土压实的质量检验

1. 质量要求

填土压实后必须达到要求的密实度，密实度应按设计规定的压实系数作为控制标准。

在持力层范围内压实系数（压实度）应大于 0.96，在持力层范围以下，则应在 0.93～0.96 之间。

2. 压实系数

压实系数即为土的实际干密度与土的最大干密度之比，即 $\lambda_c=\rho_d/\rho_{max}$。

其中，实际干密度可用“环刀法”或灌砂（或灌水）法测定；

最大干密度则用击实试验确定。

3. 取样

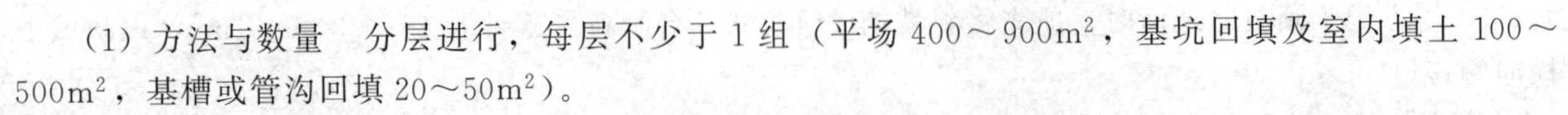

（1）方法与数量　分层进行，每层不少于 1 组（平场 400～900m²，基坑回填及室内填土 100～500m²，基槽或管沟回填 20～50m²）。

（2）位置　该层下半部。

习题及解答

一、填空题

1-20 填空题解答

1. 土方工程主要包括平整、________、________等主要施工过程和排水、降水、稳定土壁等辅助工作。

2. 土的分类方法较多，在施工中按________将土分为八类。

3. 按土在施工中的分类方法，坚土属于________类。

4. 水在土中渗流时，水头差与渗流距离之比，称为________。

5. 地下水在土中渗流的速度与水头差成________比，与渗流距离成________比。

6. 土经填筑压实后的体积与土在天然状态下的体积之比，称为________。

7. 开挖 $400m^3$ 的基坑，其土的可松性系数为：$K_s=1.25$，$K_s'=1.2$。若用斗容量为 $5m^3$ 的汽车运土，需运________车。

8. 场地设计标高一般应在设计文件中规定，若未规定时，对于中小型场地可采用________确定；对于大型场地宜作竖向规划设计，采用________确定。

9. 场地平整土方量的计算方法通常有________和________两种。

10. 土方调配的初始方案应采用________法进行编制。

11. 按基坑（槽）的宽度及土质不同，轻型井点的平面布置形式有________、________、________三种。

12. 轻型井点管路系统包括________、________、集水总管、________等。

13. 轻型井点抽水设备一般多采用________泵式抽水设备和________泵式抽水设备。

14. 当集水总管长度不大于________ m 时选用 W5 型真空泵，长度不大于________ m 时选用 W6 型真空泵。

15. 水力坡度 i，环状布置为________，单排布置为________。

16. 每一级轻型井点的降水深度，一般不超过________ m。

17. 井点系统根据井底是否达到不透水层，水井分为________和________。

18. 渗透系数测定方法有________和________两种。

19. 保持边坡稳定的基本条件是在土体重力及外部荷载所产生的________小于其________。

20. 在一般情况下，土坡失去稳定、发生滑动，主要是由于土体内________降低或________增加的结果。

21. 留置直壁不加支撑的开挖深度，黏土或碎石土不能超过________ m，对坚硬的黏土不能超过________ m。

22. 当沟槽采用横撑式土壁支撑，对含水率小的黏性土，开挖深度小于 3m 时，水平挡土板可设置为________水平挡土板支撑；对松散土，开挖深度小于 5m，宜用________水平挡土板支撑。

23. 深层搅拌水泥土挡墙是由________桩桩体相互搭接而形成的具有一定强度的刚性挡墙，属于________式支护结构。

24. 水泥土挡墙具有________和________双重功能，适用于深度为________ m 的基坑。

25. 水泥土挡墙按施工机具和方法不同，分为________、________等几种。

26. 土钉墙中的土钉倾角宜为________，插筋宜采用直径为________ mm 的 HRB335 或 HRB400 级的钢筋。

27. 土层锚杆按施工方式分为________和________以及预应力锚杆。

28. 土层锚杆上下层垂直间距不宜小于________ m，水平间距不宜小于________ m，避免产生群锚效应而降低单根锚杆的承载力。

29. 预应力锚杆张拉锚固应在锚固段浆体强度大于________ MPa，并达到设计强度等级的

________%后方可进行。

30. 钢板桩既能挡土，又可起到________的作用。按固定方法分为有锚板桩和无锚板桩，后者的悬臂长度不得大于________ m。

31. 推土机一般可开挖________类土，运土时的最佳运距为________ m。

32. 铲运机适宜于________类土且地形起伏不大，运距为________的大面积场地施工。

33. 铲运机工作的运行路线常采用________和________两种。

34. 正铲挖土机的开挖方式分为正向开挖、________卸土和正向开挖________卸土两种。

35. 反铲挖土机的开挖方式有________开挖和________开挖两种，其中________开挖的挖土宽度较大。

36. 机械开挖基坑时，基底以上应预留 200～300mm 厚土层用人工清底，以避免________。

37. 基坑挖好后紧接着进行下一道工序，否则，基坑底部应保留________ mm 厚的原土作为保护层。

38. 可作为填方土料的土包括碎石类土、砂土、爆破石渣及含水率符合压实要求的________土。

39. 当填方位于倾斜的地面上时，应先将斜坡挖成________，然后分层填筑，以防填土滑移。

40. 若回填所用土料的透水性不同，则回填时不得________，应将透水性好的土料填在________部，以防出现“水囊”现象。

41. 填方施工宜采用________填筑，分层压实。

42. 填土压实的方法有________、________和________等几种。

43. 羊足碾一般用于________的压实，其每层压实遍数不得少于________遍。

44. 振动压实主要用于________的压实，其每层最大铺土厚度不得超过________ mm。

45. 黏性土的含水量是否在最佳含水量范围内，可采用________的经验法检测。

46. 填土压实后必须达到要求的密实度，它是以设计规定的________作为控制标准。

47. 检查每层填土压实后的干密度时，取样的部位应在该层的________。

48. 某土在天然状态下质量为 210g，烘干后土的质量为 200g，则该土的含水量为________，在工程上常用________来控制填土工程的质量。

二、单项选择题

1-21 单项选择题解析

1. 根据土的坚硬程度，可将土分为八类，其中前四类土由软到硬的排列顺序为（　　）。

A. 松软土、普通土、坚土、砂砾坚土

B. 普通土、松软土、坚土、砂砾坚土

C. 松软土、普通土、砂砾坚土、坚土

D. 坚土、砂砾坚土、松软土、普通土

2. 作为检验填土压实质量控制指标的是（　　）。

A. 土的干密度　　B. 土的压实度　　C. 土的压缩比　　D. 土的可松性

3. 土的含水率是指土中的（　　）。

A. 水与湿土的质量之比的百分数　　B. 水与干土的质量之比的百分数

C. 水重与孔隙体积之比的百分数　　D. 水与干土的体积之比的百分数

4. 某土方工程挖方量为 $1000m^3$，已知该土的 $K_s=1.25$，$K'_s=1.05$，实际需运走的土方量是（　　）。

A. $800m^3$　　B. $962m^3$　　C. $1250m^3$　　D. $1050m^3$

5. 某宽 5m，深 2m，长 100m 的管沟采用直立壁开挖，已知 $K_s=1.25$，$K'_s=1.05$，采用斗容量为 $5m^3$ 的汽车外运，应安排（　　）车次才能将土全部运走。

A. 200　　B. 210　　C. 250　　D. 260

6. 对于同一种土，最初可松性系数 K_s 与最后可松性系数 K'_s 的关系为（　　）。

A. $K_s>K'_s>1$　B. $K_s<K'_s<1$　C. $K'_s>K_s>1$　D. $K'_s<K_s<1$

7. 场地平整前的首要工作是（　　）。

A. 计算挖方量和填方量　B. 确定场地的设计标高

C. 选择挖土方所用机械　D. 拟订调配方案

8. 在场地平整的方格网上，各方格角点的施工高度为该角点的（　　）。

A. 自然地面标高与设计标高的差值　B. 挖方高度与设计标高的差值

C. 设计标高与自然地面标高的差值　D. 自然地面标高与填方高度的差值

9. 四方棱柱体四个角点不可能出现的标高情况（　　）。

A. 全填全挖　B. 两点挖两点填

C. 三点挖一点填　D. 三点为零点一点挖（填）

10. 只有当所有的检验数 λ_{ij}（　　）时，该土方调配方案方为最优方案。

A. ≤0　B. <0　C. >0　D. ≥0

11. 明沟集水井排水法最不宜用于边坡为（　　）的工程。

A. 黏土层　B. 砂卵石土层　C. 细砂土层　D. 粉土层

12. 当降水深度超过（　　）时，宜采用喷射井点。

A. 6m　B. 7m　C. 8m　D. 9m

13. 某基坑位于河岸，土层为砂卵石，需降水深度为 3m，宜采用的降水井点是（　　）。

A. 轻型井点　B. 电渗井点　C. 喷射井点　D. 管井井点

14. 某基坑开挖土层为粉砂，地下水位线低于地面 10m，开挖深度 18m，降水方法宜采用（　　）。

A. 集水井　B. 轻型井点　C. 管井井点　D. 深井井点

15. 某沟槽宽度为 5m，降水深度 4m，拟采用轻型井点降水，其平面布置宜采用（　　）形式。

A. 单排　B. 双排　C. 环形　D. U 形

16. 某基坑宽度小于 6m，轻型井点降水在平面上宜采用（　　）形式。

A. 单排　B. 双排　C. 环形　D. U 形

17. 某轻型井点采用环形布置，井点管埋设面距基坑底的垂直距离为 4m，井点管至基坑中心线的水平距离为 10m，则井点管的埋设深度（不包括滤管长）至少应为（　　）。

A. 5m　B. 5.5m　C. 6m　D. 6.5m

18. 由于构造简单、耗电少、成本低而常被采用的轻型井点抽水设备是（　　）。

A. 真空泵　B. 射流泵

C. 潜水泵　D. 深井泵

19. 以下选项中，不作为确定土方边坡坡度依据的是（　　）。

A. 土质及挖深　B. 使用期　C. 坡上荷载情况　D. 工程造价

20. 下列哪种不是影响边坡坡度的因素（　　）。

A. 施工工期　B. 气候条件　C. 开挖宽度　D. 开挖方法

21. 对地下水位低于基底、敞露时间不长、土的湿度正常的一般黏土基槽，做成直立壁且不加支撑的最大挖深不宜超过（　　）。

A. 1m　B. 1.25m　C. 1.5m　D. 2m

22. 按土钉墙支护的构造要求，土钉间距宜为（　　）。

A. 0.5～1m　B. 1～2m　C. 2～3m　D. 3～5m

23. 按土钉墙支护的构造要求，其面层喷射混凝土的厚度及强度等级至少应为（　　）。

A. 50mm，C10　B. 60mm，C15　C. 80mm，C20　D. 100mm，C25

24. 以下挡土结构中，无止水作用的是（　　）。

A. 地下连续墙　B. H 型钢桩加横挡板

C. 密排桩间加注浆桩　D. 深层搅拌水泥土桩挡墙

25. 在建筑物稠密且为淤泥质土的基坑支护结构中，其支撑结构宜选用（　　）。

A. 自立式（悬臂式）　　B. 锚拉式

C. 土层锚杆　　D. 型钢水平支撑

26. 采用锚杆护坡桩的基坑，锚杆下的土方开挖应在土层锚杆（　　）后进行。

A. 灌浆完毕　　B. 所灌浆体的强度达到设计强度的75%

C. 所灌浆体达到15MPa强度　　D. 预应力张拉完成

27. 推土机常用施工方法不包括（　　）。

A. 下坡推土　　B. 并列推土　　C. 槽形推土　　D. 回转推土

28. 可进行场地平整、基坑开挖、填平沟坑、松土等作业的机械是（　　）。

A. 平地机　　B. 铲运机　　C. 推土机　　D. 摊铺机

29. 某场地平整工程，运距为100～400m，土质为松软土和普通土，地形起伏坡度为15°以内，适宜使用的机械为（　　）。

A. 正铲挖土机配合自卸汽车　　B. 铲运机

C. 推土机　　D. 装载机

30. 正铲挖土机适宜开挖（　　）。

A. 停机面以上的一～四类土的大型基坑　　B. 独立柱基础的基坑

C. 停机面以下的一～四类土的大型基坑　　D. 有地下水的基坑

31. 反铲挖土机的挖土特点是（　　）。

A. 后退向下，强制切土　　B. 前进向上，强制切土

C. 后退向下，自重切土　　D. 直上直下，自重切土

32. 采用反铲挖土机开挖深度和宽度较大的基坑，宜采用的开挖方式为（　　）。

A. 正向挖土侧向卸土　　B. 正向挖土后方卸土

C. 沟端开挖　　D. 沟侧开挖

33. 适用于河道清淤工程的机械是（　　）。

A. 正铲挖土机　　B. 反铲挖土机　　C. 拉铲挖土机　　D. 抓铲挖土机

34. 抓铲挖土机适用于（　　）。

A. 大型基坑开挖　　B. 山丘土方开挖

C. 软土地区的沉井开挖　　D. 场地平整挖运土方

35. 拉铲挖土机的开挖方式有（　　）。

A. 沟端开挖　　B. 沟底开挖　　C. 沟侧开挖　　D. A和C选项

36. 对窄而深的基坑、深槽、沉井等开挖，清理河泥等工程，最适于水下挖土的机械是（　　）。

A. 正铲挖土机　　B. 反铲挖土机　　C. 拉铲挖土机　　D. 抓铲挖土机

37. 开挖长20m、宽10m、深3m的基坑时，宜选用（　　）。

A. 反铲挖土机　　B. 正铲挖土机　　C. 推土机　　D. 铲运机

38. 在基坑（槽）的土方开挖时，不正确的说法是（　　）。

A. 当边坡陡、基坑深、地质条件不好时，应采取加固措施

B. 当土质较差时，应采用“分层开挖，先挖后撑”的开挖原则

C. 应采取措施，防止扰动地基土

D. 在地下水位以下的土，应经降水后再开挖

39. 基坑（槽）的土方开挖时，以下说法不正确的是（　　）。

A. 土体含水量大且不稳定时，应采取加固措施

B. 一般应采用“分层开挖，先撑后挖”的开挖原则

C. 开挖时如有超挖应立即整平

D. 在地下水位以下的土，应采取降水措施后开挖

40. 基坑沟边堆放材料高度不宜高于（　　）。

A. 1.2m　　B. 1.5m　　C. 1.8m　　D. 2.0m

41. 下列有关土方施工的说法不正确是（　　）。

A. 土方应堆在距坑边 2.0m 外，堆土高度不得超过 1.5m

B. 机械挖土时，应在基底标高以上留出 200～300mm，待基础施工前用人工修整

C. 施工前，地下水位应降低至基坑底以下 0.5～1.0m，方可开挖

D. 相邻基坑开挖时，应遵循先浅后深、分层开挖的原则

42. 钎探验槽后，钎探孔要（　　）。

A. 永久保存　　B. 用黏土夯实　　C. 用砂灌实　　D. 灌注混凝土

43. 进行施工验槽时，其内容不包括（　　）。

A. 检查基坑（槽）的位置、尺寸、标高是否符合设计要求

B. 分析降水方法与效益

C. 确定基坑（槽）的土质和地下水情况

D. 检查空穴、古墓、古井、防空掩体及地下埋设物的位置、深度、形状

44. 以下几种土料中，可用作填土的是（　　）。

A. 淤泥　　B. 膨胀土

C. 有机物含量为 10%的粉土　　D. 水溶性硫酸盐含量为 5%的砂土

45. 以下土料中，可用于填方工程的是（　　）。

A. 含水量为 10%的砂土　　B. 含水量为 25%的黏土

C. 含水量为 20%的淤泥质土　　C. 含水量为 15%的膨胀土

46. 填方工程中，若采用的填料透水性不同，宜将渗透系数较大的填料（　　）。

A. 填在上部　　B. 填在中间

C. 填在下部　　D. 与透水性小的填料掺杂

47. 在填方工程中，以下说法正确的是（　　）。

A. 必须采用同类土填筑　　B. 当天填土，应隔天压实

C. 应由下至上水平分层填筑　　D. 基础墙两侧不宜同时填筑

48. 压实松土时，应（　　）。

A. 先用轻碾后用重碾　　B. 先振动碾压后停振碾压

C. 先压中间再压边缘　　D. 先快速后慢速

49. 当采用蛙式打夯机压实填土时，每层铺土厚度最多不得超过（　　）。

A. 100mm　　B. 250mm　　C. 350mm　　D. 500mm

50. 当采用平碾压路机压实填土时，每层压实遍数最少不得低于（　　）。

A. 2 遍　　B. 3 遍　　C. 6 遍　　D. 9 遍

51. 下列哪一个不是影响填土压实的因素（　　）。

A. 压实功　　B. 土的可松性　　C. 含水量　　D. 铺土厚度

52. 下列不属于填土的压实方法的是（　　）。

A. 碾压法　　B. 夯击法　　C. 振动法　　D. 加压法

53. 某基坑回填工程，检查其填土压实质量时，应（　　）。

A. 每三层取一次试样　　B. 每 1000m^2 取样不少于一组

C. 在每层上半部取样　　D. 以干密度作为检测指标

54. 基坑开挖应遵循（　　）的原则。

A. “开槽支撑、先撑后挖、分层开挖、严禁超挖”

B. “开槽支撑、先挖后撑、分层开挖、严禁超挖”

C. “开槽支撑、先撑后挖、分层开挖、严禁少挖”

D. “开槽支撑、先挖后撑、分层开挖、严禁少挖”

55.《建筑地基基础工程施工质量验收标准》(GB 50202—2018)中将建筑基坑按重要程度分为三类，下列基坑不属于一级基坑的是(　　)。

A. 重要工程或支护结构做主体结构的一部分

B. 开挖深度为7～10m、周围环境无特别要求的基坑

C. 与邻近建筑物、重要设施的距离在开挖深度以内的基坑

D. 基坑范围内有历史文物、近代优秀建筑、重要管线等需严加保护的基坑

56. 某基坑放坡开挖，边坡坡度为1∶1.5，坡高为3m，则坡宽应为(　　)。

A. 1m　　B. 2m　　C. 3m　　D. 4.5m

57. 当工程场地狭窄，邻近有重要建筑和管线时，可采用下列哪种基坑支护形式(　　)。

A. 内支撑支护结构　　B. 锚杆支护结构

C. 土钉墙支护结构　　D. 水泥土桩墙支护结构

58. 土层锚杆支护结构的正确施工顺序是(　　)。

Ⅰ. 挖土至锚杆埋设标高　　Ⅱ. 安装锚头预应力张拉

Ⅲ. 插放锚杆或锚索　　Ⅳ. 灌浆

Ⅴ. 钻孔　　Ⅵ. 养护　　Ⅶ. 继续挖土

A. Ⅰ、Ⅴ、Ⅳ、Ⅵ、Ⅲ、Ⅱ、Ⅶ　　B. Ⅰ、Ⅴ、Ⅲ、Ⅱ、Ⅳ、Ⅵ、Ⅶ

C. Ⅰ、Ⅴ、Ⅲ、Ⅳ、Ⅵ、Ⅱ、Ⅶ　　D. Ⅰ、Ⅴ、Ⅵ、Ⅲ、Ⅳ、Ⅱ、Ⅶ

59. 土钉墙支护结构施工工艺的正确顺序是(　　)。

A. 挖土、修坡、挂网、喷射第一层混凝土、土钉埋设、注浆、焊接骨架钢筋及焊接土钉连接件、喷射第二层混凝土、养护

B. 挖土、修坡、土钉埋设、注浆、挂网、喷射第一层混凝土、焊接骨架钢筋及焊接土钉连接件、喷射第二层混凝土、养护

C. 挖土、修坡、喷射第一层混凝土、土钉埋设、注浆、挂网、焊接骨架钢筋及焊接土钉连接件、喷射第二层混凝土、养护

D. 挖土、修坡、喷射第一层混凝土、注浆、土钉埋设、挂网、焊接骨架钢筋及焊接土钉连接件、喷射第二层混凝土、养护

60. 只能挡土，没有挡水功能的基坑支护结构是(　　)。

A. 深层搅拌水泥土桩支护　　B. 灌注桩支护

C. 灌注桩与水泥土桩组合支护　　D. 钢板桩

61. 图1-11中基坑支护采用的是哪种方法(　　)。

A. 土钉墙支护

B. 锚杆支护

C. 锚索支护

D. 水泥土搅拌桩支护

图1-11　61题图

62. 单层轻型井点降水降低地下水位深度一般为(　　)。

A. 2～6m　　B. 6～12m　　C. 8～20m　　D. >10m

63. 井点降水法施工中，井孔冲成，插入井点管后，井点管与孔壁之间应用(　　)灌实，上部用黏土封口。

A. 砂土　　B. 黏性土　　C. 膨胀土　　D. 粉土

64. 基坑降水工程中，需要使用潜水泵的是下面哪种降水方式(　　)。

A. 轻型井点降水　　B. 深井降水　　C. 喷射井点降水　　D. 电渗井点降水

65. 井点降水的作用有(　　)。

Ⅰ. 防止地下水涌入坑内　　Ⅱ. 防止边坡由于地下水的渗流而引起塌方

Ⅲ. 防止基坑发生管涌、流砂等渗流破坏　　Ⅳ. 减少基坑支护侧压力

Ⅴ. 使基坑内保持干燥，方便施工　　Ⅵ. 提高地基承载力

A. Ⅰ、Ⅱ、Ⅲ、Ⅳ、Ⅴ、Ⅵ　　B. Ⅰ、Ⅱ、Ⅲ、Ⅳ、Ⅴ

C. Ⅰ、Ⅱ、Ⅲ、Ⅴ、Ⅵ　　D. Ⅰ、Ⅱ、Ⅲ、Ⅳ、Ⅵ

66. 某基坑采用轻型井点降水，基坑开挖深度 4m，要求水位降至基底中心下 0.5m，环形井点管所围的面积为 20m×30m，则井点管计算埋置深度为（　　）。

A. 4.5m　　B. 5.0m　　C. 5.5m　　D. 6m

67. 正铲挖土机适用于挖掘（　　）的土壤。

A. 停机面以上　　B. 停机面以下　　C. A 和 B 都可以　　D. A 和 B 都不行

68. 建筑工程中最常用的挖土机是（　　）。

A. 正铲挖土机　　B. 反铲挖土机　　C. 抓铲挖土机　　D. 拉铲挖土机

69. 图 1-12 所示压路机适用于下列哪种土的压实（　　）。

A. 黏性土表层压实

B. 黏性土底层压实

C. 砂土表层压实

D. 砂土底层压实

图 1-12　69 题图

70. 正铲挖土机的外形是（　　）。

A.  

B. 

C. 

D. 

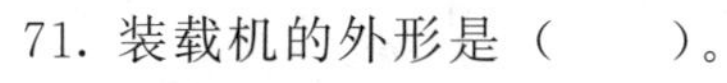

71. 装载机的外形是（　　）。

A. 

B. 

C. 

D. 

72. 下列机械是蛙式打夯机的是（　　）。

A. 　　B.　　C. 　　D. 

73. 下列机械是冲击夯的是（　　）。

A. 
B. 
C. 
D. 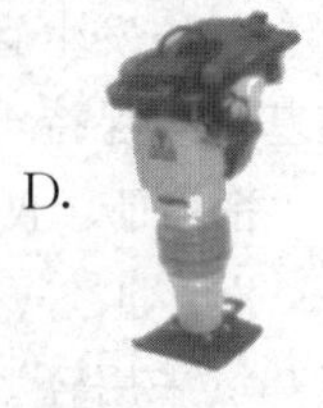

74. 下列土方开挖方式中，属于无支护土方工程的是（　　）。
A. 放坡开挖　　B. 中心岛式开挖　　C. 盆式挖土　　D. 逆作法挖土

75. 当基坑开挖深度不大，地质条件和周围环境允许时，最适宜的开挖方式是（　　）。
A. 逆作法挖土　　B. 中心岛式挖土　　C. 盆式挖土　　D. 放坡挖土

76. 当基坑较深，地下水位较高，开挖土体大多位于地下水位以下时，应采取合理的措施是（　　）。
A. 放坡　　B. 降水　　C. 加固　　D. 分段开挖

77. 下列土料中，不能用作填方土料的是（　　）。
A. 碎石土　　B. 黏性土　　C. 淤泥质土　　D. 砂土

78. 采用平碾压实土方时，每层虚铺厚度和压实遍数为（　　）。
A. 200～250mm，3～4 遍　　B. 200～250mm，6～8 遍
C. 250～300mm，3～4 遍　　D. 250～300mm，6～8 遍

79. 基坑验槽时应仔细检查基槽（坑）的开挖平面位置、尺寸和深度，核对是否与（　　）相符。
A. 设计图纸　　B. 勘察报告　　C. 施工方案　　D. 钎探记录

80. 地基验槽通常采用观察法。对于基底以下的土层不可见部位，通常采用（　　）法。
A. 局部开挖　　B. 钎探　　C. 钻孔　　D. 超声波检测

81. 验槽时，应重点观察的是（　　）。
A. 基坑中心点　　B. 基坑边角处　　C. 受力较大的部位　　D. 最后开挖的部位

82. 基坑排水明沟边缘与边坡坡脚的距离应不小于（　　）m。
A. 0.5　　B. 0.4　　C. 0.3　　D. 0.2

83. 为防止或减少降水对周围环境的影响，常采用回灌技术，回灌井与降水井点的距离不宜小于（　　）m。
A. 4　　B. 6　　C. 8　　D. 10

三、多项选择题

1-22 多项选择题解析

1. 土方工程施工包括主要内容和辅助内容，其中辅助内容包括（　　）。
A. 基坑开挖　　B. 土壁支护　　C. 场地平整
D. 降低水位　　E. 路基填筑

2. 铲运机、推土机、单斗挖土机均能直接开挖的土有（　　）。
A. 松软土　　B. 普通土　　C. 坚土
D. 砂砾坚土　　E. 软石

3. 土的最初可松性系数 K_s 应用于（　　）。
A. 场地平整设计标高的确定　　B. 计算开挖及运输机械的数量
C. 回填土的挖土工程量计算　　D. 计算回填用土的存放场地
E. 确定土方机械的类型

4. 场地平整土方量的计算方法通常有（　　）。
A. 挖填平衡法　　B. 最佳设计平面法
C. 方格网法　　D. 断面法　　E. 表上作业法

5. 确定场地平整最优调配方案的步骤包括（　　）。
A. 场地平整设计标高的确定　　B. 编制初步调配方案

C. 最优方案的判别　D. 方案的调整　E. 绘制土方调配图

6. 明沟集水井排水法宜用于含水层为（　）的基坑。

A. 黏土层　B. 细砂层　C. 粉砂层　D. 淤泥层　E. 粗粒土层

7. 流砂现象一般发生在（　）中。

A. 细砂层　B. 砂质粉土层　C. 粉砂层　D. 淤泥层　E. 粗粒土层

8. 集水井排、降水法所用的设施与设备包括（　）。

A. 井管　B. 排水沟　C. 集水井　D. 滤水管　E. 水泵

9. 轻型井点设备包括（　）。

A. 井管　B. 排水沟　C. 集水井　D. 滤水管　E. 水泵

10. 在基坑开挖中，可以防治流砂的方法包括（　）。

A. 采取水下挖土　B. 挖前打设钢板桩或地下连续墙

C. 抢挖并覆盖加压　D. 采用明沟集水井排水

E. 采用井点降水

11. 某工程在进行轻型井点设计时，计算所需井点管埋深（不包括滤管长）为11m，而现有井点管长度为6m，则可采用（　）的方法。

A. 降低井点管埋设面　B. 采用多级井点

C. 提高井点密度　D. 接长井点管　E. 改用其他井点形式

12. 某工程需降水的深度为12m，可采用的井点形式为（　）。

A. 单级轻型井点　B. 两级轻型井点　C. 管井井点　D. 喷射井点　E. 电渗井点

13. 某工程需降水的深度为4m，含水层土的渗透系数为20m/d，宜采用的井点形式为（　）。

A. 轻型井点　B. 电渗井点　C. 管井井点　D. 喷射井点　E. 深井井点

14. 影响单井最大出水量的因素有（　）。

A. 土的渗透系数　B. 滤管长度　C. 滤管直径

D. 井点管长度　E. 抽水影响半径

15. 喷射井点的主要设备包括（　）。

A. 喷射井管　B. 滤管　C. 潜水泵　D. 进水总管　E. 排水总管

16. 管井井点的主要构造设施及设备包括（　）。

A. 井孔　B. 滤水层　C. 深井泵　D. 离心水泵　E. 井管

17. 挖方边坡的坡度，主要应根据（　）确定。

A. 土的种类　B. 边坡高度　C. 坡上的荷载情况

D. 使用期　E. 工程造价

18. 在基坑周围设置的水泥土桩挡墙，其用途是（　）。

A. 较浅基坑支护　B. 深基坑支护　C. 承重

D. 止水防渗　E. 提高地基承载力

19. 土钉墙支护的优点包括（　）。

A. 能防止流砂产生　B. 能增加地基承载力　C. 能止水防渗

D. 经济效益好　E. 能加固土体，提高边坡的稳定性

20. 在基坑周围打设板桩可起到（　）的作用。

A. 防止流砂产生　B. 防止滑坡塌方　C. 防止邻近建筑物下沉

D. 增加地基承载力　E. 方便土方的开挖与运输

21. 对于深度较大、地下水位较高且有可能出现流砂的基坑，宜用（　）挡墙形式。

A. 土钉墙　B. 钢筋混凝土护坡桩　C. 劲性水泥土桩（SMW）

D. 地下连续墙　E. H型钢桩

22. 某基坑宽40m、深12m，无地下水且土质较好时，宜采用的土壁支护形式有（　）。

A. 横撑式支撑 B. 钢筋混凝土护坡桩挡墙
C. 钢板桩挡墙 D. 地下连续墙 E. 土钉墙

23. 在深度较大且周围地面上有建筑物的基坑中，挡土结构的支撑可使用（ ）形式。
A. 自立式（悬臂式） B. 锚拉式
C. 土层锚杆 D. 型钢水平支撑 E. 钢管水平支撑

24. 土层锚杆由（ ）组成。
A. 锚固体 B. 锚板 C. 拉杆 D. 锚头 E. 护坡桩

25. 一般土层锚杆的拉杆可使用（ ）。
A. 钢丝绳 B. 钢绞线 C. 钢管 D. 钢筋 E. 高强钢丝

26. 现浇地下连续墙的施工程序包括（ ）。
A. 修筑导墙 B. 灌入泥浆 C. 槽段开挖及清底
D. 吊放接头管和钢筋笼 E. 排除泥浆并浇筑混凝土

27. 为提高效率，推土机常用的施工作业方法有（ ）。
A. 槽形推土 B. 多铲集运 C. 下坡推土 D. 并列推土 E. 助铲法

28. 铲运机适用于（ ）工程。
A. 堤坝填筑 B. 大型基坑开挖 C. 大面积场地平整
D. 含水量为30%以上的松软土开挖 E. 石方挖运

29. 为了提高生产效率，铲运机常用的施工方法有（ ）。
A. 跨铲法 B. 斜角铲土法 C. 下坡铲土法 D. 助铲法 E. 并列法

30. 以下情况中，可以使用反铲挖土机进行施工的是（ ）。
A. 停机面以下三类土的基坑开挖 B. 砂质土的管沟开挖
C. 停机面以下的四类土的基槽开挖 D. 大面积场地平整
E. 底部含水量较高的二类土的基坑开挖

31. 某工程开挖长60m、宽30m、深3m的基坑，土质为饱和软黏土，挖土机可选用（ ）。
A. 抓铲挖土机 B. 反铲挖土机 C. 正铲挖土机 D. 拉铲挖土机 E. 铲运机

32. 正铲挖土机的开挖方式有（ ）。
A. 定位开挖 B. 正向挖土，侧向卸土 C. 正向挖土，后方卸土
D. 沟端开挖 E. 沟侧开挖

33. 钎探验槽打钎时，对同一工程应保证（ ）一致。
A. 锤重 B. 钎径 C. 用力（或落距）
D. 每个钎探点的打入时间 E. 每贯入300mm深的锤击数

34. 观察验槽的重点应选择在（ ）。
A. 最后开挖的部位 B. 墙角下
C. 柱基下 D. 基坑边角处 E. 承重墙下

35. 对土方填筑与压实施工的要求有（ ）。
A. 填方必须采用同类土填筑 B. 应在基础两侧或四周同时进行回填压实
C. 从最低处开始，由下向上按整个宽度分层填压
D. 填方由下向上一层完成 E. 当天填土，必须在当天压实

36. 土方填筑时，常用的压实方法有（ ）。
A. 堆载法 B. 碾压法 C. 夯实法 D. 水灌法 E. 振动压实法

37. 填方压实时，对黏性土宜采用（ ）。
A. 碾压法 B. 夯实法 C. 振动法 D. 水冲法 E. 堆载加压法

38. 影响填土压实质量的主要因素有（ ）。
A. 基坑深度 B. 机械的压实功 C. 每层铺土厚度 D. 土质 E. 土的含水量

39. 填方工程应由下至上分层铺填，分层厚度及压实遍数应根据（　　）确定。

A. 压实机械　　B. 密实度要求　　C. 工期

D. 填料种类　　E. 填料的含水量

40. 基坑开挖前，应根据（　　）、施工方法、施工工期和地面荷载等资料，制订基坑施工方案。

A. 支护结构形式　　B. 基坑深度　　C. 地质条件　　D. 周围环境　　E. 地基承载力

41. 填方土料应符合设计要求，一般不能选用的有（　　）。

A. 砂土　　B. 淤泥质土　　C. 膨胀土

D. 有机物含量大于8%的土　　E. 碎石土

42. 关于土方的填筑与压实的说法，正确的有（　　）。

A. 填土应从最低处开始分层进行　　B. 填方应尽量采用同类土填筑

C. 基础两侧应分别回填夯实　　D. 当天填土，应在当天夯实

E. 当填方高度大于10m时，填方边坡坡度可采用1∶1.5

43. 基坑验槽时，必须参加的单位有（　　）。

A. 施工单位　　B. 勘察单位　　C. 监理单位

D. 设计单位　　E. 质量监督单位

四、名词解释

1. 土的工程分类
2. 土的最佳含水量
3. 土的可松性
4. 土的干密度
5. 土方边坡坡度
6. 零线
7. 施工高度
8. 平均运距
9. 明沟集水井法
10. 流砂现象
11. 井点降水法
12. 完整井与非完整井
13. 管井井点降水
14. 回灌井点
15. 水泥土挡墙
16. 土钉墙支护
17. 喷锚支护
18. 推土机斜角推土法
19. 机械压实功
20. 压实系数

1-23 名词解释解答

五、问答题

1-24 问答题解答

1. 简述选择场地设计标高应遵循的原则。
2. 影响土方边坡稳定的因素主要有哪些？
3. 试述流砂现象发生的原因，防治的主要途径及具体措施。
4. 简述轻型井点的埋设程序。
5. 简述井点降水法的优点。
6. 试述降低地下水位对周围环境的影响及预防措施。
7. 试述土钉墙与喷锚支护在稳定边坡的原理上有何区别。
8. 试述土钉墙的施工顺序。
9. 简述喷锚支护的特点。
10. 单斗挖土机按工作装置分为哪几种类型？其各自特点及适用范围如何？
11. 试述影响填土压实质量的主要因素及保证质量的主要方法。
12. 简述基坑验槽的内容和方法。
13. 简述土方工程施工质量标准。

六、计算题

1-25 计算题解答

1. 某基坑坑底平面尺寸如图1-13所示，坑深5.0m，四边均按1∶0.4的坡度放坡，土的可松性系数 $K_s=1.30$，$K'_s=1.10$，基坑内箱形基础的体积为1000m^3。

试求：(1) 基坑开挖的土方工程量；

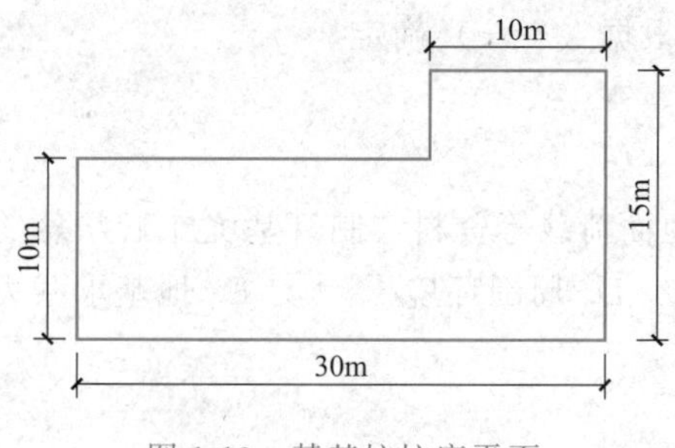

图 1-13 某基坑坑底平面

（2）需要预留的回填土量（以天然状态体积计）；

（3）若多余土方外运，则外运土方（以天然状态体积计）为多少；

（4）如果用斗容量为 $3.5m^3$ 的汽车外运，需运多少车。

2. 某建筑外墙采用毛石基础，其断面尺寸如图 1-14 所示。已知土的可松性系数 $K_s=1.25$，$K'_s=1.10$。试计算每 100m 长基槽的挖方量（按天然状态计算）；若留下回填土后，余土全部运走，计算预留填土量（按松散体积计算）及弃土量（按松散体积计算）。

3. 某建筑场地方格网如图 1-15 所示。方格边长为 30m，要求场地排水坡度 $i_x=2‰$，$i_y=3‰$。试按挖填平衡的原则计算：

（1）场地平整的设计标高；

（2）各角点的施工高度；

（3）场地的挖方量和填方量（不考虑土的可松性影响）。

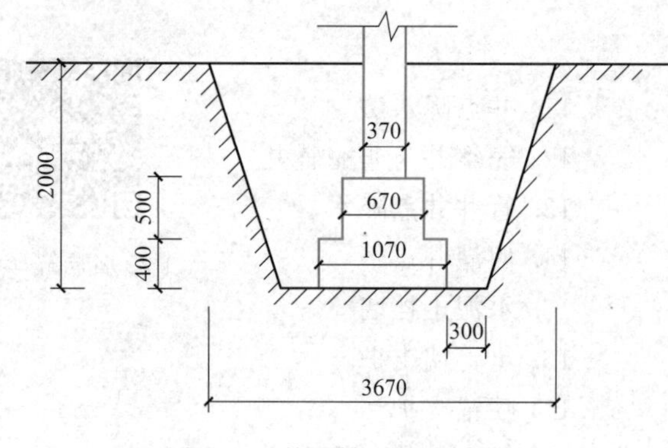

图 1-14 某基槽及基础剖面图

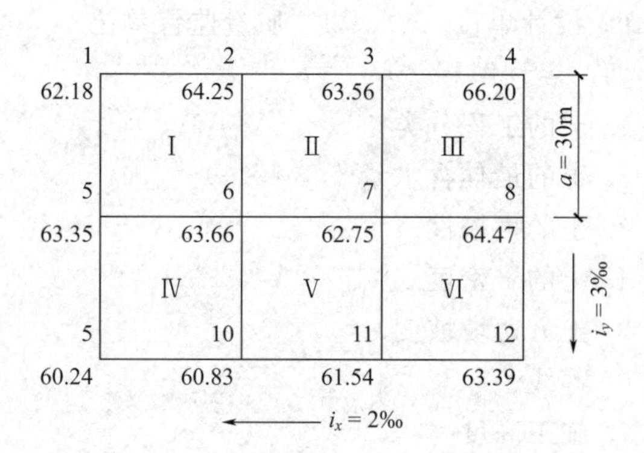

图 1-15 某场地方格网

4. 某工程场地平整的土方调配采用优化方法，已知初始方案见表 1-10。请用表 1-11 判断是否为最优方案，“是”则求出优化结果（即最少的土方总运输量），“否”则进行优化。

表 1-10 某工程场地平整初始调配方案

填方区 / 挖方区	T_1		T_2		T_3		T_4		挖方量/m^3
W_1	$400m^3$	50m	×	60m	×	80m	×	70m	400
W_2	$100m^3$	60m	$100m^3$	70m	$600m^3$	50m	×	80m	800
W_3	×	70m	$600m^3$	80m	×	60m	$400m^3$	70m	1000
填方量/m^3	500		700		600		400		2200

表 1-11 求位势及求检验数备用表

填方区 / 挖方区	位势	T_1	T_2	T_3	T_4	挖方量/m^3
位势	V_j / U_i	$V_1=$	$V_2=$	$V_3=$	$V_4=$	
W_1	$U_1=$					400
W_2	$U_2=$					800
W_3	$U_3=$					1000
填方量/m^3		500	700	600	400	2200

5. 某工程基坑底的平面尺寸为40.5m×16.5m，底面标高−7.0m（地面标高为±0.500）。已知地下水位面标高为−3m，土层渗透系数K=18m/d，−14m以下为不透水层，基坑边坡为1∶0.5。拟用射流泵轻型井点降水，其井管长度为6m，滤管长度待定，管径为38mm，总管直径100mm，每节长4m，与井点管接口的间距为1m。试进行降水设计。

要求：（1）确定轻型井点平面和高程布置；

（2）计算涌水量，确定井点管数和间距；

（3）绘出井点管系统布置施工图。

七、案例分析

1-26 案例分析参考答案

1. 某加油站工程，结构尺寸为21m（长）×15m（宽）×9m（高），地面标高为±0.00，基底标高为−5.1m，位于粉土、砂土层，地下水位标高为−2.7m。设计要求基坑采用明挖放坡，每层开挖深度不大于2.0m，坡面采用锚杆喷射混凝土支护，基坑周边设置轻型井点降水。

为了能在雨期前完成基坑施工，项目部拟采取以下措施：

（1）采用机械分两层开挖；

（2）开挖到基底标高后一次完成边坡支护。

【问题】

指出项目部拟采取加快进度措施的不当之处，并写出正确的做法。

2. 某商住楼建筑面积21000m^2，现浇钢筋混凝土框架结构，筏板基础，地下1层，地上16层，基础埋深5.4m，该工程位于繁华市区，施工场地狭小。

工程所在地区地势北高南低，地下水流方向自北向南，施工单位的降水方案计划在基坑南边布置单排轻型井点。

基坑开挖到设计标高后，施工单位和监理单位对基坑进行了验槽。

【问题】

（1）该工程基坑开挖降水方案是否可行？说明理由。

（2）施工和监理两家单位共同进行工程验槽的做法是否妥当？说明理由。

3. 某新建高层住宅工程，建筑面积15000m^2，地下1层，地上12层，基础采用筏板基础。

监理工程师在检查土方回填施工时发现：回填土料混有建筑垃圾；土料铺填厚度大于400mm；采用振动压实机压实两遍成活；每天将回填2～3层的环刀法取的土样统一送检测单位检测压实系数。

【问题】

请指出土方回填施工中的不妥之处，并写出正确做法。

4. 某办公楼工程，地下1层，地上12层，总建筑面积24000m^2，筏板基础，框架剪力墙结构。建设单位与某施工总承包单位签订了施工总承包合同。按照合同约定，施工总承包单位将装饰装修工程分包给了符合资质条件的专业分包单位。

合同履行过程中，发生了下列事件：

基坑开挖完成后，经施工总承包单位申请，总监理工程师组织勘察，设计单位的项目负责人和施工总承包单位的相关人员等进行验槽。首先，验收小组经检验确认了该基坑不存在空穴、古墓、古井、防空掩体及其他地下埋设物；其次，根据勘察单位项目负责人的建议，验收小组仅核对基坑的位置之后就结束了验槽工作。

【问题】

请问验槽的组织方式是否妥当？基坑验槽还包括哪些内容？

第二章 深基础工程

学习要点

第一节 概 述

深基础是指基础埋深大于 5m 的基础。

一、深基础的类型

深基础的类型主要有桩基础、墩基础、沉井基础和地下连续墙等几种类型，其中桩基础最为常用。

二、桩基础组成与种类

1. 组成

桩基础由若干根桩、承台（或承台梁）组成。

2. 种类

(1) 按承载性质分

① 摩擦桩（摩擦桩和端承摩擦桩）。摩擦桩是指在极限承载力状态下，桩顶荷载由桩侧阻力承受的桩；端承摩擦桩是指在极限承载力状态下，桩顶荷载主要由桩侧阻力承受的桩。

② 端承桩（端承桩和摩擦端承桩）。端承桩是指在极限承载力状态下，桩顶荷载由桩端阻力承受的桩；摩擦端承桩是指在极限承载力状态下，桩顶荷载主要由桩端阻力承受的桩。

(2) 按材料分　钢桩、混凝土桩、组合材料桩。

(3) 按制作方法分

① 预制桩（按沉桩方法分）：锤击法、振动法、静力压桩法、水冲法。

② 灌注桩（按成孔方法分）：钻孔法、沉管法、爆扩法、人工挖孔法。

(4) 按成桩方法对地基土的影响分　挤土桩、非挤土桩、部分挤土桩。

3. 桩基的作用

① 将上部建筑物的荷载传递到深处承载力较大的土层上；

② 使软弱土层受到挤压，以提高土壤的承载力和密实度，从而保证建筑物的稳定性和减小地基沉降。

三、常用规范

《建筑地基基础工程施工质量验收标准》（GB 50202—2018）、《建筑桩基技术规范》（JGJ 94—

2008)、《长螺旋钻孔压灌混凝土后插钢筋笼灌注桩施工技术规程》（DB 11/T 582—2008）、《大直径扩底灌注桩技术规程》（JGJ/T 225—2010）等。

第二节　预制桩施工

预制桩常用的沉桩方法有锤击沉桩、静力压桩和振动沉桩等。

一、预制桩的制作、运输和堆放

1. 制作

预制桩宜由工厂加工：

① 叠制≤4层，上下隔离，下层混凝土强度≥30%再设计强度上层；

② 钢筋用闪光对焊方式接长，接头错开；

③ 混凝土由桩顶至桩尖连续浇筑，注意养护与保护；

④ 预应力管桩离心成型，直径400～500mm，壁厚80～100mm，节长8～12m，强度C60。

2. 运输

① 起吊移位时混凝土强度应≥70%设计强度；运输、就位时混凝土强度应≥100%设计强度。

② 合理吊点（正负弯矩相同则均小）：

a. 一点吊：距顶0.31L（桩长5～10m），0.29L（桩长11～16m）。L为桩长。

b. 两点吊：距顶、距尖0.207L。

③ 吊、运应平稳，避免损坏，最好一次就位。

3. 堆放

高度≤4层；地面坚实、平整，垫长枕木；支承点在吊点位置，垫木上下对齐。

二、锤击沉桩法施工

锤击沉桩法是利用桩锤下落产生的冲击能将桩沉入土中的施工方法。该方法具有施工速度快、机械化程度高、使用范围广等优点。缺点是噪声及振动大、对桩身质量要求高。

（一）锤击沉桩打桩机具

打桩机具主要包括桩锤、桩架和动力装置三个部分，应根据场地土质、工程的大小、桩的种类、动力供应条件和现场情况确定。

1. 桩锤

（1）桩锤类型　主要有柴油锤、气锤、振动锤和液压锤四种。

（2）桩锤类型及重量选择　选择原则是“重锤低击”。应根据地质条件、桩的类型、桩的长度、桩身结构强度、桩群密集程度以及施工条件等因素确定，其中地质条件影响最大。锤重为桩重的1.5～2倍，沉桩效果最佳。

2. 桩架

（1）作用　悬吊桩锤、吊装就位、打桩导向。

（2）构成　支架、导向杆、起吊设备、动力设备和移动设备等。

（3）形式　多功能桩架、履带式桩架两类。

3. 动力装置

动力装置取决于桩锤的类型。

（二）沉桩准备工作

（1）场地准备　清除地上、地下障碍物，平整、压实场地，设置排水沟。

（2）放轴线、定桩位、设标尺。

（3）进行打桩试验　≥2 根，检验工艺、设备是否符合要求。

（4）确定打桩顺序（桩对土体的挤密作用，导致桩下沉困难、易偏移和变位，影响周围建筑物的安全）

① 当桩距<4 倍桩径（边长）时：

a. 自中间向两侧对称打；

b. 自中间向四周环绕或放射打；

c. 分段对称打。

② 当桩距≥4 倍桩径（边长）时，可不考虑土被挤密的影响，按施工方便的顺序打。

③ 规格不同：先大后小、先长后短。

④ 标高不同：先深后浅。

2-1 微课 16
锤击沉桩法施工（上）

（三）施工工艺

1. 工艺顺序

设置标尺→桩机就位→吊桩和定桩→打桩→接桩→截桩。

2. 施工要点

（1）采用重锤低击，开始轻打。

（2）注意贯入度（是指预制桩施工打桩时，最后 30 击每 10 击桩的平均入土深度）变化，做好打桩记录（编号、每米锤击数、桩顶标高、最后贯入度等）。

（3）如遇异常情况，暂停施打，与有关单位研究处理，如：

① 贯入度剧变；

② 桩身突然倾斜、位移、回弹；

③ 桩身严重裂缝或桩顶破碎。

（4）接桩方法　焊接、法兰连接、浆锚连接和机械快速连接法四种。

（5）送桩　通过送桩器辅助将桩沉至设计标高的过程。送桩器是指工具式短桩。

（6）截桩　按设计要求的桩顶标高，将桩头多余部分凿除的过程。

混凝土桩端桩顶纵向主筋应锚入承台以内，锚固长度为 $35d$。d 为钢筋直径。

（四）质量要求

1. 桩的承载能力满足设计要求

（1）端承型桩——控制最后贯入度为主，桩端设计标高为辅。

（2）摩擦型桩——控制桩端设计标高为主，最后贯入度为辅。

2. 偏差在允许范围内

（1）桩位偏差　排桩——偏轴≤100mm＋$0.01H$，顺轴≤150mm＋$0.01H$；群桩——100mm＋$0.01H$（1～3 根）；≤1/2（桩径或边长）＋$0.01H$（4～16 根）。

（2）成桩的垂直偏差　≤1%。

3. 桩不受损

桩顶、桩身不打坏，桩顶下 1/3 桩长内无水平裂缝。

（五）打桩过程常见问题

（1）桩顶、桩身被打坏。

（2）桩位偏斜。

（3）桩打不下。

（4）一桩打下邻桩升起。

（5）贯入度剧变。

三、静力压桩法施工

静力压桩是通过压桩机（架）的卷扬机、滑轮组或压桩机（架）的液压装置，利用压桩机（架）的自重和配重作为反作用力，将桩逐节压入土中。

1. 适用范围

主要用于较软弱土层的场地，特别适用于扩建工程和城市内桩基工程施工。当土层中存在厚度大于2m 的中密以上砂夹层时，不宜采用。

2. 优缺点

与锤击法相比，静力压桩法具有无振动、无噪声、对周围环境影响小、场地整洁、操作自动化程度高、施工速度快、功效高、易于估计单桩承载力等优点。但压桩设备重大，对施工场地要求高。

3. 施工工艺

测定桩位→压桩机就位→吊桩、插桩→桩身对中调直→静压沉桩→接桩→再静压沉桩→送桩→终止压桩。

4. 施工要点

① 压桩应连续进行，因故停歇时间不宜太长，否则压桩力将大幅增加而导致桩压不下去或桩机被抬起。

② 压桩的终压控制：

a. 纯摩擦桩——设计桩长作为控制条件（桩端标高）；

b. ＞21m 端承摩擦桩——设计桩长控制为主，终压值辅助；

c. 14～21m 静压桩，终压力达满载值为控制条件。

2-3 4D 微课
预制管桩施工（静压力）

四、振动沉桩法施工

振动沉桩是利用固定在桩顶部的振动器（振动桩锤）所产生的激振力，使桩周围土体受迫振动，以减小桩侧与土体间的摩擦阻力，并在重力及振动力的共同作用下，将桩沉入土中。

1. 适用范围

适用于在黏土、松散砂土、黄土和软土中沉桩，更适合于打钢板桩；也可借助起重设备进行拔桩。

2. 控制标准

控制最后 3 次振动，每次 5min 或 10min，以每分钟平均贯入度满足设计要求为准。摩擦桩以桩尖进入持力层深度进行控制。

第三节 灌注桩施工

灌注桩施工是指在施工现场的桩位上就地成孔，然后在孔内灌注混凝土或钢筋混凝土成桩的一种方法。

优点：桩身混凝土强度和配筋要求相对较低，并可制作大直径、大承载力桩；适应各种地层的变化，不需要接桩，施工时无振动、无挤土、噪声小。

缺点：不能立即承受荷载，操作要求严，在软土地基中容易出现缩径、断桩等质量问题。

按成孔方法不同分为干作业成孔、泥浆护壁成孔、沉管成孔、人工挖孔等灌注桩。

一、干作业成孔灌注桩（用于无地下水或已降水）

干作业成孔灌注桩是先用螺旋钻机等成孔设备在桩位成孔，然后在孔内放入钢筋笼，再浇筑混凝土而成桩。

1. 适用范围

该方法适合在地下水位以上的黏性土、粉土、填土、中等密实以上的砂土、风化岩层中成孔。

2. 成孔机械

① 旋挖钻：孔径 600～3000mm，孔深可达 110m。

② 螺旋钻：钻杆长 10～20m，直径 400～600mm。

③ 挤土钻：可一次完成挤土成孔、压灌混凝土成桩；桩身可带螺纹，承载力高。

3. 传统施工法

（1）工艺顺序　平整场地、挖排水沟→定桩位→钻机对位、校正垂直→开钻出土→清孔→检查垂直度及虚土情况→放钢筋笼骨架→浇筑混凝土。

（2）施工要点

① 土质差、有振动、间距小时，间隔钻孔制作；

② 及时灌注混凝土，防止孔壁坍塌；

③ 浇筑混凝土时要放置护筒，并保证混凝土密实；

④ 每次浇灌的高度不得大于 1.5m。

（3）质量要求

① 偏差要求≤70mm＋0.01H；垂直度≤1％。

② 孔底虚土：≤50mm（端承桩）；≤150mm（摩擦桩）。

③ 避免出现缩径和断桩。

4. 后插筋施工法

钻孔后，随灌注混凝土随提钻，移开钻杆后随振动插入钢筋骨架。

优点：施工速度快、承载力高，可减少塌孔、颈缩和桩底虚土；在有少量地下水的情况下仍可成桩。

二、泥浆护壁成孔法（有地下水）

1. 成孔机械

① 旋挖钻：用于黏性土、砂土、砂砾层、卵石、漂石、软质岩。

② 冲抓锥：用于黏性土、粉土、砂土、砂砾层、软质岩。

③ 冲击钻：用于黏性土、碎石土、砂土、风化岩。

④ 潜水钻：用于黏性土、淤泥土、砂土、碎石土。

⑤ 回转钻：用于黏性土、淤泥土、砂土、软质岩。

2. 施工工艺

（1）工艺顺序　平整场地、挖排水沟→定桩位→埋护筒→配泥浆→钻孔、灌泥浆→清孔→放钢筋骨架和钢导管→二次清孔→水下灌注混凝土。

（2）要点

① 护筒。护筒作用：固定桩孔位置、防止地面水流入、保护孔口、增大桩孔内水压力、成为成孔导向等。

护筒埋设应准确、稳定，护筒中心与桩位中心偏差≤50mm。护筒直径比钻头大100mm，开设1～2个溢浆口，埋入土中≥1m（砂土中应≥1.5m）。

② 泥浆。密度1.1～1.15g/cm^3（黏土时自造），随钻随灌，保持高于水位面。

泥浆作用：护壁、携渣、冷却钻头、润滑土体减小切削阻力。

③ 泥浆循环排渣。分为正循环排渣和反循环排渣。

正循环排渣：泥浆从钻杆内部沿钻杆从底部喷出，携带土渣的泥浆沿孔壁向上流动，由孔口将土渣带出，流入沉淀池。

其特点是设备简单、操作方便、工艺成熟，孔径小于1000mm且孔深不大时效率较高。

反循环排渣：泥浆由孔口流入孔内，同时泥浆泵通过钻杆底部吸渣，使钻下的土渣由钻杆内腔吸出并排入沉淀池，沉淀后流入泥浆池。

其特点是泥浆上返速度大，成孔效率高、应用广泛。

④ 清孔。钻孔达到要求的深度后要清除孔底沉渣，以防止灌注桩沉降过大、承载力降低。

清孔方法——孔壁土质较好：空气吸泥机清孔；孔壁土质较差：反循环排渣法清孔。应不断置换泥浆，孔底500mm以内的泥浆相对密度应小于1.25，含砂率不得大于8%，黏度不得大于28s。安放钢筋笼后进行二次清孔。

⑤ 水下灌注混凝土（导管法）。

a. 钢筋保护层厚度≥50mm。

b. 混凝土强度≥C20，坍落度160～220mm，骨料粒径≤30mm。

c. 导管外径比钢筋笼内径小100mm以上。

d. 埋管≥500mm后剪断悬吊隔水栓的铁丝。

e. 提管时保持混凝土埋管≥1m。

f. 超灌高度宜为0.8～1.0m，凿除泛浆高度后必须保证暴露的桩顶混凝土强度达到设计要求。

（3）质量要求

① 偏差要求：D<1000mm时，≤70mm+0.01H；D≥1000mm时，≤100mm+0.01H；垂直度≤1%。

② 孔底虚土：≤50mm（端承桩）；≤150mm（摩擦桩）。

③ 泥浆相对密度：孔底500mm以内的泥浆相对密度应小于1.25。

3. 常见质量问题

（1）塌孔

① 原因：土质松散、泥浆护壁不得力。

② 处理：回填，沉积密实后重新钻孔。

（2）缩孔

① 原因：塑性土膨胀或软弱土层挤压。

② 处理：钻头反复扫孔，以扩大孔径。

（3）斜孔

① 原因：护筒倾斜和位移、钻杆不垂直、土质软硬不一致、遇到孤石。

② 处理：吊住钻头上下反复扫孔，直至把孔位校直。

（4）孔底沉渣过厚　在钢筋骨架上固定注浆管，待灌注混凝土后，向孔底高压注入水泥浆压实沉渣。

2-5　微课19
泥浆护壁灌注桩

2-6　4D微课
钻孔灌注桩

三、沉管灌注桩

沉管灌注桩是先利用锤击或振动方法将带有桩尖（桩靴）的桩管（钢管）沉入土中成孔，当桩管打到要求深度后，放入钢筋骨架，边浇筑混凝土，边拔出桩管而成桩。

1. 特点

施工速度快、操作简单、比较经济，但施工有振动、噪声大，隐蔽性强，施工工艺不当易造成质量问题。

2. 适用范围

黏性土、粉土、淤泥质土、松散至中密砂土、填土等。

3. 沉管方式

锤击、振动、静压。

4. 工艺顺序

桩机就位→沉管→检查管内有无泥水→吊放钢筋笼→浇灌混凝土→拔钢管。

5. 施工要点

(1) 防止钢管内进入泥浆、水。

(2) 宜灌满混凝土后再随拔管随灌注，并轻打或振动；控制拔出速度，一般土为1m/min，软弱土层和软硬土层交界处为0.3～0.8m/min。

(3) 桩的中心距小于4倍管径时，应采取跳打方式，混凝土强度≥50%后再补打。

(4) 防止出现缩径、断桩及吊脚桩。

6. 质量要求

① 桩位偏差：$D<500$mm时，≤70mm+0.01H；$D\geqslant500$mm时，100mm+0.01H；垂直度≤1%。

② 混凝土坍落度：80～100mm。

③ 充盈系数≥1.0。(灌注桩充盈系数是指实际灌注的混凝土量与按桩径计算的桩身体积之比。)

7. 施工中常见问题

① 断桩；

② 瓶颈桩；

③ 吊脚桩；

④ 桩尖进水、进泥。

8. 提高承载力的方法（振动灌注桩）

(1) 单打法　灌满混凝土后，每个原位振动5～10s，再上拔0.5～1m。

(2) 复打法　单打时不放钢筋笼，混凝土初凝前原位打入、插筋灌注混凝土。

(3) 反插法　单振法拔管时，每上拔0.5～1m，向下反插0.3～0.5m。

2-7 微课 20
沉管灌注桩（上）

2-8 微课 21
沉管灌注桩（下）

2-9 4D微课
沉管灌注桩

四、人工挖孔灌注桩

1. 适用范围

孔径大于800mm、土质较好、无地下水的工程。

2. 施工工艺

① 按设计图纸放线、定桩位；

② 开挖桩孔土方（一般0.5～1.0m为一个施工段）；

③ 支设护壁模板；

④ 放置操作平台；

⑤ 浇筑护壁混凝土；

⑥ 拆除模板继续下段施工（护壁混凝土强度达到1MPa）；

⑦ 排出孔底积水，浇筑桩身混凝土。

3. 质量要求

桩位偏差≤50mm＋0.005H；垂直度≤0.5%。

4. 安全措施

护壁、通风、照明、人员上下等设施齐全。

第四节 其他深基础施工

一、地下连续墙施工

1. 用途

防渗墙、挡土墙、地下结构的边墙和建筑物的深基础施工。

2. 特点

优点：刚度大，整体性好、施工时无振动、噪声低等。可用于任何土质、还可用于逆作法施工。

缺点：成本高、施工技术复杂、需专用设备、泥浆多、污染大。

3. 施工工艺

(1) 总体 导墙施工→划分单元槽段→跳施单元槽段→连接槽段施工。

(2) 每一单元槽段 槽段开挖→清孔→插入接头管和钢筋笼→二次清孔→水下浇筑混凝土→初凝后拔出接头管。

导墙的作用：挖槽导向、防止槽段上口塌方、存储泥浆和作为测量的基准。

清孔：孔底沉渣对临时结构≤150mm；对永久结构≤100mm。

混凝土应比设计强度提高5MPa，混凝土需超浇300～500mm，以便将设计标高以上的浮浆层凿去。

墙身混凝土抗压强度试块每100m^{3}混凝土不应少于1组，且每幅槽段不应少于1组；墙身混凝土抗渗试块每5幅槽段不应少于1组。

二、墩基础施工

1. 特点

一柱一墩，强度、刚度大，多为人工挖孔。埋深大于3m，直径大于0.8m，高径比小于6。

2. 施工工艺

同人工挖孔桩。

3. 施工方法

① 人工挖孔人工扩底。

② 机械钻孔人工扩底（干法）。

③ 机械钻孔机械扩底（湿法）。

三、沉井基础

1. 用途

建筑物和构筑物的深基础、地下室、蓄水池、设备深基础、桥墩等施工。

2. 下沉形式

重力下沉、振动下沉。

3. 工艺顺序

① 在沉井位置开挖基坑，坑的四周打桩，设置工作平台。

② 铺砂垫层，搁置垫木。

③ 制作钢刃脚，并浇筑第一节钢筋混凝土井筒。

④ 待第一节井筒的混凝土达到一定强度后，抽出垫木，并在井内挖土，或用水力吸泥，使井下沉。

⑤ 在沉井下沉的同时继续制作沉井的上部结构，分节支模、绑钢筋、浇筑混凝土，沉井在井壁自重作用下，逐渐下沉。

⑥ 沉井下沉到设计标高，用混凝土封底，浇筑钢筋混凝土底板，形成地下结构。

第五节 桩基础的检测与验收

一、桩基础的检测

1. 静载荷试验法

（1）目的　采用接近桩的实际工作条件，通过静载加压确定单桩的极限承载力，作为设计依据，或对工程桩的承载力进行抽样检验和评价。

（2）试验要求　设计等级为甲级或地质条件复杂时，应采用静载试验的方法对桩基础承载力进行检验，检验桩数不应少于总桩数的1%，且不应少于3根；当总桩数少于50根时，不应少于2根。在有检测经验和对比资料的地区，设计等级为乙级、丙级的桩基础可采用高应变法对桩基础进行竖向抗压承载力检测，检测数量不应少于总桩数的5%，且不应少于10根。

2. 动测法

动测法是检测桩基础承载力及桩身质量的一项新技术，可作为静载试验的补充。

工程桩桩身完整性的抽检数量不应少于总桩数的20%，且不应少于10根。每根柱子承台下的桩抽检数量不应少于1根。

二、桩基础验收

1. 桩基础验收资料

① 工程地质勘察报告、桩基础施工图、图纸会审纪要、设计变更及材料代用通知单等。

② 经审定的施工组织设计、施工方案及执行中的变更情况。

③ 桩位测量放线图，包括工程桩位复核签证单。

④ 制作桩的材料试验记录，成桩质量检查报告。

⑤ 单桩承载力检测报告。

⑥ 基坑挖至设计标高的基桩竣工图及桩顶标高图。

2. 灌注桩桩顶标高

至少要比设计标高高出0.5m，水下混凝土应超灌0.8～1.0m混凝土。

3. 灌注桩混凝土强度检验的试件

应在施工现场随机抽取。来自同一搅拌站的混凝土，每浇筑50m^3必须至少留置1组试件；当混凝土浇筑量不足50m^3时，每连续浇筑12h必须至少留置1组试件。对单柱单桩，每根桩应至少留置1组试件。

习题及解答

一、填空题

1. 桩基础由________和________共同组成。桩按荷载传递方式分为________和________。

2-12 填空题解答

2. 按成桩方法，桩可分为________、________和________等三种类型。

3. 按施工方法，桩可分为________和________。

4. 预制桩常用的沉桩方法有________、________和振动沉桩等。

5. 浇筑桩身混凝土时，应由________向________连续进行，严禁中断，振捣密实。

6. 预制桩所用混凝土强度等级不宜低于________；预应力混凝土桩的混凝土强度等级不宜低于________。

7. 钢筋混凝土预制桩主筋连接宜采用________或________，当钢筋直径不小于20mm时，宜采用________连接，接头应错开。

8. 预制桩混凝土的强度应达到设计强度的________以上方可起吊，达到设计强度的________才能运输和打桩。

9. 当预制桩起吊点少于或等于3个时，其位置应按________的原则计算确定；当吊点多于3个时，则应按 ________的原则计算确定。

10. 预制桩堆放时应设垫木，其位置与吊点位置相同，各层垫木应在________上。

11. 桩的堆放场地应平整坚实，当叠层堆放时，一般不宜超过________层。

12. 常用的打桩锤类型有气锤、________、________和液压锤等。

13. 打桩机主要由________、________和________三个部分构成。

14. 桩锤选择时应遵循“________”的原则，当锤重为桩重的________倍时，沉桩效果较好。

15. 根据预制桩基础设计标高，打桩顺序宜先________后________。

16. 根据预制桩的规格，其打桩顺序宜为________后________，________后________。

17. 为了保护邻近建筑物，群桩沉设宜按________的顺序进行。

18. 打桩过程中，如出现贯入度骤减、桩锤弹回量增大，说明桩下有障碍物，应________研究处理。

19. 打预制桩时，应在桩侧或桩架上设置________，以便记录桩每沉入1m的锤击数。

20. 钢筋混凝土桩接桩方法有________、________、________和________四种。近年来常采用一些机械快速连接方式，常见的有________式和________式。

21. 打桩质量控制主要包括两个方面：一是________或________是否满足设计要求；二是打桩后的________和________偏差是否在施工规范允许范围内。

22. 用锤击法沉设端承桩时，停止锤击条件应以满足________要求为主，以________作为参考。

23. 对于预制桩总数超过4根及以上的群桩，沉桩后桩位偏差不得超过________，垂直度偏差不得超过________。

24. 当钻孔灌注桩的桩位处于地下水位以上时，可采用________成孔方法；若处于地下水位以下时，则可采用________成孔方法进行施工。

25. 干作业成孔灌注桩清孔后应及时________、灌注混凝土。混凝土要随浇随振，每次浇筑高度不得大于________ m。

26. 钻孔灌注桩施工桩位偏差不大于________ mm，孔深偏差________ mm，垂直度偏差不大于

________%，承载能力必须满足设计要求。

27. 泥浆护壁成孔灌注桩成孔的主要施工过程包括测定桩位、________、钻机就位、灌注泥浆、钻进和清孔。

28. 泥浆护壁钻孔灌注桩的护筒中心与桩位中心的偏差不得大于________mm，在黏性土中护筒的埋设深度不宜小于________m，砂土中不宜小于________m。

29. 泥浆护壁法成孔时，泥浆循环排渣可分为________法和________法。

30. 浇筑混凝土前，孔底500mm以内的泥浆相对密度应小于________。

31. 水下混凝土灌注常用________法，水下灌注的混凝土，其强度等级不应小于________。

32. 泥浆护壁成孔时，若孔壁有坍塌，则应加大泥浆的________、保持护筒内泥浆的________，以稳定孔壁。

33. 泥浆护壁钻孔灌注桩孔底沉渣必须清除，端承桩的孔底沉渣厚度不得超过________mm，摩擦桩的孔底沉渣厚度不得超过________mm。

34. 沉管灌注桩的施工过程包括桩机就位、________、吊放钢筋笼、________、振动拔管成桩。

35. 沉管灌注桩根据土质情况和荷载要求，有单打法、________和________三种施工方法。

36. 摩擦型灌注桩采用锤击沉管法成孔时，桩管入土深度控制以________为主，以________为辅。

37. 地下连续墙既可以作为防渗墙、挡土墙，又可作为地下结构的________和建筑物的________。

38. 地下连续墙施工的主要工艺过程包括________、挖槽、清底、________与吊放钢筋笼、浇筑水下混凝土。

39. 沉井主要由________、________、隔墙或竖向框架、底板组成。

40. 静载荷检测桩数不得少于同条件下总桩数的________。

41. 人工挖孔桩浇筑混凝土的桩顶标高应比设计标高高出________mm，每根桩至少做________组混凝土试块。

42. 预制桩在桩身混凝土强度达到设计要求的前提下，对于砂土类，不应少于________天；对于粉土和黏性土，不应少于________天；才能开始静压试验。

43. 成桩的质量检验有两种基本方法：________和________。

44. 钢筋混凝土预制桩，当桩尖位于坚硬土层时，打桩的控制标准以________为主，以________作为参考。

45. 在确定预制桩打桩顺序时，应考虑打桩时土体的________对施工质量及邻近建筑物的影响。根据桩的密集程度，打桩顺序一般为________、________、________。

46. 沉管灌注桩施工时为了避免出现缩径现象，一般可采用________、________法施工。

二、单项选择题

2-13 单项选择题解析

1. 在极限承载力状态下，桩顶荷载主要由桩侧承受的是（　　）。

A. 端承摩擦桩　　B. 摩擦端承桩

C. 摩擦桩　　D. 端承桩

2. 钢筋混凝土预制桩采用重叠法制作时，重叠层数不符合要求的是（　　）。

A. 二层　　B. 三层

C. 五层　　D. 四层

3. 钢筋混凝土桩采用重叠法预制时，应待下层桩的混凝土至少达到设计强度的（　　）以后方可制作上层桩。

A. 100%　　B. 75%　　C. 50%　　D. 30%

4. 钢筋混凝土预制桩桩身纵向钢筋的保护层厚度不宜小于（　　）。

A. 15mm　　B. 20mm　　C. 30mm　　D. 40mm

5. 锤击法沉桩时，对桩的施工原则是（　　）。

A. 轻锤低击　　B. 轻锤高击　　C. 重锤高击　　D. 重锤低击

6. 较长的预制桩一般采用分节预制，但接头个数不宜超过（ ）个。

A. 2　B. 3　C. 4　D. 5

7. 若预制桩设计3个起吊点时，应遵循的原则是（ ）。

A. 吊点均分桩长　B. 吊点位于重心处

C. 跨中正弯矩最大　D. 吊点间跨中正弯矩与吊点处负弯矩相等

8. 当桩的密度较大时，打桩的顺序应为（ ）。

A. 从一侧向另一侧顺序进行　B. 从中间向两端对称进行

C. 按施工方便的顺序进行　D. 从四周向中间环绕进行

9. 对打桩桩锤的选择影响最大的因素是（ ）。

A. 地质条件　B. 桩的类型　C. 桩的密集程度　D. 单桩极限承载力

10. 可用于打各种桩、斜桩，还可拔桩的桩锤是（ ）。

A. 双动气锤　B. 筒式柴油锤　C. 导杆式柴油锤　D. 单动气锤

11. 在下列措施中不能预防沉桩对周围环境的影响的是（ ）。

A. 采取预钻孔沉桩　B. 设置防震沟

C. 采取由远到近的沉桩顺序　D. 控制沉桩速率

12. 在锤击沉桩施工中，如发现桩锤经常回弹大，桩下沉量小，说明（ ）。

A. 桩锤太重　B. 桩锤太轻　C. 落距小　D. 落距大

13. 在预制桩打桩过程中，如发现贯入度骤减，可能是因为（ ）。

A. 桩尖破坏　B. 桩身破坏　C. 桩下有障碍物　D. 遇软土层

14. 有可能使建筑物产生不均匀沉降的打桩顺序是（ ）。

A. 逐排打设　B. 自中间向四周打

C. 分段对称打设　D. 自中间向两侧对称打

15. 桩的断面边长为300mm，群桩桩距为1000mm，打桩的顺序应为（ ）。

A. 从一侧向另一侧顺序进行　B. 从中间向两侧对称进行

C. 按施工方便的顺序进行　D. 从四周向中间环绕进行

16. 以下沉桩方法中，更适合在城市中软土地基施工的是（ ）。

A. 锤击沉桩　B. 振动沉桩　C. 射水沉桩　D. 静力压桩

17. 沉桩时，采用桩尖设计标高控制为主时，桩尖应处于的土层是（ ）。

A. 坚硬的黏土　B. 碎石土　C. 风化岩　D. 软土层

18. 预制桩施打之前应先定桩，其垂直度偏差应控制的范围是（ ）。

A. 0.5%之内　B. 1%之内　C. 1.5%之内　D. 2%之内

19. 在地下水位以上的黏性土、填土、中密以上砂土及风化岩等土层中的桩基成孔，常用方法是（ ）。

A. 干作业成孔　B. 沉管成孔　C. 人工挖孔　D. 泥浆护壁成孔

20. 干作业成孔灌注桩采用的钻孔机具是（ ）。

A. 潜水钻　B. 螺旋钻　C. 回转钻　D. 冲击钻

21. 能在硬质岩中进行钻孔的机具是（ ）。

A. 潜水钻　B. 冲抓锥　C. 冲击钻　D. 回转钻

22. 某工程灌注桩采用泥浆护壁法施工，灌注混凝土前，有4根桩孔沉渣厚度，分别如下，其中，不符合要求的是（ ）。

A. 端承桩50mm　B. 端承桩80mm　C. 摩擦桩80mm　D. 摩擦桩100mm

23. 在泥浆护壁成孔灌注桩施工中，确保成桩质量的关键工序是（ ）。

A. 泥浆护壁成孔　B. 吊放钢筋笼　C. 吊放导管　D. 水下灌注混凝土

24. 在沉管灌注桩施工中，桩的截面可扩大80%，适用于饱和土层的施工方法是（ ）。

A. 反插法　　B. 单打法　　C. 复打法　　D. 夯扩法

25. 在流动性淤泥土层中的桩可能有缩径现象时，可行又经济的施工方法是（　　）。

A. 反插法　　B. 复打法　　C. 单打法　　D. A 和 B 都可

26. 在河岸淤泥质土层中做直径为 600mm 的灌注桩时，应采用（　　）施工。

A. 螺旋钻钻孔法　　B. 沉管法　　C. 爆扩法　　D. 人工挖孔法

27. 人工挖孔灌注桩施工时，第一节井圈护壁顶面应（　　）。

A. 与地面平齐　　B. 低于地面 50mm

C. 高于地面 100～150mm　　D. 高于地面 200mm

28. 灌注桩的承载能力与施工方法有关，其承载力由低到高的顺序依次为（　　）。

A. 钻孔桩、复打沉管桩、单打沉管桩、反插沉管桩

B. 钻孔桩、单打沉管桩、复打沉管桩、反插沉管桩

C. 钻孔桩、单打沉管桩、反插沉管桩、复打沉管桩

D. 单打沉管桩、反插沉管桩、复打沉管桩、钻孔桩

29. 最适用于现场狭窄情况下施工的灌注桩成孔方式是（　　）。

A. 沉管成孔　　B. 泥浆护壁成孔　　C. 人工挖孔　　D. 螺旋钻成孔

30. 下列既可用于土壁支撑，同时又可作为建筑物基础的是（　　）。

A. 水泥搅拌桩　　B. 地下连续墙　　C. 钢板桩　　D. 灌注桩

31. 钻孔灌注桩属于（　　）。

A. 挤土桩　　B. 部分挤土桩　　C. 非挤土桩　　D. 预制桩

32. 预制桩在运输和打桩时，其混凝土强度必须达到设计强度的（　　）。

A. 50%　　B. 75%　　C. 100%　　D. 25%

33. 在泥浆护壁成孔灌注桩施工中埋设护筒时，护筒中心与桩柱中心的偏差不得超过（　　）。

A. 10mm　　B. 20mm　　C. 30mm　　D. 50mm

34. 静力压桩施工适用的土层是（　　）。

A. 软弱土层　　B. 厚度大于 2m 的砂夹层

C. 碎石土层　　D. 风化岩

35. 泥浆护壁成孔灌注桩施工工艺流程为（　　）。

A. 确定桩位和沉桩顺序→打桩机就位→吊桩插桩→校正→锤击沉桩→接桩→再锤击沉桩→送桩→收锤→切割桩头

B. 测定桩位→埋设护筒→制备泥浆→成孔→清孔→下钢筋笼→二次清孔→浇筑混凝土

C. 测定桩位→钻孔→清孔→下钢筋笼→浇筑混凝土

D. 桩机就位→锤击沉管→上料→边锤击边拔管浇筑混凝土→下钢筋笼浇筑混凝土→成桩

36. 关于打桩质量控制下列说法不正确的是（　　）。

A. 桩尖所在土层较硬时，以贯入度控制为主　　B. 桩尖所在土层较软时，以贯入度控制为主

C. 桩尖所在土层较硬时，以桩尖设计标高控制为参考

D. 桩尖所在土层较软时，以桩尖设计标高控制为主

37. 下列关于灌注桩的说法不正确的是（　　）。

A. 灌注桩是直接在桩位上就地成孔，然后在孔内灌注混凝土或钢筋混凝土而成

B. 灌注桩能适应地层的变化，无须接桩

C. 灌注桩施工后无须养护即可承受荷载

D. 灌注桩施工时无振动、无挤土和噪声小

38. 泥浆护壁成孔灌注桩成孔时，泥浆的作用不包括（　　）。

A. 携渣　　B. 冷却　　C. 护壁　　D. 防止流砂

39. 下列关于泥浆护壁成孔灌注桩的说法不正确的是（　　）。

A. 仅适用于地下水位低的土层

B. 泥浆护壁成孔是用泥浆保护孔壁以防止塌孔和排出土渣而成

C. 多用于土层含水量高的地区

D. 对地下水位高或低的土层皆适用

40. 钢筋混凝土预制桩采用静力压桩法施工时，其施工工序包括：①打桩机就位；②测量定位；③吊桩插桩；④桩身对中调直；⑤静压沉桩。一般的施工工序为（　　）。

A. ①②③④⑤　　B. ②①③④⑤　　C. ①②③⑤④　　D. ②①③⑤④

41. 泥浆护壁钻孔灌注桩施工工艺流程中，“第二次清孔”的下一道工序是（　　）。

A. 下钢筋笼　　B. 下钢导管　　C. 质量验收　　D. 浇筑水下混凝土

42. 导管接头处外径应比钢筋笼的内径小（　　）以上。

A. 100mm　　B. 50mm　　C. 200mm　　D. 300mm

43. 直径大于________或单桩混凝土量超过________的桩，每根桩桩身混凝土应留有1组试件；直径不大于________的桩或单桩混凝土量不超过________的桩，每个灌注台班不得少于1组；每组试件应留3件。（　　）

A. 1000mm，$50m^3$，1000mm，$50m^3$　　B. 1000mm，$25m^3$，1000mm，$25m^3$

C. 800mm，$50m^3$，800mm，$50m^3$　　D. 800mm，$25m^3$，800mm，$25m^3$

44. 灌注桩灌注混凝土前，孔底（　　）以内的泥浆相对密度应小于1.25；含砂率不得大于8%；黏度不得大于28s。

A. 300mm　　B. 50mm　　C. 500mm　　D. 30mm

45. 灌注水下混凝土时，应有足够的混凝土储备量，导管一次埋入混凝土面以下不应少于（　　）。

A. 0.8m　　B. 1.6m　　C. 1.0m　　D. 1.5m

46. 人工挖孔桩灌注桩身混凝土时，混凝土必须通过溜槽；当落距超过________时，应采用串筒，串筒末端距孔底高度不宜大于________；也可以采用导管泵送；混凝土宜采用插入式振捣器振实。（　　）

A. 3m，1.5m　　B. 2m，2m　　C. 3m，2m　　D. 2m，1.5m

47. 静力压桩施工时，抱压力不应大于桩身允许侧向压力的（　　）倍。

A. 1.1　　B. 1.2　　C. 1.5　　D. 1.0

48. 桩基工程应进行桩位、桩长、桩径、桩身质量和（　　）的检验。

A. 动测　　B. 单桩承载力　　C. 静载　　D. 桩身混凝土强度

49. 泥浆护壁桩在施工期间护筒内的泥浆面应高出地下水位________以上，在受水位涨落影响时，泥浆面应高出最高水位________以上。（　　）

A. 1.0m，2.0m　　B. 1.5m，2.0m　　C. 1.0m，1.5m　　D. 1.5m，2.5m

50. 以下对锤击沉桩打桩顺序要求有误的有（　　）。

A. 对于密集桩群，自中间向两个方向或四周对称施打

B. 当一侧毗邻建筑物时，由毗邻建筑物处向另一方向施打

C. 根据基础的设计标高，宜先深后浅

D. 根据桩的规格，宜先小后大，先长后短

51. 泥浆护壁成孔灌注桩开始灌注混凝土时，导管底部至孔底的距离宜为（　　）。

A. 400mm　　B. 600mm　　C. 700mm　　D. 800mm

52. 关于泥浆护壁钻孔灌注桩的做法，正确的是（　　）。

A. 在成孔并一次清理完毕之后浇筑混凝土

B. 一次浇筑的同一配合比混凝土试块按桩数量的10%留置

C. 泥浆循环清孔时，清孔后泥浆相对密度控制在1.15～1.25

D. 第一次浇筑混凝土必须保证底端埋入混凝土0.5m

53. 灌注桩水下混凝土浇筑的桩顶至少要比设计标高高出（　　）mm。

A. 200　　B. 300　　C. 500　　D. 800

54. 孔口坍塌时，应先探明位置，将砂和黏土混合物回填到坍孔位置以上（　　）m，如坍孔严重，应全部回填，等回填物沉积密实后再进行钻孔。

A. 0～0.5　　B. 0.5～1.0　　C. 1.0～2.0　　D. 2.0～3.0

55. 干作业成孔灌注桩的孔底虚土层厚度，相关规范标准规定为（　　）。

A. 不大于 60mm　　B. 不大于 80mm　　C. 不大于 150mm　　D. 不大于 100mm

56. 下列不属于非挤土桩的是（　　）。

A. 干作业法钻（挖）孔灌注桩　　B. 泥浆护壁法钻（挖）孔灌注桩

C. 套管护壁法钻（挖）孔灌注桩　　D. 长螺旋压灌灌注桩

57. 下列不属于挤土桩的是（　　）。

A. 打入（静压）预制桩　　B. 闭口预应力混凝土空心桩

C. 开口钢管桩　　D. 沉管灌注桩

58. 目前建筑工程打桩施工中，应用较为广泛的桩锤是（　　）。

A. 柴油锤　　B. 蒸汽锤　　C. 落锤　　D. 振动锤

59. 预制桩的接桩工艺不包括下列哪一项（　　）。

A. 硫黄胶泥浆锚法　　B. 热沥青黏结法　　C. 焊接法　　D. 法兰螺栓接桩法

60. 下列关于打桩顺序规定不正确的一项是（　　）。

A. 对于密集桩群，自中间向两侧（或四周）施打

B. 当一侧毗邻建筑物时，由建筑物一侧向另一方向施打

C. 根据设计标高，宜先浅后深

D. 根据桩的规格，宜先大后小，先长后短

61. 大面积高密度打桩不宜采用的打桩顺序是（　　）。

A. 由一侧向单一方向进行　　B. 自中间向两个方向对称进行

C. 自中间向四周进行　　D. 分区域进行

62. 打桩施工中终止打桩时一般依据（　　）两项指标来进行控制，即所谓的“双控”。

A. 最后贯入度和桩尖标高　　B. 最后贯入度和单桩承载力

C. 桩尖标高和桩锤回弹量　　D. 桩锤回弹量和单桩承载力

63. 下列关于水下灌注混凝土的要求不正确的是（　　）。

A. 导管使用前应试拼装、试压，试水压力可取为 0.6～1.0MPa

B. 开始灌注混凝土时，导管底部至孔底的距离宜为 300～500mm

C. 导管埋入混凝土深度宜为 2～6m，当有需要时可将导管拔出混凝土灌注面

D. 灌注水下混凝土必须连续施工，并应在混凝土初凝前浇灌完毕

64. 关于长螺旋压灌桩施工工艺，下列哪一项是正确的（　　）。

A. 桩机就位→钻孔至设计深度→灌注混凝土→吊放钢筋笼

B. 桩机就位→钻孔至设计深度→清孔→灌注混凝土→吊放钢筋笼

C. 桩机就位→钻孔至设计深度→清孔→吊放钢筋笼→灌注混凝土

D. 桩机就位→制备泥浆安设护筒→钻孔→清孔→吊放钢筋笼→灌注混凝土

三、多项选择题

1. 预制桩在沉设时，根据沉桩设备和沉桩方法不同一般有（　　）。

A. 锤击沉桩　　B. 夯扩桩　　C. 振动沉桩

D. 静力压桩　　E. 射水沉桩

2. 桩架的作用包括（　　）。

A. 悬挂桩锤　　B. 吊桩就位　　C. 驱动桩锤

D. 为打桩导向　　E. 冲击桩头

2-14 多项选择题解析

3. 当桩距小于4倍桩径时，打桩的顺序是（　　）。
A. 逐排打　B. 自四周向中间打　C. 自中间向四周打
D. 分段对称打　E. 自两侧向中间打
4. 打桩桩锤的类型有（　　）。
A. 夯锤　B. 落锤　C. 振动锤　D. 柴油锤　E. 液压锤
5. 打桩质量控制主要包括（　　）。
A. 贯入度　B. 桩端标高　C. 桩锤落距　D. 桩位偏差　E. 接桩质量
6. 打桩过程中，以贯入度控制为主的桩，其桩尖所在的土应为（　　）。
A. 软黏土　B. 硬塑的黏性土　C. 淤泥土
D. 中密以上的砂土　E. 风化岩
7. 在预制桩施工中常用的接桩方法有（　　）。
A. 螺栓法　B. 焊接法　C. 机械快速连接法
D. 锚板法　E. 浆锚法
8. 以下灌注桩中，属于非挤土类桩的是（　　）。
A. 锤击沉管桩　B. 振动冲击沉管桩
C. 爆扩桩　D. 人工挖孔桩　E. 钻孔灌注桩
9. 在干作业成孔灌注桩施工中应注意的事项有（　　）。
A. 钻杆应保持垂直稳固，不晃动　B. 钻进速度应根据电流值变化调整
C. 清孔后应及时吊放钢筋笼　D. 浇筑混凝土前先放护孔漏斗
E. 每次浇筑混凝土高度不得大于1.5m
10. 泥浆护壁成孔灌注桩常用的钻孔机械有（　　）。
A. 螺旋钻　B. 冲击钻　C. 回转钻　D. 多头钻　E. 潜水钻
11. 在泥浆护壁成孔灌注桩施工中，正确的做法是（　　）。
A. 钻机就位时，回转中心对准护筒中心　B. 护筒中心应高出地下水位1～1.5m以上
C. 清孔后，保证孔底沉渣不超过110mm　D. 混凝土灌注完成后方可提升导管
E. 每根桩灌注混凝土最终高程应略低于设计桩顶标高
12. 对于泥浆护壁成孔施工中，护筒的埋设应做到（　　）。
A. 护筒中心与桩位中心偏差小于100mm　B. 在黏土层埋入深度应大于等于1m
C. 护筒与护壁之间用黏土填实　D. 护筒内径应大于钻头直径100mm
E. 护筒内泥浆面高出地下水位面不低于1～1.5m
13. 在沉管灌注桩施工中，为了防止桩缩径可采取的措施有（　　）。
A. 保持桩管内混凝土有足够高度　B. 增强混凝土和易性
C. 拔管速度适当加快　D. 拔管时加强振动　E. 跳打施工
14. 地下连续墙施工中修筑导墙，其作用是（　　）。
A. 挖槽导向　B. 存储泥浆　C. 保护槽壁
D. 加厚墙体　E. 作为测量依据
15. 沉井的施工过程包括（　　）。
A. 修筑导墙　B. 井筒制作　C. 开挖下沉　D. 振动沉管　E. 混凝土封底
16. 采用泥浆护壁法成桩的灌注桩有（　　）。
A. 长螺旋钻孔灌注桩　B. 反循环钻孔灌注桩
C. 旋挖成孔灌注桩　D. 沉管灌注桩
E. 正循环钻孔灌注桩
17. 关于成桩深度的说法，正确的有（　　）。
A. 摩擦桩应以设计桩长控制成孔深度

B. 摩擦桩采用锤击沉管法成孔时，桩管入土深度控制应以贯入度为主，以标高制为辅

C. 端承桩采用钻（冲）、挖掘成孔时，应以设计桩长控制成孔深度

D. 端承桩采用锤击沉管法成孔时，桩管入土深度控制应以贯入度为主，以标高控制为辅

E. 端承摩擦桩必须保证设计桩长及桩端进入持力层的深度

18. 预制桩的接桩工艺包括（　　）。

A. 硫黄胶泥浆锚法接桩　B. 挤压法接桩　C. 焊接法接桩

D. 法兰螺栓接桩法　E. 直螺纹接桩法

19. 混凝土灌注桩按其成孔方法不同，可分为（　　）。

A. 钻孔灌注桩　B. 沉管灌注桩　C. 人工挖孔灌注桩

D. 静压沉桩　E. 爆扩灌注桩

20. 地下连续墙采用泥浆护壁的方法施工时，泥浆的作用是（　　）。

A. 护壁　B. 携渣　C. 冷却　D. 降压　E. 润滑

21. 按桩的承载性质不同可分为（　　）。

A. 摩擦桩　B. 预制桩　C. 灌注桩　D. 端承桩　E. 管桩

22. 当桩中心距小于或等于 4 倍桩边长时，打桩顺序宜采用（　　）。

A. 由中间向两侧　B. 逐排打设　C. 由中间向四周

D. 由两侧向中间　E. 任意打设

23. 打桩时宜用（　　），可取得良好效果。

A. 重锤低击　B. 轻锤高击　C. 高举高打　D. 低提重打　E. 高提轻打

24. 沉管灌注桩施工中常见的问题有（　　）。

A. 断桩　B. 桩径变大　C. 缩径桩

D. 吊脚桩　E. 桩尖进水、进泥

四、术语解释

1. 摩擦桩
2. 端承桩
3. 端承摩擦桩
4. 摩擦端承桩
5. 送桩
6. 振动沉桩
7. 贯入度
8. 最后贯入度
9. 静力压桩
10. 灌注桩
11. 沉管灌注桩
12. 充盈系数
13. 缩径桩
14. 吊脚桩

2-15 术语解释解答

五、问答题

1. 如何确定打桩顺序？

2. 怎样减少和预防锤击沉桩对周围环境的不利影响？

3. 压灌混凝土后插筋成桩工艺与传统干作业成桩工艺相比有何优点？

4. 泥浆护壁成孔灌注桩施工中，泥浆的作用有哪些？

5. 泥浆护壁成孔灌注桩施工中的正循环排渣法和反循环排渣法的区别和各自特点是什么？

6. 简述沉管灌注桩的施工特点。

7. 简述单打法和复打法的区别及复打法的作用。

8. 简述桩基工程验收应具备的资料。

2-16 问答题解答

六、案例分析

1. 某新建工业厂区，地处大山脚下，总建筑面积 15000m²，其中包含一幢 6 层办公楼工程，采用摩擦型预应力管桩，钢筋混凝土框架结构。

2-17 案例分析参考答案

在施工过程中，发生了下列事件：

在预应力管桩锤击沉桩施工过程中，某一根管桩在桩端标高接近设计标高时难以下沉；此时，贯入度已达到设计要求，施工单位认为该桩承载力已经能够满足设计要求，提出终止沉桩。经组织勘察、设计、施工等各方参建人员和专家会商后同意终止沉桩，监理工程师签字认可。

【问题】

(1) 该事件中，监理工程师同意终止沉桩是否正确？

(2) 预应力管桩的沉桩方法通常有哪几种？

2. 某办公楼工程，钢筋混凝土框架结构，地下1层，地上8层，层高4.5m。工程桩采用泥浆护壁钻孔灌注桩，墙体采用普通混凝土小砌块，工程外脚手架采用双排落地扣件式钢管脚手架，位于办公楼顶层的会议室，其框架柱间距为8m×8m。项目部按照绿色施工要求，收集现场施工废水循环利用。

在施工工程中，发生了下列事件：

项目部完成灌注桩的泥浆循环清孔工作后，随即放置钢筋笼、下导管及灌筑桩身混凝土，混凝土浇筑至桩顶设计标高。

【问题】

分别指出上述事件中的不妥之处，并写出正确做法。

第三章 砌筑工程

学习要点

第一节 概 述

1. 砌筑工程概念

砌筑工程是指用砂浆等胶结材料将砖、石、砌块等块状材料垒砌成坚固砌体的施工。

2. 砌筑工程特点

优点：取材方便、造价低廉、施工简单；

缺点：手工操作为主、劳动强度大、生产效率低、浪费资源多。

3. 常用规范

《砌体结构工程施工质量验收规范》（GB 50203—2011）、《砌体结构工程施工规范》（GB 50924—2014）、《混凝土小型空心砌块建筑技术规程》（JGJ/T 14—2011）、《蒸压加气混凝土建筑应用技术规程》（JGJ/T 17—2008）、《建筑施工扣件式钢管脚手架安全技术规范》（JGJ 130—2011）等。

第二节 砌筑材料的准备

一、块材

1. 砖

（1）烧结普通砖（相对含水率 60%～70%）

尺寸：240mm×115mm×53mm。

强度等级：MU10、MU15、MU20、MU25、MU30 五个强度等级。

（2）烧结多孔砖（孔洞率≥15%，相对含水率 60%～70%） 砌筑时要求孔洞垂直于承压面。

尺寸：P 型 240mm×115mm×90mm；M 型 190mm×190mm×90mm。

强度等级：MU10、MU15、MU20、MU25、MU30 五个强度等级。

适用范围：主要用于承重部位。

（3）烧结空心砖（孔洞率≥35%） 砌筑时要求孔洞方向与承压面平行。相对含水率 60%～70%。

尺寸：240mm×115mm×53mm，300mm×240mm×115mm。

强度等级：MU2.5、MU3.5、MU5.0、MU7.5、MU10 五个强度等级。

适用范围：主要用于砌筑非承重墙体或框架结构的填充墙。

(4) 粉煤灰砖、灰砂砖、混凝土多孔砖（非烧结砖）

① 粉煤灰砖。

强度等级：MU10、MU15、MU20、MU25、MU30 五个强度等级。

适用范围：基础、易冻融和干湿交替作用的建筑部位必须使用 MU15 及以上等级。粉煤灰砖不得用于长期受热（200℃以上）、急冷急热、有酸性介质侵蚀的建筑部位。

② 灰砂砖。

强度等级：MU10、MU15、MU20、MU25 四个强度等级。

适用范围：MU15、MU20、MU25 可用于基础及其他建筑，MU10 仅可用于防潮层以上的建筑。不得用于长期受热（200℃以上）、急冷急热、有酸性介质侵蚀的建筑部位。

③ 混凝土多孔砖（孔洞率一般大于 30%）。

尺寸：长度 290mm、240mm、190mm、180mm；宽度 240mm、190mm、115mm、90mm；高度 115mm、90mm。

强度等级：MU10、MU15、MU20、MU25、MU30 五个强度等级。

2. 小型砌块

(1) 普通混凝土小型空心砌块（炎热干燥时，提前喷水湿润）

规格：主规格 390mm×190mm×190mm，辅助长 290mm、190mm、90mm。

强度等级：MU5、MU7.5、MU10、MU15、MU20。

空心率：≥25%。

(2) 轻骨料混凝土小型空心砌块（提前 1～2d 浇水湿润，相对含水率宜为 40%～50%）

规格：主规格 390mm×190mm×190mm，辅助长 290mm、190mm、90mm。

强度等级：MU1.5、MU2.5、MU3.5、MU5.5、MU7.5、MU10 六个等级；

密度：500、600、700、800、900、1000、1200、1400 八个级别。

(3) 加气混凝土砌块（砌筑面适量浇水）

规格：长度一般为 600mm，宽度有 100mm、120mm、125mm、150mm、180mm、200mm、250mm、300mm 八种，高度有 200mm、240mm、250mm、300mm 四种。

强度等级：A1.0、A2.0、A2.5、A3.5、A5、A7.5、A10 七个等级。

干密度级别：B03、B04、B05、B06、B07、B08 六个级别。

3. 石材

按形状分
- 料石：经加工，外观规矩，尺寸均 ≥ 200mm。
- 毛石：未经加工，厚 ≥ 150mm。

二、砂浆

1. 种类

(1) 水泥砂浆　用于地下及处于潮湿环境下的砌体。

(2) 混合砂浆　用于基础以上部位砌体。

(3) 石灰砂浆　用于临时设施或简易建筑。

2. 要求

(1) 原材料合格

① 水泥强度等级宜≤32.5 级，应进行强度、安定性复验，原材料不过期、不混用。

② 生石灰块熟化时间≥7d、生石灰粉熟化时间≥2d。

③ 宜选用过筛中砂，毛石砌体宜选用粗砂。强度≥M5 时含泥量≤5%；强度＜M5 时含泥量≤10%。

(2) 强度等级　边长 70.7mm 立方体试块，标准养护 28d，抗压强度：

水泥砂浆分为：M5、M7.5、M10、M15、M20、M25、M30 七个强度等级。

混合砂浆分为：M5、M7.5、M10、M15 四个强度等级。

(3) 砂浆试块的留置　每一检验批且不超过 $250m^3$ 砌体的各类、各强度等级的普通砌筑砂浆，每台搅拌机应至少抽检一次。验收批的预拌砂浆、蒸压加气混凝土砌块专用砂浆，抽检可为 3 组。

取样地点：出料口随机取样制作（同盘砂浆只应做 1 组试块）。

(4) 稠度适当

① 烧结普通砖：70～90mm。

② 烧结多孔砖、空心砖砌体：60～80mm。

③ 混凝土实心砖、混凝土多孔砖砌体：50～70mm。

④ 石砌体：30～50mm。

(5) 配合比准确，搅拌均匀　用质量进行计量，水泥及外加剂±2%；其他为±5%。采用机械搅拌，搅拌时间自投料完起算：水泥砂浆和水泥混合砂浆不得少于 120s；水泥粉煤灰砂浆和掺用外加剂的砂浆不得少于 180s。

(6) 使用时间限制　应随拌随用，拌制的砂浆应在 3h 内使用完毕；最高气温超过 30℃时，应在 2h 内使用完毕。

(7) 砂浆强度评定　砌筑砂浆试块强度验收时其强度合格标准应符合下列规定：

① 同一验收批砂浆试块强度平均值应≥设计强度等级值的 1.10 倍；

② 同一验收批砂浆试块抗压强度的最小值应≥设计强度等级值的 85%。

同一类型、强度等级的砂浆试块不应少于 3 组；同一验收批砂浆只有 1 组或 2 组试块时，每组试块抗压强度应≥设计强度等级值的 1.10 倍。

(8) 当施工中或验收时出现下列情况，可采用现场检验方法对砂浆或砌体强度进行实体检测，并判定其强度：

① 砂浆试块缺乏代表性或试块数量不足；

② 对砂浆试块的试验结果有怀疑或有争议；

③ 砂浆试块的试验结果不能满足设计要求；

④ 发生工程事故，需要进一步分析事故原因。

【例 3-1】 某高层住宅楼 1～8 层填充墙为 M10 的水泥混合砂浆，共有试块 16 组，其 28d 强度分别为 11、12、13、12、9、10、12、13、10、13、10、12、11、11、12、11（单位：MPa）。问题：

(1) 试判定该批砂浆强度是否合格？

(2) 简述砂浆试块如何留置。

(3) 施工中出现哪些情况，可采用现场检验方法对砂浆或砌体强度进行实体检测？

解：

(1) 试块强度的算术平均值＝(11＋12＋13＋12＋9＋10＋12＋13＋10＋13＋10＋12＋11＋11＋12＋11)/16＝11.4(MPa)≥1.1×10＝11(MPa)

试块强度的最小值＝9MPa≥0.85×10MPa＝8.5MPa

故该批砂浆试块强度合格。

(2) 每一检验批且不超过 $250m^3$ 砌体的各类、各强度等级的普通砌筑砂浆，每台搅拌机应至少抽检一次。

(3) 施工中出现下列情况时可以采用现场检验方法对砂浆或砌体强度进行实体检测：

① 砂浆试块缺乏代表性或试块数量不足；
② 对砂浆试块的试验结果有怀疑或有争议；
③ 砂浆试块的试验结果不能满足设计要求；
④ 发生工程事故，需要进一步分析事故原因。

三、垂直运输

3-1 微课 22
砌体结构（1）砌筑砂浆

1. 井架

（1）构造　由架体、天轮梁、缆风绳、吊盘、卷扬机及索具构成。
（2）起吊能力　0.5～1t。搭设高度可达 60m。
（3）缆风绳　15m 以下一道；15m 以上，道/10m，每道设 4 根，与地面呈 30°～45°。
（4）优、缺点　价格低廉、稳定性好、运输量大，缆风绳多、影响施工和交通。

2. 门架

（1）构造　由两组格构式立杆、横梁和卷扬机、滑轮组、钢丝绳等组成。
（2）起吊能力　0.6～1.2t。搭设高度一般为 15～30m。
（3）缆风绳　15m 以下一道；15m 以上，道/(5～6m)。
（4）特点　构造简单、装拆方便，具有停位装置，适用于中小型工程。

3. 施工电梯

（1）特点　人货两用。
（2）适用范围　多高层建筑施工，高度可达 100～200m。

第三节 砖砌体施工

一、施工准备

有冻胀环境的地区，地面以下或防潮层以下的砌体，不应使用多孔砖。
混凝土多孔砖、混凝土实心砖、蒸压灰砂砖、蒸压粉煤灰砖等块体的产品龄期不应小于 28d。
提前 1～2d 浇水湿润。相对含水率：烧结多孔砖 60%～70%；蒸压灰砂砖、蒸压粉煤灰砖40%～50%。
施工现场砖应分类堆放整齐，堆置高度≤2m。

二、施工工艺

1. 砖基础

（1）大放脚　等高式和间隔式。退台宽度均为 60mm。大放脚采用一顺一丁砌筑方式，最下一皮及墙基最上一皮砖丁式砌筑。
（2）基础防潮层　20mm 厚，1∶2 水泥砂浆。
（3）砌筑方式　基底标高不同时，应从低处砌起，并应由高处向低处搭砌。当设计无要求时，搭接长度 L 不应小于基础底的高差 H，搭接长度范围内下层基础应扩大砌筑。

2. 砖墙组砌方式

三顺一丁、一顺一丁、梅花丁、全顺、全丁等。

3. 砌筑施工工艺

（1）找平　水泥砂浆、C10 细石混凝土（灰缝厚度>20mm）。

（2）放线　墙轴线、边线、门窗洞口线。

（3）摆砖样　搭接合理、灰缝均匀、减少砍砖。

（4）立皮数杆　皮数杆是指在其上画有每皮砖和灰缝的厚度以及门窗洞口、过梁、楼板等的标高位置的一种木质标杆。

竖立位置：四个大角、内外墙交接处、楼梯间以及洞口比较多的地方，间距10～15m。

（5）盘角、挂线

盘角：高度≤300mm（3～5皮），留踏步槎，三皮一吊、五皮一靠。

挂线：≤240mm厚度的墙单面挂线，≥370mm厚度的墙双面挂线。

（6）砌砖

① 砌筑方法："三一"砌筑法和铺浆法。

"三一"砌筑法是指一铲灰、一块砖、一挤揉的砌筑方法。

铺浆法是指把砂浆摊铺一定长度后，放上砖挤出砂浆的砌筑方法。铺浆长度≤750mm；气温超过30℃时，铺浆长度≤500mm。

② 每日砌筑高度：≤1.5m或一步脚手架高度；冬季和雨天≤1.2m。

（7）清理及勾缝　墙面、柱面及落地灰及时清理。

勾缝：清水砖墙用原浆或1∶1.5水泥砂浆勾缝。

3-2 微课23

砌体结构（2）砖砌体施工

4. 砌筑要求

（1）施工洞口留设　侧边离交接处墙面≥500mm，洞口净宽度≥1000mm。

（2）各种洞口、管道要预留或预埋，不得打凿墙体和开设水平沟槽。宽度超过300mm的洞口上部设置钢筋混凝土过梁。不应在边长小于500mm的承重墙体和独立柱内埋设管线。

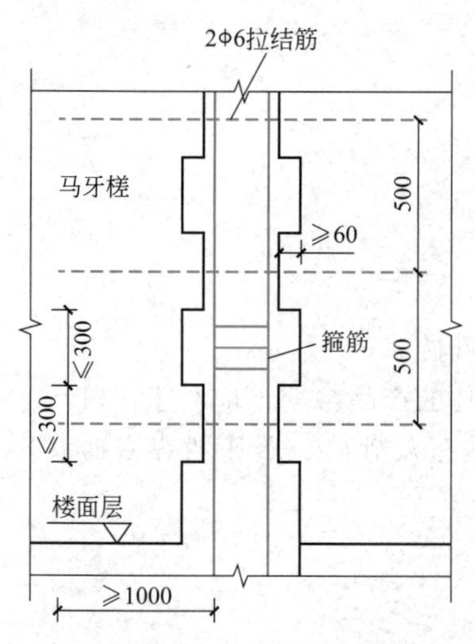

图3-1　砖墙马牙槎

5. 构造柱

构造柱与墙体的连接处砌成马牙槎。马牙槎先退后进，进退60mm。每一马牙槎高度≤300mm，沿墙高每500mm设置2Φ6mm水平拉结筋，每边伸入墙内≥1m。拉结筋位置应正确，不得任意弯折。如图3-1所示。

6. 砖砌体质量要求

（1）横平竖直　灰缝厚度8～12mm，一般为10mm。

（2）砂浆饱满

① 砖墙水平灰缝饱满度≥80%，竖缝无瞎缝、透明缝、假缝；砖柱饱满度≥90%。

② 检查工具：百格网，取三块砖的平均值。

③ 影响因素：砖的含水量、砂浆的和易性、砌筑方法。

（3）上下错缝　错缝或搭砌长度一般≥60mm。混水墙不得有＞300mm的通缝。

（4）接槎可靠

① 转角及交接处应同时砌筑。

② 抗震设防烈度≥8度，不能同时砌筑者，留斜槎；长度≥（2/3）高度（多孔砖1/2），高度≤一步架高。

③ 抗震设防烈度6度、7度，除转角外可留凸直槎，加拉结筋。

a. 每120mm墙厚应设置1Φ6mm拉结钢筋；当墙厚为120mm时，应设置2Φ6mm拉结钢筋。b. 间距沿墙高不应超过500mm，且竖向间距偏差不应超过100mm。c. 埋入长度从留槎处算起每边均不应小于500mm，对抗震设防烈度6度、7度的地区，不应小于1000mm。d. 末端应设90°弯钩。如图3-2所示。

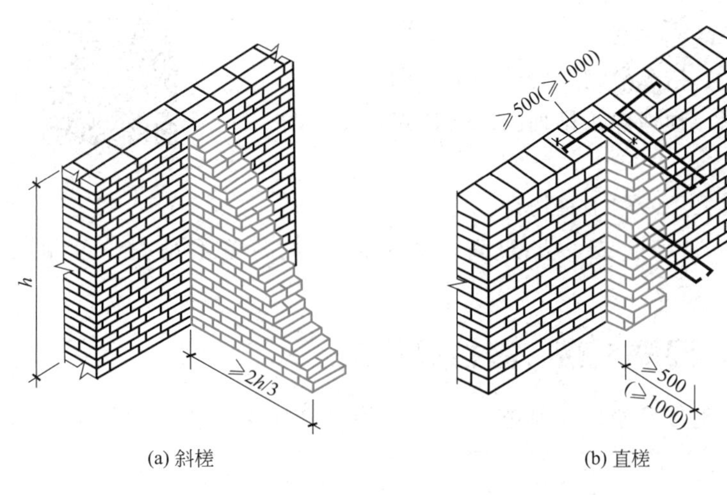

(a) 斜槎　　(b) 直槎

图 3-2　砖墙留槎要求

(5) 墙体垂直墙面平整

① 垂直度偏差≤5mm。

② 平整度：清水墙≤5mm，混水墙≤8mm。

③ 检查工具：2m 靠尺、楔形塞尺。

3-3　微课 24

砌体结构（3）砖砌体质量要求

第四节　砌块砌体施工

一、施工准备

1. 材料准备

(1) 砌块产品龄期≥28d。

(2) 宜选专用砂浆，砂浆强度≥M5。

(3) 不应与其他块材混砌，承重墙禁用断裂的小砌块。

(4) 堆置高度≤2m，有防潮措施；蒸压加气混凝土砌块防止雨淋。

(5) 普通混凝土小型空心砌块、吸水率较小的轻骨料混凝土砌块及采用专用砂浆的蒸压加气混凝土砌块，砌筑时可不浇水；吸水率较大的轻骨料混凝土小型空心砌块，应提前 1～2d 浇水，相对含水率宜为 40%～50%。采用普通砂浆的蒸压加气混凝土砌块，当天喷水湿润。

(6) 加气混凝土砌块不宜用在：建筑物外墙部分±0.00 以下；长期浸水或经常干湿交替部位；受酸碱化学物质侵蚀的环境；经常处在 80℃以上高温环境的部位；易受冻融部位。

2. 绘制砌块排列图

(1) 错缝搭接：搭接长度≥（1/2）块长（单排孔）；≥（1/3）块长和 90mm（多排孔）。

(2) 尽量用主规格砌块。

二、砌筑施工

施工工艺：找平放线→基层处理→立皮数杆→挂线→砌块砌筑→勾缝→清理。

1. 基层处理

(1) 普通混凝土小型空心砌块　底层室内地面以下或防潮层以下用不低于 C20（或 Cb20）的混凝土灌实孔洞。

(2) 轻骨料混凝土小型空心砌块、蒸压加气混凝土砌块　厨房、卫生间、浴室墙底部 150mm 高现浇混凝土坎台。

2. 砌筑要点

3-4 4D微课
砌块砌筑施工

(1) 小砌块上下对孔、错缝搭砌、底面朝上反砌。

(2) 水电管线、孔洞、预埋件按排列图配合砌筑，不得凿槽打洞。

(3) 加气混凝土砌块采用专用工具切锯。

(4) 每日施工高度≤1.5m或一步架高。相邻施工段高差不超过一个楼层高度，也不应大于4m。

三、构造柱、圈梁、混凝土带、芯柱等施工

(1) 圈梁、现浇混凝土带及墙体拉结筋与主体结构可靠连接。若采用化学植筋方式，应进行实体检测。

(2) 拉结筋或网片置于灰缝砂浆中间，长度符合设计要求。

(3) 芯柱混凝土施工：

① 每次连续浇筑的高度宜为半个楼层，但不应大于1.8m；

② 浇筑芯柱混凝土时，砌筑砂浆强度应大于1MPa；

③ 清除孔内掉落的砂浆等杂物，并用水冲淋孔壁；

3-5 4D微课
构造柱施工

④ 浇筑芯柱混凝土前，应先注入适量与芯柱混凝土成分相同的去石砂浆；

⑤ 每浇筑400～500mm高度捣实一次，或边浇筑边捣实。

四、砌块砌体质量要求

1. 砂浆饱满度

混凝土小型空心砌块≥90%；蒸压加气混凝土砌块、轻骨料混凝土小型空心砌块水平灰缝≥80%。

2. 灰缝厚度

混凝土小型空心砌块：8～12mm，宜为10mm。蒸压加气混凝土砌块：≤15mm。专用砂浆：3～4mm。

3. 错缝搭接

混凝土小型空心砌块孔对孔、肋对肋错缝搭砌。搭砌长度≥(1/3)块长，且不小于90mm，不满足时，设拉结钢筋或ϕ4mm钢筋网片。

4. 留槎可靠

① 墙体转角和纵横墙交接处应同时砌筑。

② 其他临时间断处砌成斜槎，水平投影长≥高度。

五、填充墙砌筑要求

(1) 对与框架柱、梁不脱开方法施工的填充墙，填塞填充墙顶部与梁之间缝隙可采用其他块体。

(2) 拉结筋与结构连接，植筋需经拉拔试验(ϕ6，6kN)；每1.2～1.5m高设≥60mm厚现浇钢筋混凝土带。

(3) 填充墙与承重主体结构间的空(缝)隙部位施工，应在填充墙砌筑14d后进行。

3-6 4D微课
填充墙施工

(4) 洞口边或阳角处设置构造柱或专用砌块。

(5) 木砖经防腐处理，埋设数量按洞口高度确定。

第五节 石砌体施工

一、毛石砌体施工

（1）铺浆法砌筑。灰缝厚度20～30mm，砂浆饱满度≥80%。

（2）毛石基础的第一皮应先在基坑底铺设砂浆，并将大面向下。阶梯形毛石基础的上级阶梯的石块应至少压砌下级阶梯的1/2，相邻阶梯的毛石应相互错缝搭砌。

（3）内外搭砌、上下错缝，不得采用中间填心方法。

（4）石块间较大的空隙应先填塞砂浆，后用碎石块嵌实，不得采用先摆碎石后塞砂浆或只填碎石块的方法。

（5）每天砌筑高度≤1.2m。

二、料石砌体施工

（1）料石的宽度、厚度均不宜小于200mm，长度不宜大于厚度的4倍。

（2）铺浆法砌筑。灰缝厚度≤20mm，砂浆饱满度≥80%。

（3）基础第一皮丁砌、坐浆。

三、石挡墙施工

（1）毛石挡土墙每砌3～4皮为一个分层高度，顶层石块应砌平。

（2）挡土墙的泄水孔均匀设置、每米高度上间隔2m左右设1个，孔径不小于50mm。泄水孔与土层间铺设长、宽300mm，厚度200mm的卵石或碎石作疏水层。

（3）挡土墙内侧回填土分层夯实。

习题及解答

一、填空题

3-7 填空题解答

1. 砌筑工程所使用的材料包括________和________。

2. 蒸压灰砂砖和粉煤灰砖的尺寸规格为________。

3. 混凝土小型空心砌块主规格尺寸为________。

4. 砌筑砂浆所用的水泥，宜采用________或________。

5. 砌筑砂浆用砂宜采用________，其中毛石砌体宜采用________拌制。

6. 拌制水泥混合砂浆时，生石灰熟化时间不得少于________d，生石灰粉的熟化时间不得少于________d。

7. 根据砌筑砂浆使用原料与使用目的的不同，可以把砌筑砂浆分为________、________和________3类。

8. 砂浆应具有良好的流动性和保水性，其中砂浆保水性用________表示。

9. 施工现场拌制水泥混合砂浆，应先将________干拌均匀，再加入________拌和均匀，搅拌时间不得少于________min。

10. 砌体结构施工中，常用的垂直运输机械有塔吊、________、________和________。

11. 当井架高度≤________m时，设缆风绳一道；超过该高度时，每增高________m增设一道，每道4根，与地面夹角为________。

12. 门架是由________、________和卷扬机、滑轮组、钢丝绳等组合而成的门形起重设备。其起重高度一般不超过________m。

13. 常用于多、高层建筑砌筑施工，可供人货两用的垂直运输机械为________。

14. 在常温条件下施工时，砖应在砌筑前________d浇水湿润。蒸压灰砂砖、蒸压粉煤灰砖的相对含水率宜为________。

15. 砌墙前应先弹出墙的________线和________线，并标出________的位置。

16. 基础大放脚用________法组砌，最下一皮及墙基的最上一皮应以________砖为主。

17. 砖墙上下错缝时，至少错开________mm长。

18. 在砖砌体中，墙体与构造柱连接处应砌成________，其高度不宜超过________mm。

19. 皮数杆一般立于房屋的________、________、楼梯间及洞口较多处，其间距一般不超过________m。

20. 砖砌体留直槎时，必须做成________槎，并每隔________mm高度加一道拉结钢筋。

21. 抗震区砖墙接槎应采用________形式。

22. 砖墙中水平灰缝的砂浆饱满度不得低于________。

23. 砌块在砌筑前应先绘制________，以便指导砌块准备和砌筑施工。

24. 砌筑用砌块的产品龄期不应小于________d。

25. 砌块进场后应按品种、规格型号、强度等级分别码放整齐，堆置高度不宜超过________。

26. 砌块砌体上下皮砌块错缝搭砌长度不小于砌块长度的________，以保证搭接牢固可靠。

27. 砌筑砂浆的强度达到________后，方可浇筑芯柱混凝土。

28. 石砌体每天的砌筑高度不宜超过________m。

29. 毛石砌体采用________砌筑，灰缝厚度宜为________mm，不宜大于________mm。

30. 对石块间存在的较大空隙，应________，然后________，不得________。

31. 挡土墙的泄水孔应均匀设置，一般在每米高度上间隔________m左右设置一个，泄水孔与土体间铺设长、宽均为________mm、厚________mm的卵石或碎石作疏水层。

32. 砂浆试块应在________随机取样制作，每一检验批且不超过________m^3砌体的各种类型及强度等级的普通砌筑砂浆，每台搅拌机至少抽检一次。

二、单项选择题

3-8 单项选择题解析

1. 砌体工程用的块材不包括（　　）。

A. 烧结普通砖　　B. 粉煤灰砖

C. 陶粒混凝土砌块　　D. 玻璃砖

2. 蒸压灰砂砖砌体中，一般8块砖长加上8个灰缝的长度为（　　）。

A. 1000mm　　B. 150mm　　C. 2000mm　　D. 800mm

3. 下列有关砌筑砂浆的说法，不正确的是（　　）。

A. 不同品种的水泥，不得混合使用

B. 电石膏不可以代替石灰膏使用

C. 可掺加粉煤灰，以节约水泥，提高砂浆可塑性

D. 拌制水泥砂浆，应先将砂和水泥干拌均匀，再加水拌和均匀

4. 生石灰熟化成石灰膏时，熟化时间不得少于（　　）。

A. 3d　　B. 5d　　C. 7d　　D. 14d

5. 砌筑条形基础时，宜选用的砂浆是（　　）。

A. 混合砂浆　　B. 防水砂浆　　C. 水泥砂浆　　D. 石灰砂浆

6. 填充墙砌体中最常用的砂浆是（　　）。

A. 混合砂浆　　B. 防水砂浆　　C. 水泥砂浆　　D. 石灰砂浆

7. 砌筑砂浆的强度等级划分中，强度最高为（　　）。

A. M20　　B. M15　　C. M10　　D. M30

8. 砂浆的流动性以（　　）表示。

A. 坍落度　B. 最佳含水率　C. 分层度　D. 稠度

9. 一般正常情况下，水泥混合砂浆应在拌成后（　）内用完。

A. 2h　B. 3h　C. 4h　D. 5h

10. 拌制下列砂浆，搅拌时间最长的是（　）。

A. 水泥混合砂浆　B. 水泥砂浆　C. 石灰砂浆　D. 防水砂浆

11. 确定砌筑砂浆的强度用的是边长为（　）的立方体试块。

A. 150mm　B. 100mm　C. 90.7mm　D. 70.7mm

12. 下列垂直运输机械中，既可以运输材料和工具，又可以运输工作人员的是（　）。

A. 塔式起重机　B. 井架　C. 龙门架　D. 施工电梯

13. 既可以进行垂直运输，又能完成一定水平运输的机械是（　）。

A. 塔式起重机　B. 井架　C. 龙门架　D. 施工电梯

14. 固定井架用的缆风绳与地面的夹角应为（　）。

A. 20°　B. 30°～45°　C. 60°　D. 75°

15. 砌筑施工中，立皮数杆的目的是（　）。

A. 保证墙体垂直　B. 提高砂浆饱满度　C. 控制砌体竖向尺寸　D. 使组合合理

16. 砖砌体结构的水平灰缝饱满度不得低于（　）。

A. 60%　B. 70%　C. 80%　D. 90%

17. 砖砌体结构的水平灰缝厚度和竖缝宽度一般规定为（　）。

A. 6～8mm　B. 8～12mm　C. 8mm　D. 12mm

18. 普通砖砌体的转角处和交接处应同时砌筑，当不能同时砌筑时，应砌成斜槎，斜槎长度不得小于高度的（　）。

A. 1/3　B. 2/3　C. 1/2　D. 3/4

19. 一般情况，砖墙每日砌筑高度不宜超过（　）。

A. 2.0m　B. 1.5m　C. 1.2m　D. 1.0m

20. 等高式砖基础大放脚是每砌两皮砖，两边各收进（　）砖长。

A. 1　B. 1/2　C. 3/4　D. 1/4

21. 砖基础大放脚的组砌形式是（　）。

A. 三顺一丁　B. 一顺一丁　C. 梅花丁　D. 两平一侧

22. 皮数杆的作用是用它来控制每皮砖厚度，控制门窗洞口、预埋件、过梁、楼板等标高，其间距不应大于（　）。

A. 5m　B. 15m　C. 25m　D. 40m

23. 砖砌体施工时，临时施工洞口的净宽度不应超过（　）。

A. 0.6m　B. 1m　C. 1.5m　D. 2m

24. 分段施工时，砌体相邻施工段的高差，不得超过一个楼层，也不得大于（　）。

A. 2m　B. 3m　C. 4m　D. 5m

25. 普通砖砌体的砖块之间要错缝搭接，错缝长度一般不应小于（　）。

A. 30mm　B. 60mm　C. 120mm　D. 180mm

26. 施工时，混凝土空心砌块的产品龄期不应小于（　）。

A. 7d　B. 14d　C. 21d　D. 28d

27. 砌筑砖墙留直槎时，需沿墙高每 500mm 设置一道拉结筋，对 120mm 厚砖墙，每道应为（　）。

A. 1Φ4　B. 2Φ4　C. 2Φ6　D. 1Φ6

28. 砌筑实心砖墙和砖柱所用砂浆的稠度应是（　）。

A. 70～90mm　B. 30～50mm　C. 50～70mm　D. 90～120mm

29. 砖墙砌筑砂浆的砂宜采用（　　）。

A. 粗砂　　B. 细砂　　C. 中砂　　D. 特细砂

30. 用于检查灰缝砂浆饱满度的工具是（　　）。

A. 楔形塞尺　　B. 百格网　　C. 靠尺　　D. 托线板

31. 在浇筑芯柱混凝土时，砌筑砂浆的强度至少应达到（　　）。

A. 1.0MPa　　B. 1.5MPa　　C. 2.5MPa　　D. 5MPa

32. 检查每层墙面垂直度的工具是（　　）。

A. 钢尺　　B. 经纬仪　　C. 托线板　　D. 楔形塞尺

33. 砌块砌体的组砌形式只有（　　）一种。

A. 三顺一丁　　B. 一顺一丁　　C. 梅花丁　　D. 全顺

34. 填充墙中蒸压加气混凝土砌块、轻骨料混凝土小型空心砌块砌体的水平灰缝和竖向灰缝饱满度均不得小于（　　）。

A. 50%　　B. 60%　　C. 70%　　D. 80%

35. 砌筑蒸压加气混凝土砌块时，应错缝搭砌。搭砌长度不小于砌块长度的（　　）。

A. 1/2　　B. 1/3　　C. 1/4　　D. 1/5

36. 砖砌体留直槎时应加设拉结筋，拉结筋应沿墙高每（　　）mm 设一道。

A. 300　　B. 500　　C. 750　　D. 1000

37. 下列砌筑加气混凝土砌块时错缝搭接的做法中，正确的是（　　）。

A. 搭砌长度不应小于 1/4 砌块长　　B. 搭砌长度不应小于 100mm

C. 搭砌长度不应小于砌块长度的 1/3

D. 搭砌的同时应在水平灰缝内设 $2\phi4$mm 的钢筋网片

38. 《砌体结构工程施工质量验收规范》(GB 50203—2011) 规定，凡在砂浆中掺入（　　），应有砌体强度的型式检验报告。

A. 有机塑化剂　　B. 缓凝剂　　C. 早强剂　　D. 防冻剂

39. 在砖墙上留置临时洞口时，其侧边离交接处墙面不应小于（　　）mm。

A. 200　　B. 300　　C. 500　　D. 1000

40. 砖砌体墙体施工时，其分段位置宜设在（　　）。

A. 墙长的中间部位　　B. 墙体门窗洞口处

C. 墙断面尺寸较大部位　　D. 墙断面尺寸较小部位

41. 加气混凝土砌块的竖向灰缝宽度宜为（　　）mm。

A. 5　　B. 10　　C. 15　　D. 20

42. 混凝土小型空心砌块砌筑时，水平灰缝的砂浆饱满度，按净面积计算不得低于（　　）%。

A. 60　　B. 70　　C. 80　　D. 90

43. 混凝土小型空心砌块墙体高 3.6m，转角处和纵横墙交接处应同时砌筑，若有临时间断时应砌成斜槎，斜槎水平投影长度不应小于（　　）m。

A. 1.2　　B. 1.8　　C. 3.6　　D. 2.4

44. 砖砌体工程中可设置脚手架眼的墙体或部位是（　　）。

A. 120mm 厚墙　　B. 砌体门窗洞口两侧 450mm 处

C. 独立柱　　D. 宽度为 800mm 的窗间墙

45. 关于小砌块砌筑方式的说法，正确的是（　　）。

A. 底面朝上正砌　　B. 底面朝外垂直砌　　C. 底面朝上反砌　　D. 底面朝内垂直砌

46. 多孔砖的孔洞应（　　）砌筑。

A. 平行于受压面　　B. 垂直于受压面　　C. 以上两者均可　　D. 以上说法均不对

47. 空心砖的孔洞应（　　）砌筑。

A. 平行于受压面　　B. 垂直于受压面　　C. 以上两者均可　　D. 以上说法均不对

48. 普通黏土砖墙的砌筑，应选用（　　）。

A. 水泥砂浆　　B. 混合砂浆　　C. 黏土砂浆　　D. 石灰砂浆

49. 砌筑地面以下砌体时，应使用的砂浆是（　　）。

A. 水泥砂浆　　B. 石灰砂浆　　C. 混合砂浆　　D. 纯水泥浆

50. 砌筑砂浆用建筑生石灰（块灰）、建筑生石灰粉熟化为石灰膏，其熟化时间分别不得少于________和________；沉淀池中储存的石灰膏，应防止干燥、冻结和污染，严禁采用脱水硬化的石灰膏；建筑生石灰粉、消石灰粉不得替代石灰膏配制水泥石灰砂浆。（　　）

A. 14d、7d　　B. 7d、2d　　C. 2d、7d　　D. 7d、14d

51. 砂浆的强度，用立方体试件，经（　　）d 标准养护测得的抗压强度值来确定。

A. 25　　B. 28　　C. 30　　D. 45

52. 砌体砌筑时，混凝土多孔砖、混凝土实心砖、蒸压灰砂砖、蒸压粉煤灰砖等块材的产品龄期不应小于（　　）。

A. 3d　　B. 7d　　C. 14d　　D. 28d

53. 现场拌制的砌筑用砂浆应随拌随用，拌制的砂浆应在搅拌后________内使用完毕；当施工期间最高气温超过 30℃时，应在________内使用完毕。（　　）

A. 3h 和 2h　　B. 4h 和 3h　　C. 3h 和 4h　　D. 2h 和 3h

54. 下列组砌方式不能用于砌筑“24 砖墙”的是（　　）。

A. 全顺墙　　B. 全丁墙　　C. 一顺一丁　　D. 梅花丁

55. 下列“24 砖墙”组砌方式中不宜采用的是（　　）。

A. 一顺一丁　　B. 三顺一丁　　C. 五顺一丁　　D. 梅花丁

56. 下列哪段砖墙采用的是三顺一丁砌筑方式（　　）。

A. 　　B. 　　C. 　　D.

57. 圈梁的作用有下述哪些（　　）。

Ⅰ. 增强房屋整体性　　Ⅱ. 提高墙体承载力

Ⅲ. 减少由于地基不均匀沉降引起的开裂　　Ⅳ. 增加墙体稳定性

A. Ⅰ、Ⅱ、Ⅲ　　B. Ⅱ、Ⅲ、Ⅳ　　C. Ⅰ、Ⅲ、Ⅳ　　D. Ⅱ、Ⅲ、Ⅳ

58. 关于砌墙施工工艺顺序，下列哪项叙述正确？（　　）

A. 放线→抄平→立皮数杆→盘角挂线→摆砖样→砌砖→清理

B. 抄平→放线→立皮数杆→盘角挂线→摆砖样→砌砖→清理

C. 抄平→放线→摆砖样→立皮数杆→盘角挂线→砌砖→清理

D. 抄平→放线→盘角挂线→立皮数杆→摆砖样→砌砖→清理

59. 关于皮数杆的作用，下列哪条是正确的？（　　）

A. 保证砌体施工中的稳定性　　B. 控制砌体的竖向尺寸

C. 保证墙面平整　　D. 检查游丁走缝

60. 砌砖采用的“三一”砌筑法是指（　　）。

A. 一皮砖、一层灰、一勾缝　　B. 一挂线、一皮砖、一勾缝

C. 一块砖、一铲灰、一揉浆　　D. 一块砖、一铲灰、一刮缝

61. 砌砖工程当采用铺浆法砌筑时，铺浆长度不得超过________；施工期间气温超过 30℃时，铺浆长度不得超过________。（　　）

A. 240mm、490mm　　B. 490mm、240mm　　C. 750mm、500mm　　D. 1000mm、750mm

62. 砖砌体的灰缝应砂浆饱满，烧结普通砖砌体水平灰缝的砂浆饱满度，按质量标准规定应不小于（　　）。

A. 80%　　B. 85%　　C. 90%　　D. 95%

63. “百格网”可用于检查（　　）。

A. 屋面刚性防水层的平整度　　B. 墙面抹灰砂浆的平整度

C. 大理石贴面有无空鼓　　D. 砌墙砂浆的饱满程度

64. 对于砖砌墙体，竖向灰缝的要求是（　　）。

A. 不得出现透明缝、瞎缝和假缝　　B. 砂浆饱满度不小于 50%

C. 砂浆饱满度不小于 70%　　D. 砂浆饱满度不小于 100%

65. 砖墙砌体灰缝厚度一般应控制在（　　）左右。

A. 10mm　　B. 12mm　　C. 8mm　　D. 15mm

66. 砖墙的水平灰缝厚度和竖向缝宽度一般不低于（　　）。

A. 6mm　　B. 8mm　　C. 10mm　　D. 12mm

67. 砖过梁底部的模板，应在灰缝砂浆强度不低于设计强度的（　　）时，方可拆除。

A. 50%　　B. 75%　　C. 80%　　D. 100%

68. 砖块排列应遵守上下错缝、内外搭砌原则，避免出现连续的垂直通缝，错缝一般不小于（　　）。

A. 1/4 砖长　　B. 1/3 砖长　　C. 1/2 砖长　　D. 100mm

69. 砖砌大放脚基础，每次收退只限（　　）砖长。

A. 1/2　　B. 3/4　　C. 1/4　　D. 2/3

70. 普通砖墙设置斜槎时，斜槎水平投影长度不应小于高度的（　　）。

A. 1/4　　B. 1/3　　C. 1/2　　D. 2/3

71. 下列哪种情况砖砌体间断处不允许留直槎？（　　）

A. 非抗震地区　　B. 抗震设防烈度为 6 度时

C. 抗震设防烈度为 7 度时　　D. 抗震设防烈度为 8 度时

72. 砌砖墙时，设接槎拉结筋的原则是（　　）。

A. 每 120mm 墙厚设 2Φ6@500

B. 120mm 设 2Φ6@500，240mm 以上每增加 120mm 墙厚设 1Φ6@500

C. 不考虑墙厚，均设 1Φ6@500　　D. 不考虑墙厚，均设 2Φ6@500

73. 普通砖砖墙构造柱与墙体的连接处应砌成马牙槎，马牙槎的设置应满足（　　）原则。

A. “五进五退，先退后进”　　B. “五进五退，先进后退”

C. “六进六退，先退后进”　　D. “六进六退，先进后退”

74. 砌体施工的质量控制等级可分为（　　）级。

A. 1、2、3　　B. A、B、C　　C. 甲、乙、丙　　D. 优、良、合格

75. 一般情况下，用下列哪类块材砌墙时可不浇水？（　　）

A. 烧结普通砖　　B. 蒸养灰砂砖

C. 烧结多孔砖　　D. 普通混凝土小型空心砌块

76. 施工时，施砌的蒸压（养）砖应符合下列哪一项的规定？（　　）

A. 龄期不应小于 28d　　B. 龄期不应大于 28d

C. 出厂日期不应少于 3 个月　　D. 出厂日期不应超过于 3 个月

77. 为确保小砌块砌体的砌筑质量，其砌筑要求可简单归纳为（　　）六个字。

A. 对孔、错缝、反砌　　B. 对孔、错缝、正砌　　C. 错孔、对缝、反砌　　D. 错孔、对缝、正砌

78. 某蒸压加气混凝土砌块填充墙高 3.9m，在正常施工条件下至少应分（　　）d 砌筑完成。

A. 2　　B. 1　　C. 3　　D. 无规定

79. 填充墙砌至接近梁、板底时，应留一定空隙，待填充墙砌筑完并应至少间隔（　　）后，再将其补砌挤紧。

A. 1d　　B. 7d　　C. 14d　　D. 28d

80. 正常施工条件处，砖砌体、小砌块砌体每日砌筑高度宜控制在________或一步脚手架高度内；石砌体不宜超过________。（　　）

A. 1.5m、1.2m　　B. 1.2m、1.5m　　C. 1.8m、1.5m　　D. 1.5m、1.8m

81. 下列哪些墙体或部位允许留脚手眼？（　　）

A. 200mm 厚墙　　B. 清水墙

C. 宽度小于 1m 的窗间墙　　D. 轻质墙体

82. 砖砌体的灰缝应横平竖直、厚薄均匀。水平灰缝厚度及竖向灰缝宽度宜为（　　）。

A. 15mm　　B. 8mm　　C. 10mm　　D. 12mm

83. 基础砌筑时采用的砂浆通常为（　　）。

A. 水泥砂浆　　B. 混合砂浆　　C. 石灰砂浆　　D. 石膏砂浆

84. 砌筑毛石挡土墙时每砌（　　）为一个分层高度，并进行找平。

A. 3～4 皮　　B. 4～5 皮　　C. 2～3 皮　　D. 5～6 皮

85. 毛石挡水墙的泄水孔当设计无规定时，泄水孔应均匀设置，在每米高度上间隔（　　）左右设置一个泄水孔。

A. 3m　　B. 2m　　C. 3.5m　　D. 2.5m

86. 配制砌筑砂浆时，各组分材料应采用质量计量，水泥及各种外加剂配料的允许偏差为（　　）。

A. ±2%　　B. ±1%　　C. ±3%　　D. ±5%

87. 烧结空心砖、蒸压加气混凝土砌块、轻骨料混凝土小型空心砌块等的运输、装卸过程中，严禁抛掷和倾倒；进场后应按品种、规格堆放整齐，堆置高度不宜超过（　　）。

A. 2m　　B. 2.5m　　C. 3m　　D. 3.5m

88. 高度小于或等于 3m 的填充墙砌体垂直度允许偏差为（　　）。

A. 3mm　　B. 4mm　　C. 5mm　　D. 6mm

89. 有冻胀环境的地区，地面以下或防潮层以下的砌体，不应使用（　　）。

A. 烧结普通砖　　B. 烧结多孔砖　　C. 蒸压灰砂砖　　D. 粉煤灰砖

90. 烧结普通砖、多孔砖相对含水率宜为（　　）。

A. 60%～70%　　B. 30%～40%　　C. 40%～50%　　D. 20%～30%

91. 在抗震设防烈度为 8 度及以上地区，对不能同时砌筑而又必须留置的临时间断处，应砌成斜槎，多孔砖砌体的留置斜槎长高比不应小于（　　）。斜槎高度不得超过一步脚手架的高度。

A. 1∶2　　B. 1∶3　　C. 1∶4　　D. 1∶5

92. 小砌块墙体应对孔错缝搭砌，搭接长度不应小于（　　）。

A. 60mm　　B. 70mm　　C. 80mm　　D. 90mm

93. 砌体水平灰缝的砂浆饱满度，用专用百格网检测小砌块与砂浆黏结痕迹，每处检测（　　）块小砌块，取其平均值。

A. 3　　B. 4　　C. 5　　D. 6

94. 石砌体的灰缝厚度控制，毛料石和粗料石砌体不宜大于（　　）。

A. 10mm　　B. 20mm　　C. 30mm　　D. 40mm

95. 料石挡土墙，当中间部分用毛石砌时，丁砌料石伸入毛石部分的长度不应小于（　　）。

A. 200mm　　B. 300mm　　C. 400mm　　D. 500mm

96. 配筋砌体工程中，设置在砌体水平灰缝内的钢筋，应居中置于灰缝内。水平灰缝厚度应大于钢筋直径（　　）以上。

A. 3mm　　B. 4mm　　C. 5mm　　D. 6mm

97. 在厨房、卫生间、浴室等处采用轻骨料混凝土小型空心砌块、蒸压加气混凝土砌块砌筑墙体时，墙底部宜现浇混凝土坎台等，其高度宜为（　　）。

A. 120mm　　B. 130mm　　C. 140mm　　D. 150mm

98. 拌制砂浆用砂，不得含有冰块和大于（　　）的冻结块。

A. 8mm　　B. 10mm　　C. 12mm　　D. 14mm

99. 冬期施工中，拌和砂浆时水的温度不得超过（　　）。

A. 60℃　　B. 70℃　　C. 80℃　　D. 90℃

100. 冬期施工，采用暖棚法施工，块材在砌筑时的温度不应低于（　　）。

A. 3℃　　B. 4℃　　C. 5℃　　D. 6℃

101. 非抗震设防及抗震设防烈度为 6 度、7 度地区结构的临时间断处，当不能留置斜槎时，除转角处外，可留直槎，但直槎必须做成（　　），且应加拉结钢筋。

A. 平槎　　B. 阴槎　　C. 凸槎　　D. 凹槎

102. 每一生产厂家，烧结普通砖、混凝土实心砖每（　　）为一验收批，不足上述数量时按 1 批计，抽检数量为 1 组。

A. 15 万块　　B. 10 万块　　C. 5 万块　　D. 1 万块

103. 下列关于砌筑砂浆强度的说法中，（　　）是不正确的。

A. 砂浆的强度是将所取试件经 28d 标准养护后测得的抗剪强度值来评定

B. 砌筑水泥砂浆的强度常分为 7 个等级

C. 每 250m³ 砌体、每种类型及强度等级的砂浆、每台搅拌机应至少抽检一次

D. 同盘砂浆只能做一组试样

104. 砌砖墙留直槎时，必须留成阳槎，并加设拉结筋。拉结筋沿墙高每 500mm 留一层，每层按（　　）墙厚留 1 根，但每层最少为 2 根。

A. 370mm　　B. 240mm　　C. 120mm　　D. 60mm

105. 在砖墙中留设施工洞时，洞边距墙体交接处的距离不得小于（　　）。

A. 240mm　　B. 360mm　　C. 500mm　　D. 1000mm

106. 隔墙或填充墙的顶面与上层结构的接触处，宜（　　）。

A. 用砂浆塞紧　　B. 用砖斜砌顶紧　　C. 埋筋拉结　　D. 用现浇混凝土连接

三、多项选择题

3-9 多项选择题解析

1. 可用于承重墙的块材有（　　）。

A. 烧结普通砖　　B. 烧结多孔砖　　C. 烧结空心砖

D. 加气混凝土砌块　　E. 陶粒混凝土砌块

2. 下列有关砂浆流动性的叙述，正确的是（　　）。

A. 沉入度越大，稠度越小　　B. 沉入度越大，稠度越大

C. 稠度越大，流动性越差　　D. 稠度越大，流动性越好

E. 沉入度越大，流动性越好

3. 有关砌筑用砂浆，下列描述正确的是（　　）。

A. 砂宜用过筛中砂　　B. 配合比用质量比

C. 蒸压粉煤灰砖墙用的砂浆稠度为 60～70mm

D. 砂浆拌制后 5h 内用完　　E. 拌制水泥砂浆时，砂的含泥量不大于 5%

4. 用普通黏土砖砌筑“24 砖墙”，当有抗震要求时，可采用的组砌形式有（　　）。

A. 两平一侧　　B. 全顺式　　C. 三顺一丁　　D. 一顺一丁　　E. 梅花丁

5. 普通矩形多孔砖墙的常用组砌形式有（　　）。

A. 两平一侧　　B. 全顺式　　C. 三顺一丁　　D. 一顺一丁　　E. 梅花丁

6. 砖墙砌筑的工序包括（　　）。

A. 抄平　B. 放线　C. 立皮数杆　D. 砌砖　E. 灌缝

7. 砖砌体的质量要求可概括为（　　）。

A. 轴线准确　B. 砂浆饱满　C. 横平竖直　D. 上下错缝　E. 接槎可靠

8. 皮数杆的作用是控制（　　）。

A. 灰缝厚度　B. 预埋件标高　C. 门窗洞口位置　D. 楼板标高　E. 过梁标高

9. 砌筑砖墙时，相对含水率应控制在40%～50%之间的砖为（　　）。

A. 烧结普通砖　B. 烧结空心砖　C. 烧结多孔砖　D. 灰砂砖　E. 粉煤灰砖

10. 有关砖基础大放脚，下列描述正确的是（　　）。

A. 大放脚有等高式和间隔式　B. 大放脚砌筑可以采用混合砂浆

C. 等高式和间隔式大放脚都是每砌两皮砖，两边各收进1/4砖长

D. 一般采用一顺一丁的砌筑形式　E. 大放脚最下一皮砖应以丁砖为主

11. 砌砖的常用方法有（　　）。

A. 干摆法　B. 铺浆法　C. "三一"砌筑法　D. 全顺砌筑法　E. 灌浆法

12. 砖墙砌筑时，楼层标高上下传递常用的方法有（　　）。

A. 利用皮数杆传递

B. 用钢尺沿某一墙角的±0.00标高向上丈量传递

C. 在楼梯间用钢尺和水准仪直接读取传递

D. 用经纬仪沿某一墙角向上丈量传递

E. 以上A和B两种

13. 关于砌筑施工临时性施工洞口的留设，说法正确的是（　　）。

A. 洞口侧边距丁字相交的墙角不小于200mm　B. 洞口净宽度不应超过1m

C. 洞口顶宜设置过梁　D. 洞口侧边设置拉结筋

E. 在抗震设防烈度9度的地区，必须与设计方协商

14. 对于混凝土小型空心砌块砌体所用的材料，除其强度应满足要求外，还应符合的要求包括（　　）。

A. 承重墙体严禁使用断裂的砌块　B. 施工时砌块的产品龄期不应小于14d

C. 对室内地面以下的砌体，应采用普通混凝土空心砌块和强度不低于M5的水泥砂浆

D. 宜选用专用的砌筑砂浆　E. 正常情况下，普通混凝土小型空心砌块不宜浇水

15. 加气混凝土砌块不宜用在（　　）。

A. 建筑物外墙部分±0.00以下　B. 长期浸水的部位

C. 建筑物外墙　D. 高温环境　E. 易受冻融部位

16. 设计有钢筋混凝土构造柱的抗震多层砖房，下列施工做法中正确的有（　　）。

A. 先绑扎构造柱钢筋，然后砌砖墙　B. 构造柱沿高度方向每1000mm设一道拉结筋

C. 拉结筋每边伸入砖墙不少于500mm　D. 马牙槎沿高度方向的尺寸不超过300mm

E. 马牙槎从每层柱脚开始，先退后进

17. 加气混凝土砌块墙如无切实有效保护措施，不得使用的部位有（　　）。

A. 建筑物室内地面标高以上部位　B. 长期浸水或经常受干湿交替影响部位

C. 受化学环境侵蚀的部位　D. 抗震设防烈度8度地区的内隔墙

E. 砌块表面经常处于80℃以上的高温环境

18. 关于砌体结构房屋圈梁设置的说法，错误的有（　　）。

A. 增强房屋的整体性　B. 避免地基不均匀沉降引起的不利影响

C. 提高墙体的垂直承载力　D. 圈梁宜设在同一平面内

E. 圈梁可不封闭

19. 下列砌体工程部位中，不得设置脚手眼的有（　　）。

A. 120mm 厚墙、料石清水墙和独立柱

B. 240mm 厚墙　　C. 宽度为 1.2m 的窗间墙

D. 过梁上与过梁成 60°角的三角形范围及过梁净跨度 1/2 的高度范围内

E. 梁或梁垫下及其左右 500mm 范围内

20. 砌砖宜采用“三一”砌筑法，即（　　）的砌筑方法。

A. 一把刀　　B. 一铲灰　　C. 一块砖　　D. 一挤揉　　E. 一铺灰

21. 砌筑工程质量的基本要求是（　　）。

A. 横平竖直　　B. 砂浆饱满　　C. 上下错缝　　D. 内外搭接　　E. 砖强度高

22. 砌砖时，皮数杆一般立在（　　）。

A. 墙体的中间　　B. 房屋的四大角　　C. 内外墙交接处　　D. 楼梯间　　E. 洞口多处

23. 常用的砌砖法主要有（　　）。

A. 铺灰挤砌法　　B. 灌浆法　　C. 挤浆法　　D. “三一”砌筑法　　E. 摊铺法

24. 关于砌筑砂浆的说法，正确的有（　　）。

A. 砂浆应采用机械搅拌　　B. 水泥粉煤灰砂浆搅拌时间不得小于 3min

C. 留置试块为边长 70.7mm 的正方体　　D. 同盘砂浆应留置两组试件

E. 六个试件为一组

四、术语解释

1. 砂浆保水性
2. 门架
3. 皮数杆
4. 砌块排列图
5. “三一”砌筑法
6. 砌筑砌块的“铺浆法”
7. 抄平
8. “全顺”组砌形式
9. 芯柱
10. “50 线”

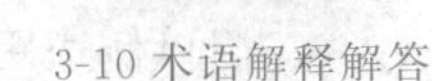

3-10 术语解释解答

五、问答题

1. 试述砌筑砂浆的类型及各自的性能与用途。
2. 试述拌制掺有外加剂的粉煤灰砂浆的投料顺序。
3. 试述砖砌体的砌筑工艺。
4. 砖砌体的质量要求有哪些？
5. 对砖墙砌筑临时间断处的留槎与接槎的要求有哪些？
6. 对于混凝土小型空心砌块所使用的材料，除强度应满足计算要求外，还应符合哪些要求？
7. 试述芯柱混凝土如何浇筑。
8. 砌块砌体的灰缝厚度和宽度是多少？
9. 《砌体结构工程施工质量验收规范》（GB 50203—2011）规定施工中或验收时出现哪些情况，可采用现场检验方法对砂浆或砌体强度进行实体检测，并判定其强度？
10. 简述砌体结构构造柱马牙槎施工方法。
11. 加气混凝土砌块不宜用在哪些部位？

3-11 问答题解答

六、案例分析

1. 某房屋建筑工程，建筑面积 6000m^2，钢筋混凝土独立基础，现浇钢筋混凝土框架结构。填充墙采用蒸压加气混凝土砌块砌筑。在施工过程中，发生了以下事件：

3-12 案例分析参考答案

监理工程师巡视第四层填充墙砌筑施工现场过程中，发现加气混凝土砌块填充墙体直接从结构楼面开始砌筑，砌筑到梁底并间歇 2d 后立即将其补齐挤紧。

【问题】

根据《砌体工程施工质量验收规范》（GB 50203—2011），指出上述事件中填充墙砌筑过程中的错误做法，并分别写出正确做法。

2. 某小区内拟建一幢 6 层普通砖混结构住宅楼，外墙厚 370mm，内墙厚 240mm，抗震设防烈度 7

度，某施工单位于2019年5月与建设单位签订了该项工程总承包合同。

现场施工中为了材料运输方便，在内墙处留置临时施工洞口，内墙上留直槎，并沿墙高每8皮砖（490mm）设置了2Φ6mm钢筋，钢筋外露长度为500mm。

【问题】

上述事件中，砖墙留槎的质量控制做法是否正确？说明理由。

3. 某办公室工程，钢筋混凝土框架结构，地下1层，地上8层，层高4.5m，其中KL1梁高600mm，墙体采用普通混凝土小砌块。在施工工程中，发生了下列事件：

因工期紧，砌块生产7d后运往工地进行砌筑，砌筑砂浆采用收集的循环水进行现场拌制，墙体一次砌筑至梁底以下200mm位置，留待14d后砌筑顶紧。监理工程师进行现场巡视后责令停工整改。

【问题】

针对该事件中的不妥之处，分别写出相应的正确做法。

4. 某新建体育馆工程，建筑面积约13000m²，钢筋混凝土框架结构，地下1层，地上4层。

填充墙砌体采用单排孔轻骨料混凝土小砌块，专用砂浆砌筑，现场检查中发现：进场的小砌块产品龄期达到21d后，即开始浇水湿润，待小砌块表面出现浮水后，开始砌筑施工；砌筑时将小砌块的底面朝上反砌于墙上，小砌块的搭接长度为块体长度的1/3。砌体的砂浆饱满度要求：水平灰缝90%以上；竖向灰缝85%以上。为施工方便，在部分墙体上留置了净宽度为1.2m的临时施工洞口，监理工程师要求对错误之处进行整改。

【问题】

针对背景资料中填充墙砌体施工的不妥之处，写出相应的正确做法。

5. 某新建住宅工程，建筑面积22000m²，地下1层，地上16层，框架-剪力墙结构，抗震设防烈度7度。

灰砂砖填充墙与主体结构连接施工的要求有：填充墙与柱连接钢筋为2Φ6@600，伸入墙内500mm；化学植筋连接筋Φ6mm做拉拔试验时，将轴向受拉非破坏承载力检验值设为5.0kN，持荷时间2min，期间各检测结果符合相关要求，即判定该试样合格。

【问题】

指出填充墙与主体结构连接施工要求中的不妥之处，并写出正确做法。

第四章 钢筋混凝土工程

学习要点

第一节 概 述

1. 钢筋混凝土工程

钢筋混凝土工程由钢筋工程、模板工程和混凝土工程三部分组成。

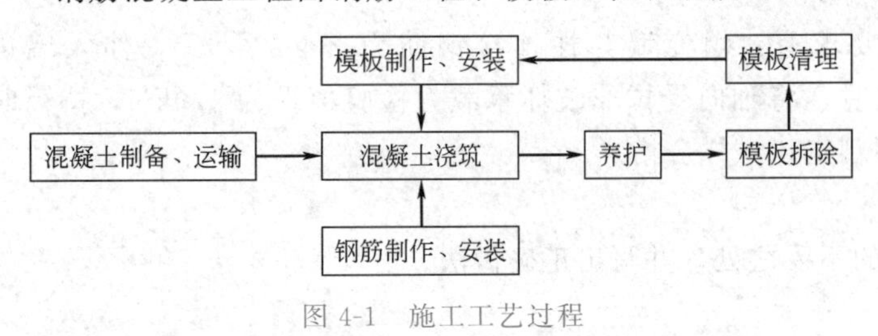

图 4-1 施工工艺过程

2. 施工工艺过程

施工工艺如图 4-1。

3. 结构施工方法及特点

（1）现浇 整体性好，抗震能力强，不需要大型起重机械，但工期长，受气候影响大。

（2）预制装配式 在工厂批量生产，具有施工工期短、机械化程度高、劳动强度低、绿色环保等优点，但需要大型起重运输设备。

4. 常用规范

《混凝土结构工程施工规范》(GB 50666—2011)、《混凝土结构工程施工质量验收规范》(GB 50204—2015)、《钢筋机械连接技术规程》(JGJ 107—2016)、《建筑施工模板安全技术规范》(JGJ 162—2008) 等。

第二节 钢筋工程

一、钢筋概述

(一) 钢筋的种类

1. 钢筋混凝土结构用的普通钢筋按生产工艺分

（1）热轧钢筋 包括低碳钢、低合金钢或微合金钢。

（2）热处理钢筋 包括余热处理钢筋或细晶粒钢筋，该类钢筋强度较高，但强屈比低且焊接性能不佳。

（3）冷加工钢筋　包括冷拉、冷轧、冷轧扭钢筋，强度高、脆性大，很少使用。

2. 热轧或热处理钢筋按屈服强度分

屈服强度有300MPa，335MPa，400MPa，500MPa级四个等级。钢筋的强度和硬度随不同屈服强度逐级升高，但塑性则逐级降低。

（1）Ⅰ级钢筋　表面光圆，Φ6～10mm的钢筋，常卷成圆盘（便于运输）。

（2）Ⅱ、Ⅲ级钢筋　表面为人字纹、月牙形纹或螺纹。

（3）Ⅳ级钢筋　表面有光圆、螺纹两种；直径大于16mm的钢筋，一般一根轧成6～12m长，标准长度为9.0m一根。

（二）钢筋的性能

1. 冷作硬化

通过冷加工，钢筋的强度、硬度提高，但脆性变大，影响结构的延性。仅仅用于加工高强钢丝和电焊网片。

2. 松弛

在高应力状态下，钢筋的长度不变、应力减小。在预应力施工中应采取措施，防止或减少预应力损失。

3. 可焊性

影响钢材可焊性的主要因素包括强度或硬度、化学成分、焊接方法及环境等。强度、硬度越高，可焊性越差。含碳、锰、硅、硫等越多的钢材越难以焊接。

（三）钢筋质量检验

进场——合格证、出厂检验报告，并进行复验。

抽样复验——外观、单位长度质量、力学性能。

1. 钢筋外观

平直、无损伤，表面无裂纹、油污、颗粒状或片状老锈。

2. 钢筋力学性能

钢筋按批抽样。同一厂家、同一类型、同一钢筋来源的成型钢筋，不超过30t为一批。发现钢筋脆断、焊接性能不良或力学性能显著不正常等现象时，应对该批钢筋进行化学成分检验或其他专项检验。

获得认证钢筋、成型钢筋；在同一工程中，同一厂家、同一牌号、同一规格的钢筋连续三次进场检验均一次检验合格；同一厂家、同一类型、同一钢筋来源的成型钢筋，连续三批均一次检验合格。检验批可扩大一倍。

抗震结构：抗震钢筋实测强屈比≥1.25；屈服强度实测值与标准值比≤1.3；最大力下总伸长率≥9%。

3. 重量偏差

Ⅱ、Ⅲ、Ⅳ级钢：直径6～12mm≥－8%；直径14～16mm≥－6%。Ⅰ级钢：直径6～12mm≥－10%。

4-1　微课25
钢筋工程（1）

二、钢筋连接

1. 钢筋连接方法

钢筋连接方法有绑扎连接、焊接连接、机械连接（挤压连接和螺纹套管连接）。

2. 钢筋连接的一般规定

① 接头宜设置在受力较小处；抗震结构的梁端、柱端箍筋加密区内不宜设置接头，且不得进行钢筋搭接。

② 同一纵向受力钢筋不宜设置2个及以上接头。

③ 接头末端至钢筋弯起点的距离≥$10d$。

④ 接头位置宜相互错开。焊接或机械连接，在同一区段（在$35d$且≥500mm范围内）受拉部位接头的面积百分数≤50%，受压部位不限。

⑤ 直接承受动力荷载的结构构件中，不宜采用焊接接头，机械连接时，同区段接头面积百分数≤50%。

（一）钢筋焊接

钢筋焊接包括闪光对焊、电弧焊、电渣压力焊、电阻点焊、气压焊。

1. 闪光对焊

（1）原理　利用对焊机使两段钢筋接触，通以低电压的强电流，待钢筋被加热到一定温度变软后，进行轴向加压顶锻，形成对焊接头。

（2）适用范围　直条粗钢筋下料前的连接及预应力钢筋与螺丝端杆的焊接。热轧钢筋的焊接宜优先用闪光对焊。

（3）工艺

① 连续闪光焊——适于焊接直径≤20mm的Ⅰ～Ⅲ级钢筋；

② 预热闪光焊——适于焊接直径大且端面较平的钢筋；

③ 闪光-预热-闪光焊——适于焊接直径大且端面不平整的钢筋；

④ 对HRB500级钢筋，焊后需进行热处理，以提高接头塑性，防止脆断。

主要参数：调伸长度、闪光留量、闪光速度、预热留量（10～20mm）、顶锻留量（4～6.5mm）、顶锻速度、顶锻压力、变压器级次（按电流大小选择）。

（4）质量检查

① 外观：应经镦粗，无裂纹和烧伤，接头弯折≤2°，轴线偏移≤$0.1d$且≤1mm（每批抽10%，且不得少于10个）。

② 机械性能：每批（300个接头）取6个试件，3个做拉力试验，3个做冷弯试验。同焊工、同台班、同直径（如同台班较少，可累计一周内）。螺丝端杆接头可只做拉伸试验。如有1个不合格，应加倍复试。

2. 电弧焊

（1）原理　利用弧焊机使焊条与焊件之间产生高温电弧，熔化焊条及电弧范围内的焊件金属，凝固后形成焊缝或接头。

（2）适用范围　电弧焊广泛用于钢筋接头、钢筋骨架焊接、装配式结构接头的焊接、钢筋与钢板的焊接及各种钢结构焊接。

（3）钢筋电弧焊的接头形式

① 搭接焊接头（单面焊缝或双面焊缝）；

② 帮条焊接头（单面焊缝或双面焊缝）；

③ 剖口焊接头（平焊或立焊）；

④ 熔槽帮条焊接头。

（4）弧焊的工艺要求

① 弧焊机：直流弧焊机、交流弧焊机（使用较为广泛）。

② 焊条选择依据：钢材等级、焊接接头形式。

如 E4303、E4315、E5016 等。E——焊条；43、50——熔敷金属抗拉强度的最小值（430N/mm^2、500N/mm^2）；第三位数字——焊接的位置［0、1 适用于全方位（平、立、仰、横）焊接］；第三位和四位数字组合——适用电流种类及药皮类型。

（5）质量检验

① 外观：无裂纹、气孔、夹渣、烧伤。

② 焊缝长度：当采用帮条焊或搭接焊时，焊缝长度 L 不应小于帮条或搭接长度，同时应满足以下条件。HPB300 级——单面焊≥$8d$、双面焊≥$4d$；其他级——单面焊≥$10d$、双面焊≥$5d$。

③ 拉伸试验：300 根（个）同牌号钢筋、同型式接头作为一批。

3. 电渣压力焊

（1）原理　利用电流将埋在焊剂盒中的两钢筋端头熔化，然后施加压力使其熔合。

（2）用途　柱、墙中竖向或斜向（倾斜度在 4∶1 的范围内）钢筋的焊接接长。

（3）特点　与电弧焊比较，它工效高、成本低、质量好。

（4）电渣压力焊的工艺步骤　引弧、稳弧、顶锻，三个连续过程。

（5）质量要求

① 机械性能：每两个楼层、每 300 个同类型接头为一批，切取三个试件做拉伸试验，应均不低于该级钢筋的抗拉强度，否则加倍取。

② 外观：纵肋对正，焊包均匀（凸出≥4mm），无烧伤；轴线偏移≤$0.1d$ 和 1mm；弯折≤2°。

4. 电阻点焊

（1）工作原理　利用电阻热熔化钢筋接触点，然后加压连接。

（2）用途　钢丝和较细钢筋的交叉连接，如钢筋网片、钢筋骨架等。

（3）特点　生产效率高、节约材料，应用广泛。

（4）质量检验　进行外观检查和强度试验。热轧钢筋焊点应进行抗剪试验。冷加工钢筋进行抗剪试验和拉伸试验。

焊点压入深度：较小筋直径的 18%～25%。

5. 气压焊

（1）原理　利用乙炔-氧气混合气体燃烧的高温火焰对已有初始压力的两根钢筋端面接合处加热，使钢筋端部产生塑性变形，并促使钢筋端面的金属原子扩散，当钢筋加热到约 1250～1350℃（相当于钢材熔点的 0.80～0.90）时进行加压顶锻，使钢筋焊接在一起。

（2）用途　全方位（竖向、水平和斜向）焊接。

（3）气压焊施工过程　固定、加热、加压顶锻。

【注意】气压焊接的钢筋断料：应用砂轮切割机，断料时要求端面与钢筋轴线垂直。

（4）质量要求

4-2 微课 26
钢筋工程（2）

① 机械性能：每两个楼层、每 300 个同类型接头为一批。竖向构件切取三个试件做拉伸试验；水平构件切取三个试件做弯曲试验。

② 外观：不得有肉眼可见裂纹；弯折≤2°，轴线偏移≤$0.1d$ 和 1mm。

（二）钢筋机械连接

指通过连接件的机械咬合作用或钢筋端面的承压作用，将一根钢筋中的力传递至另一根钢筋的连接方法。

优点：接头质量稳定可靠，操作简便，施工速度快且不受气候条件影响，无污染，无火灾隐患，施工安全等。广泛用于各种粗钢筋连接中。

1. 直螺纹连接

钢筋端头用滚轮轧出螺纹丝扣，通过内壁带有丝扣的高强度套筒进行连接。

(1) 特点　施工速度快，对环境要求低，接头强度高，价格适中。

(2) 根据螺纹成型方式分类

① 直接滚轧螺纹：采用滚螺纹机直接在钢筋端部滚轧出螺纹，但螺纹精度低。

② 剥肋滚轧螺纹：采用剥肋滚螺纹机先将钢筋的纵横肋剥切去除，然后再滚轧螺纹。此方式所滚螺纹精度高。

(3) 钢套管的连接方法　螺纹检查无油污和损伤后，先用手旋入钢筋，最后用转矩扳手紧固至规定的转矩，完成连接。

(4) 质量要求

① 套筒材料、尺寸、丝扣等合格（塞规检查、盖帽）。

② 钢筋丝扣合格（卡规、牙规检查）、洁净、无锈，套保护帽。

③ 锥螺纹连接需用转矩扳手拧紧至出声。

④ 应有外露套筒的螺纹，但不宜超过 2 圈。

(5) 强度检验　转矩抽查不少于 10%，每 500 个接头取 3 个试样，进行抗拉强度试验。若其中之一不合格，应加倍复试。

2. 冷挤压连接

将两根待接钢筋均匀插入钢套筒内，利用挤压机进行径向挤压，使钢套筒产生塑性变形，通过套筒与钢筋肋纹的咬合力将两根钢筋连接成整体。

(1) 特点　质量稳定可靠，受力不低于母材，只适用带肋钢筋，施工速度较慢，操作强度大、成本高。

(2) 质量要求

① 端头距套筒中点不宜超过 10mm。

② 压接顺序应从中间逐道向两端压接。

③ 压痕道数符合要求：(3～8)×2 道，压痕外径为 0.85～0.9 套管原外径。

④ 接头无裂纹，弯折≤4°。

(3) 强度检验　同直螺纹连接。

4-3　微课 27

钢筋工程（3）

三、钢筋配料

配料：根据施工图纸确定各钢筋的直线下料长度、总根数及总重量，编制钢筋配料单，以此作为加工的依据。下料长度计算如下。

(1) 钢筋外包尺寸：外皮至外皮尺寸，由构件尺寸减保护层厚度得到。

(2) 钢筋下料长度＝直线长＝轴线长度＝外包尺寸之和－中间弯折处量度差值＋端部弯钩增加值。

(3) 中间弯折处的量度差值＝弯折处的外包尺寸－弯折处的轴线长。

规范规定，钢筋弯折时其弯弧内径 D_1，对于光圆钢筋不应小于 2.5d（钢筋直径）；对于 335MPa、400MPa 级带肋钢筋，不应小于 4d；对于 500MPa 级不应小于 6d。如图 4-2 所示。

45°弯折时，量度差值 0.5d；90°弯折时，量度差值 2d。

(4) 端部弯钩增加值。

规范规定：HPB300 级钢筋端部应做 180°弯钩，弯心直径≥2.5d，平直段长度≥3d。单个弯钩增加值为 6.25d。对于 HRB335、HRB400 级钢筋，设计要求端部做 135°弯钩时，弯心直径≥4d，平直段长度按设计要求。

(5) 箍筋下料长度计算。

① 绑扎箍筋的端头形式：90°/90°，90°/180°，135°/135°（抗震和受扭结构）。

② 箍筋弯心直径 (D)≥2.5d，且大于纵向受力筋的直径。

③ 箍筋弯钩平直段长：一般结构为 5d，抗震结构不小于 10d 和 75mm。

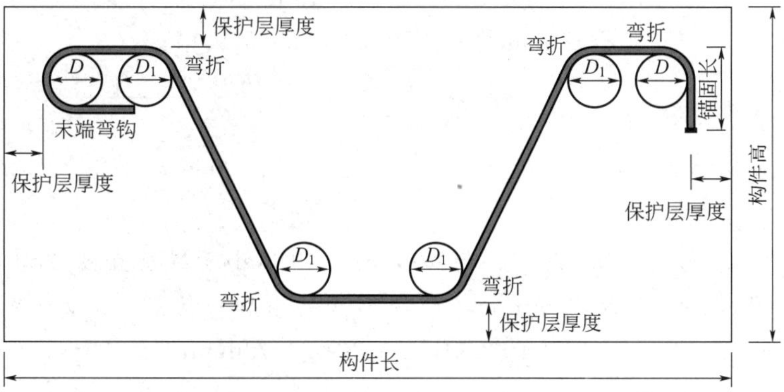

图 4-2　构件中钢筋外包尺寸与弯折、弯钩示意图

④ 矩形箍筋外包尺寸＝2(外包宽＋外包高)

外包宽(高)＝构件宽(高)－2×箍筋保护层厚

⑤ 一个弯钩增加值：

90°——$(D/2+d/2)\pi/2-(D/2+d)$＋平直段长；

135°——$(D/2+d/2)3\pi/4-(D/2+d)$＋平直段长；

180°——$(D/2+d/2)\pi-(D/2+d)$＋平直段长。

⑥ 箍筋下料长度 L＝外包尺寸－中间弯折量度差值＋端弯钩增长值

矩形箍筋 135°/135°弯钩时，近似为 L＝外包尺寸＋2×平直段长。

【例 4-1】 计算图 4-3 所示 L1 梁的钢筋下料长度（抗震结构），并编制下料单。保护层厚度 25mm。注：各种钢筋单位长度的质量：ϕ8mm 为 0.395kg/m，ϕ12mm 为 0.888kg/m，Φ22mm 为 2.98kg/m，Φ25mm 为 3.85kg/m。

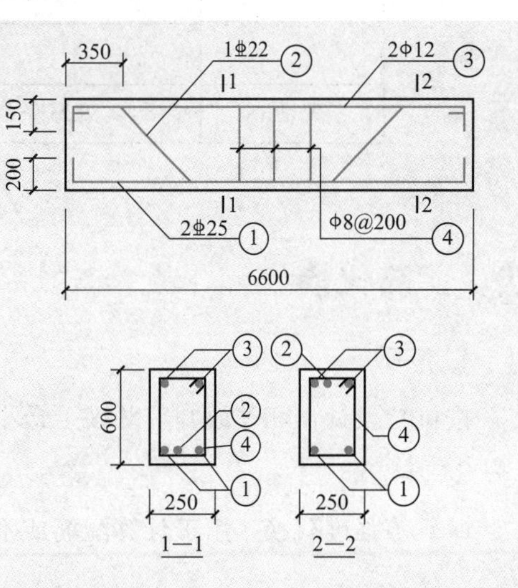

图 4-3　L1 梁配筋图

解：1. 钢筋下料长度及质量计算

① 号筋：受力筋。

外包尺寸：(200－25－6)×2＋6600－2×25＝6888(mm)

量度差值：　2×2×25＝100(mm)

下料长度：　6888－100＝6788(mm)

每根钢筋质量＝6.788×3.85＝26.13(kg)

② 号筋：弯起钢筋。外包尺寸分段计算。

端部竖直段：　(150－25-6)×2＝238(mm)

端部水平段：　(350－25)×2＝650(mm)

斜段长：(600－2×25－2×6)×1.414×2＝761×2＝1522(mm)

中间直段长：　6600－2×350－538×2＝4824(mm)

外包尺寸：　238＋650＋1522＋4824＝7234(mm)

量度差值：　2×2×22＋4×0.5×22＝132(mm)

下料长度：　7234－132＝7102(mm)

每根钢筋质量＝7.102×2.98＝21.16(kg)

③ 号筋：架立筋。

外包尺寸：　6600－2×25＝6550(mm)

末端弯钩：　2×6.25×12＝150(mm)

下料长度：$6550+150=6700(\text{mm})$

$$每根钢筋质量=6.70\times0.888=5.95(\text{kg})$$

④ 号筋：箍筋。

外包尺寸：

宽度：$250-2\times25=200(\text{mm})$

高度：$600-2\times25=550(\text{mm})$

末端弯钩：135°/135°形式，$D=2.5\times8=20(\text{mm})$，且不小于纵筋直径25mm，故取25mm，平直段取$10d$，且不小于75mm，故取80mm。则两个弯钩增加值为$[3\pi(D+d)/8-(D/2+d)+10d]\times2=[3\pi(25+8)/8-(25/2+8)+10\times8]\times2=98\times2=196(\text{mm})$。

量度差值：$3\times2\times8=48(\text{mm})$

下料长度：$(200+550)\times2+196-48=1648(\text{mm})$

$$每根钢筋质量=1.648\times0.395=0.651(\text{kg})$$

合计根数：$(6600-50\times2)/200+1=34$(根)

2. 编制下料单

该梁下料单见图4-4。

构件名称	钢筋编号	计算简图	直径/mm	级别	下料长度/mm	合计根数	质量/kg
L1梁的钢筋	①		25	⌀	6788	2	52.26
	②		22	⌀	7102	1	21.16
	③		12	ϕ	6700	2	11.90
	④		8	ϕ	1648	34	22.13
备注	合计：⌀25为52.26kg ⌀22为21.16kg ϕ12为11.90kg ϕ8为22.13kg						

图4-4 L1钢筋下料单

四、钢筋代换

1. 原则

按抗拉设计值相等原则，并满足最小配筋率及构造要求。

2. 方法

(1) 等强度代换 用于计算配筋或不同级别钢筋的代换。

$$A_{s2}f_{y2}\geqslant A_{s1}f_{y1} 或根数 n_2\geqslant(n_1d_1^2f_{y1})/(d_2^2f_{y2})$$

(2) 等面积代换 用于最小配筋率或同级别钢筋的代换。

$$A_{s2}\geqslant A_{s1} 或根数 n_2\geqslant(n_1d_1^2)/(d_2^2)$$

3. 注意问题

① 重要构件，不宜用HPB300级光圆筋代替HRB335级～HRB500级带肋钢筋；

② 代换后应满足配筋构造要求（直径、间距、根数、锚固长度等）；

③ 代换后直径不同时，各筋拉力差不应过大（同级直径差≤5mm）；

4-4 微课28 钢筋工程（4）

④ 受力不同的钢筋分别代换；

⑤ 有抗裂或挠度控制时，应做抗裂验算或挠度验算；

⑥ 重要结构的钢筋代换应征得设计单位同意；

⑦ 预制构件的吊环，必须用未冷拉的 HPB300 级筋，不得以其他筋代换。

4. 钢筋配料单

作为钢筋加工和验收的依据。

【例 4-2】 某钢筋混凝土梁主筋设计采用 HRB335 级 4 根直径 28mm 的钢筋，现无此规格、品种的钢筋，拟用 HRB400 级钢筋代换，试计算需代换钢筋面积、直径和根数。（备注：HRB335 级钢筋抗拉强度设计值为 300N/mm²；HRB400 级钢筋抗拉强度设计值为 360N/mm²。）

解：需代换钢筋的面积：

$$A_{s2}=A_{s1}\frac{f_{y1}}{f_{y2}}=4\times3.14\times14^2\times\frac{300}{360}=2051.47(\text{mm}^2)$$

选用 HRB400 级 5 根直径 25mm 的钢筋，则：

$A_{s2}=5\times490.88=2454.4(\text{mm}^2)>2051.47(\text{mm}^2)$，满足要求。

另解：

如选用 HRB400 级直径 25mm 的钢筋，则需要：

$$A_{s2}f_{y2}=A_{s1}f_{y1}$$

$$n_2\pi d_2^2f_{y2}=n_1\pi d_1^2f_{y1}$$

$$n_2=n_1\frac{d_1^2f_{y1}}{d_2^2f_{y2}}=\frac{4\times300\times14^2}{\frac{25^2}{4}\times360}=4.2(\text{根})$$

实际取 5 根。

【例 4-3】 某钢筋混凝土墙面采用 HRB335 级直径 14mm 间距为 150mm 的配筋，现拟用 HPB300 级直径 10mm 的钢筋按等面积（最小配筋率配筋）代换，试计算钢筋间距。（备注：HPB300 级钢筋抗拉强度设计值为 270N/mm²；HRB335 级钢筋抗拉强度设计值为 300N/mm²。）

解：

代换后每米墙长钢筋数量：

$n_2=\frac{1000}{150}\times\frac{14^2}{10^2}=13.1(\text{根})$，取 14 根；

则钢筋间距为 1000/14=71.4(mm)，实际取 70mm。

五、钢筋安装

1. 搭接长度及接头位置应符合设计及施工规范要求

（1）受拉筋搭接长度　受拉钢筋的最小搭接长度与钢筋类型及混凝土强度等级有关，钢筋等级越高则搭接长度越长，混凝土强度等级越高则搭接长度越短。

受压筋搭接长度按受拉筋长度×0.7 且≥200mm 取值。

搭接区内箍筋间距：受拉区≤5d 且≤100mm；受压区≤10d 且≤200mm。

（2）接头位置　相互错开：在 1.3 倍搭接长度范围内，梁、板、墙类≤25%，柱类≤50%。

钢筋净距：≥钢筋直径 d，且≥25mm。梁上部≥1.5d，且≥30mm。

（3）保证混凝土保护层的厚度　一类环境：板、柱、墙、壳等为 15mm，梁、柱为 20mm；二 a、二 b、三 c 类环境，每级增加 5mm。混凝土强度等级≤C25 时，增加 5mm。

（4）保护层厚度控制方法　用垫块（砂浆、混凝土、塑料）、支架（钢筋马凳、钢筋撑脚）、定位筋等控制。

2. 钢筋绑扎应符合下列规定

① 钢筋的绑扎搭接接头应在接头中心和两端用铁丝扎牢；

② 墙、柱、梁钢筋骨架中各竖向钢筋网交叉点应全数绑扎，板上部钢筋网的交叉点应全数绑扎，底部钢筋网除边缘部分外可间隔交错绑扎；

③ 梁、柱的箍筋弯钩及焊接封闭箍筋的焊点应沿纵向受力钢筋方向错开设置；

④ 构造柱纵向钢筋宜与承重结构同步绑扎；

⑤ 梁及柱中箍筋、墙中水平分布钢筋、板中钢筋距构件边缘的起始距离宜为 50mm。

3. 板、次梁、主梁受力钢筋的位置关系

板筋在上、次梁钢筋在中间、主梁钢筋在下。

双向板下部短方向钢筋在下，长方向钢筋在上；上部短方向钢筋在上，长方向钢筋在下。单向板下部短方向配置受力钢筋，长方向配置构造钢筋或分布钢筋。

六、钢筋的隐蔽工程验收

钢筋隐蔽工程验收应包括下列主要内容：

① 纵向受力钢筋的牌号、规格、数量、位置；

② 钢筋的连接方式、接头位置、接头质量、接头面积百分数、搭接长度、锚固方式及锚固长度；

③ 箍筋、横向钢筋的牌号、规格、数量、间距、位置，箍筋弯钩的弯折角度及平直段长度；

④ 预埋件的规格、数量和位置；

⑤ 钢筋安装位置的允许偏差是否符合规范要求。

第三节 模板工程

一、概述

（一）模板的作用、组成和基本要求

1. 作用

使新浇的混凝土按设计的形状、尺寸、位置成型的模型板。

2. 组成

由面板、支撑及连接件组成。

3. 对模板及支架的基本要求

① 要保证结构和构件的形状、尺寸、位置和饰面效果。

② 具有足够的承载力、刚度和整体稳定性。

③ 构造简单，装拆方便，且便于钢筋安装和混凝土浇筑、养护。

④ 板面平整，接缝严密，能满足混凝土内部及表面质量要求。

⑤ 材料轻质、高强、耐用、环保，利于周转使用。

（二）模板的种类

1. 按材料分

木模、钢模、钢木模、胶合板模、铝合金模、塑料模、玻璃钢模等。

2. 按安装方式分

（1）拼装式　木模、小钢模、胶合板模。

（2）整体式　大模板、飞模、隧道模。

（3）移动式　滑模、爬模。

（4）永久式　混凝土薄板、压型钢板。

二、一般现浇构件的模板构造

1. 基础模板

（1）分类　主要有阶梯形、锥形、条形、杯形等。

（2）组成　基础模板主要由侧模及支撑组成。

（3）要求　保证各部分形状及相对位置准确，上、下模板不发生相对位移。

2. 柱子模板

（1）构造

① 由四块拼板围成。

② 承受混凝土侧压力，拼板外要设柱箍，其间距与混凝土侧压力、拼板厚度有关，因而柱模板下部柱箍较密。

③ 较大截面柱子，中间应设置对拉螺杆。

常用18mm厚2440mm×1220mm或1830mm×915mm胶合板、60mm×80mm或80mm×100mm方木制作模板。

（2）要点

① 柱模板底部开有清理孔，沿高度每隔约2m开有浇筑孔。

② 柱底的混凝土上设有木框，用以固定柱模板的位置。

③ 柱模板顶部可开有便于与梁模板连接的缺口。

（3）施工

按弹线固定底框，再立模板、安柱箍、加支撑；校好垂直度，支撑应牢固，柱间拉接应稳定。

（4）允许偏差

截面尺寸＋4mm、－5mm；层高垂直度偏差＜6mm（全高≤5m）或＜8mm（全高＞5m）。

3. 梁、楼板模板

（1）组成

① 梁模板由底模板和侧模板组成。底模板承受垂直荷载，一般较厚，下面有支撑（或桁架）承托。

② 支撑多为伸缩式，可调整高度，底部应支撑在坚实地面或楼面上，下垫木楔。

③ 底部应垫有50mm厚、200mm宽的通长木板。

④ 支撑间应用水平和斜向拉杆拉牢，以增强整体稳定性。

（2）施工要点

① 底模板起拱：梁跨度≥4m时，如设计无规定，可取结构跨度的1‰～3‰。

② 立杆纵距、横距不应大于1.5m，支架步距不应大于2.0m。

③ 支架周边应连续设置竖向剪刀撑。支架长度或宽度大于6m时，应设置中部纵向或横向的竖向剪刀撑，剪刀撑的间距和单幅剪刀撑的宽度均不宜大于8m，剪刀撑与水平杆的夹角宜为45°～60°。

④ 梁高大于600mm时，侧模腰部加设拉结件。

⑤ 扣件螺栓的拧紧力矩不应小于40N·m，且不应大于65N·m。

⑥ 上、下层的支撑在同一条竖向直线上。

⑦ 支架高度超过8m，跨度超过18m，施工总荷载大于10kN/m^{2}或线荷载大于15kN/m的梁、板模板，应按高大模板支撑系统进行专项方案设计和论证。

⑧ 预埋件、预留孔洞不遗漏，位置准确、安装牢固。

⑨ 相邻两板表面高低差≤2mm；表面平整度≤5mm/2m。

⑩ 支架立杆搭设的垂直偏差不宜大于1/200。

4. 楼梯模板

由支架、底模板和踏步模板组成。

4-9 4D微课 梁模板安装施工

4-10 4D微课 柱模板安装施工

5. 墙体模板

由面板、纵横肋、对拉螺栓及支撑组成。对拉螺栓应套塑料管，以便重复使用。

4-11 4D微课 板模板安装施工

三、组合式定型模板

1. 组合式定型钢模板

（1）优点 强度高、刚度大；组装灵活、装拆方便；通用性强、周转次数多。

（2）构造组成

① 钢模板：包括平模、角模等。

② 连接件：U形卡、L形插销、钩头螺栓、紧固螺栓等。

③ 支承件：支撑梁、支撑桁架、顶撑等。

（3）配板设计原则

① 尽量用大规格模板。

② 合理使用转角模。

③ 端头接缝尽量错开以提高整体刚度。

④ 模板长边与同结构长边平行。

2. 组合式铝合金模板

（1）组成 由模板、支撑件、紧固件、附件等组成；

（2）优点 重量轻、刚度大、稳定性好、拆装方便、周转次数多、回收价值高、利于环保等。

3. 钢框胶合板模板

（1）组成 由钢框和胶合板组成。

（2）优点 重量较轻、能多次周转使用、拼装方便。

四、工具式模板

（一）大模板

（1）构造 由面板、次肋、主肋、支撑桁架、稳定机构及附件组成。

（2）用途 高层建筑的剪力墙、筒体结构，桥墩、大型支柱、筒仓等混凝土施工。

（3）优缺点 施工速度快、机械化程度高、混凝土表面质量好。但一次性投资过大、通用性较差。

（4）常用结构形式

① 墙体：内浇外挂；内浇外砌；内外墙全现浇（楼板全现浇或叠合板）。

② 楼板：预制、现浇、叠合板。

（5）施工要点

① 安装前刷隔离剂；

② 对号入座，按线就位，调平、调垂直后，穿墙螺栓及卡具拉牢；

③ 混凝土分层浇捣，门窗洞口两侧等速浇筑；

④ 混凝土强度达到1MPa后可拆模，达到4MPa后可安装楼板。

（二）爬模（爬升模板）

爬升模板指将大模板与爬升系统或提升系统结合而形成的模板体系。

（1）组成　大模板、爬架、爬升设备三部分。

（2）适用范围　现浇钢筋混凝土竖直或倾斜结构（如墙体、桥墩、塔柱等）施工。

（3）特点　综合大模板与滑动模板工艺和特点，具有大模板和滑动模板共同的优点，尤其适用于超高层建筑施工。

（三）滑模（滑升模板）

滑升模板指通过液压设备，能随混凝土的浇筑自行向上移动的模板装置。

（1）组成　主要由模板系统、操作平台系统和液压系统三部分组成。

（2）适用范围　现场浇筑高耸构筑物和建筑物等，尤其适于浇筑烟囱、筒仓、电视塔、桥墩、沉井和筒体结构、剪力墙等截面变动较小的竖向结构构件。

（3）特点　加快施工进度、降低工程费用；一次性投资较多、耗钢量较大。

（4）施工要点

① 在构筑物或建筑物底部，沿其墙、柱、梁等构件的周边组装高1.2m左右的滑升模板。

② 随着向模板内不断地分层浇筑混凝土，用液压提升设备使模板不断地沿埋在混凝土中的支承杆向上滑升，直到需要浇筑的高度为止。

③ 滑升速度与混凝土凝结速度、出模强度、气温等有关。

（四）台模

台模主要用于浇筑平板式或带边梁的水平结构。一般以一个房间为一块台模。

台架支腿可做成伸缩式或折叠式，其底部带有轮子，待混凝土达到一定强度，落下台面，向外推出，吊至下一个工作面。台模也可直接支撑在墙面或柱面，称无腿式台模。

（五）隧道模

隧道模是经过一次拼装后，可沿隧道水平移动，逐段完成浇筑混凝土的移动式、工具式模板。当一段混凝土浇筑完成并有一定强度后，调节支撑下降并内缩模板，通过滚轮向前移动至下一个浇筑面，复位后再行浇筑。

（六）模壳

模壳指用于现浇钢筋混凝土密肋楼盖的一种工具式模板，多采用塑料或玻璃钢制成。我国主要采用玻璃纤维增强塑料和聚丙烯塑料制成，配置钢支柱、钢龙骨、钢拉杆及斜撑等支撑系统。

五、永久式模板

浇筑混凝土时起模板作用，施工后不拆除，可作为结构的一部分。

特点：施工简便、速度快，可减少大量支撑，不但节约材料，而且可减少施工层之间的干扰和等待，从而缩短工期。

1. 压型钢板模板

（1）组成 由钢梁、压型钢板、栓钉等组成。

（2）压型钢板模板施工 支撑搭设→铺设压型钢板→管线预埋→铺设钢筋→浇筑混凝土。

2. 带钢筋桁架的压型钢板模板

由钢筋桁架与压型钢板焊接构成。刚度大，安装简单快速。

模板宽576mm，长1～12m，支持楼板厚度100～300mm。

3. 混凝土薄板模板

混凝土薄板有普通板和预应力板。作为永久性模板，与现浇混凝土结合形成叠合板。厚度一般为60mm和70mm两种。模板底面光滑，可以免除顶棚抹灰。

六、模板设计

（一）设计的范围

重要结构的模板；特殊形式的模板；超出适用范围的模板。

（二）模板及支架设计内容

① 模板及支架的选型及构造设计。

② 模板及支架上的荷载及效应计算。

③ 模板及支架的承载力及刚度验算。

④ 模板及支架抗倾覆验算。

⑤ 绘制模板及支架施工图。

（三）模板的荷载

1. 荷载标准值

（1）模板及支架重量 G_1 kN/m²。

（2）新浇混凝土的重量 G_2 普通混凝土24kN/m³；其他混凝土按实际重力密度。

（3）钢筋自重 G_3 根据设计图纸确定，一般结构：楼板——1.1kN/m³混凝土；梁——1.5kN/m³混凝土。

（4）新浇混凝土的侧压力 G_4 影响混凝土侧压力的因素：混凝土组成有关的骨料种类、外加剂、坍落度等；还有混凝土的浇筑速度、混凝土的温度等外界影响。

插入式振动器在高度方向浇筑速度不大于10m/h，混凝土坍落度不大于180mm时，按以下两式分别计算，取小值（kN/m²）。

$$F=0.28\gamma_c t_0 \beta V^{1/2}$$

$$F=\gamma_c H$$

式中 γ_c——混凝土重力密度，kN/m³；

t_0——初凝时间，实测或 $t_0=200/(T+15)$，T 为混凝土温度，℃；

β——坍落度修正系数（坍落度50～90mm取0.85；100～130mm取0.90；130～180mm取1）；

V——浇筑速度，m/h；

H——计算处至混凝土顶面高（有效压头高度：$h=F/\gamma_c$，单位：m）。

（5）施工人员及设备荷载 Q_1 按实际情况计算，且不小于2.5kN/m²。

（6）下料产生的水平荷载 Q_2 泵管、导管或溜槽、串筒下料，取2.0kN/m²；用吊斗或小车直接倾倒，取4.0 kN/m²（在有效压头高度内）。

（7）附加水平荷载 Q_3 可取计算工况下竖向永久荷载标准值的2%，并作用在模板支架上端水平方向。

2. 荷载效应组合

（1）荷载组合　模板及支架承载力计算的各项荷载按表 4-1 确定，并采用最不利的荷载基本组合进行设计。刚度或变形验算时，则仅组合永久荷载。

表 4-1　参与模板及支架承载力计算的各项荷载

计算内容		参与荷载项
模板	底面模板的承载力	$G_1+G_2+G_3+Q_1$
	侧面模板的承载力	G_4+Q_2
支架	支架水平杆及节点承载力	$G_1+G_2+G_3+Q_1$
	立杆的承载力	$G_1+G_2+G_3+Q_1+Q_4$
	支架结构的稳定性	$G_1+G_2+G_3+Q_1+Q_4$
		$G_1+G_2+G_3+Q_3+Q_4$

（2）设计荷载效应值

$$S=1.35\alpha\sum_{i\geqslant 1}S_{G_{ik}}+1.4\psi_{cj}\sum_{j\geqslant 1}S_{Q_{jk}}$$

式中　$S_{G_{ik}}$——第 i 个永久荷载标准值产生的效应值；

$S_{Q_{jk}}$——第 j 个可变荷载标准值产生的效应值；

α——模板及支架的类型系数，侧模为 0.9，底模及支架为 1.0；

ψ_{cj}——第 j 个可变荷载的组合系数，宜取大于等于 1.0。

（3）模板及支架承载力计算要求　将荷载基本组合的效应设计值乘以 0.9～1 的折减系数。

（4）计算模板及支架的刚度　允许变形值为：结构表面外露，1/400 模板跨度；结构表面隐蔽，1/250模板跨度；支架压缩变形值或弹性挠度，1‰结构跨度。

（5）模板及支架的稳定性　支架高宽比大于 3 时，必须加强整体稳固。如设置水平和垂直支撑、剪刀撑等。

【例 4-4】 某混凝土墙高 3m，厚 180mm，宽 3.3m。混凝土自重（r_c）为 $24kN/m^3$，强度等级 C20，坍落度为 70mm，采用 $0.6m^3$ 混凝土吊斗卸料，浇筑速度为 1.8m/h，混凝土温度为 20℃。

试计算模板的设计荷载组合效应值、侧压力的有效压头高度。

解：

（1）混凝土最大侧压力

混凝土的初凝时间 $t_0=200/(20+15)=5.71(h)$；

$$F_1=0.28r_ct_0\beta V^{1/2}=0.28\times24\times5.71\times0.85\times1.8^{1/2}=43.76(kN/m^2)$$

$$F_2=r_cH=24\times3=72(kN/m^2)$$

取两者中较小值，即 $F=43.76(kN/m^2)$。

（2）有效压头

$$h=F/\gamma_c=43.76/24=1.82(m)$$

（3）组合效应值（竖档间距按 0.6m 考虑，则简支梁跨度为 0.6m）　α 为模板及支架的类型系数：侧模 0.9，可变荷载组合系数取 0.9。

$$S=1.35\alpha\sum_{i\geqslant 1}S_{G_{ik}}+1.4\psi_{cj}\sum_{j\geqslant 1}S_{Q_{jk}}$$

则 1m 宽板带的弯矩 $S=1.35\times0.9\times[(1/8)\times43.76\times0.6^2]+1.4\times0.9\times[(1/8)\times4\times0.6^2]=2.62(kN\cdot m)$。

七、模板的拆除

1. 拆模的条件

(1) 侧模　在混凝土强度能保证其表面及棱角不受损伤后，方可拆除。一般为1～2.5N/mm^2。

(2) 底模及支架　应在混凝土强度达到设计要求后再拆除；当设计无具体要求时，同条件养护的混凝土试件强度应符合表4-2规定后，方可拆除。

表4-2　底模拆除时的混凝土强度的要求

构件类型	跨度/m	设计强度等级值的百分数/%
板	≤2	≥50
	>2,≤8	≥75
	>8	≥100
梁、拱壳	≤8	≥75
	>8	≥100
悬臂构件		≥100

2. 模板早拆体系

根据“短跨支撑、早期拆模”的思想，利用早拆柱头、立杆和丝杠组成的竖向支撑，使原设计的楼板处于短跨（立柱间距小于2m）受力状态，楼板强度达到设计强度的50%时拆除，而竖向支撑原位保留。

3. 拆模应注意的问题

(1) 顺序：符合构件受力特点；先拆非承重模板后拆承重模板；先支的后拆、后支的先拆，谁支的谁拆。

拆除跨度较大的梁下支柱模板时，应从跨中拆向两端；拆除跨度较大的挑梁下支柱模板时，应从外向里逐步拆除。

(2) 重大、复杂模板，事先拟定拆模方案。

(3) 发现重大质量问题应停拆，处理后再拆。

(4) 现浇梁板的支撑应与施工层隔两层拆除（施工荷载产生的效应比使用荷载更不利时，必须经过核算，加设支撑），多个楼层的梁板支架拆除，宜保持在施工层下有2～3个楼层的连续支撑，以分散和传递较大的施工荷载。

(5) 要保护构件及模板，及时清理、清运，并堆放好。

第四节　混凝土工程

一、混凝土的制备

（一）混凝土施工配制强度的确定

混凝土施工配制强度＝设计的混凝土强度标准值＋1.645σ，σ为混凝土强度标准差。

（二）混凝土搅拌机的选择

1. 按工作原理分类

(1) 自落式搅拌机　靠自重力交流掺和（磨损小，易清理）。

(2) 强制式搅拌机　叶片强行搅动，物料被剪切、旋转，形成交叉物流（混凝土质量好，生产效率高，操作简便，安全）。

2. 适用范围

（1）自落式搅拌机　只适宜流动性较大的普通混凝土。

（2）强制性搅拌机　干硬性混凝土、轻骨料混凝土、高性能混凝土必须选用。

3. 工作容量

（1）老式搅拌机　以装料容量计，（装料容量是搅拌前各种材料的松散体积之和）。

（2）新式搅拌机　以出料容量计（L），一般有 50、150、250、350、500、750、1000、1500、…，出料容量(L)＝装料容量×出料系数(0.625)。

（三）施工配合比及配料计算

1. 混凝土配合比

实验室配合比所用砂、石不含水分，而施工现场砂石都有一定的含水率，且含水率随气温等条件不断变化。根据现场砂石含水率调整后的配合比称为施工配合比。

2. 混凝土施工配合比换算方法（增加含水的砂石用量，减少加水量）

已知实验室配合比：水泥∶砂∶石＝1∶X∶Y，水灰比为 W∶C，又测知现场砂、石含水率：W_x、W_y。

则施工配合比：水泥∶砂∶石∶水＝1∶$X(1+W_x)$∶$Y(1+W_y)$∶$(W-XW_x-YW_y)$，水灰比 W∶C 不变，但加水量应扣除砂石中的含水量。

3. 配料计算

根据施工配合比及搅拌机一次出料量计算出一次投料量，使用袋装水泥时可取整袋水泥量，但超量应≤10％。

【例 4-5】 某商品混凝土公司的 C20 混凝土实验室配合比为 1∶2.28∶4.47，水胶比 0.63，胶凝材料用量（水泥＋粉煤灰）为 285kg/m³，现场实测砂、石含水率为 3％和 1％。拟用装料容量为 400L 的搅拌机拌制（出料系数 0.625），试计算施工配合比及每盘投料量。

解：

（1）混凝土施工配合比：

胶凝材料∶砂∶石∶水＝1∶2.28(1＋0.03)∶4.47(1＋0.01)∶(0.63－2.28×0.03－4.47×0.01)＝1∶2.35∶4.51∶0.517

（2）搅拌机出料量：400×0.625＝250(L)＝0.25(m³)

（3）每盘投料量：

胶凝材料：285×0.25＝71(kg)，取 75kg。

砂：75×2.35＝176(kg)

石：75×4.51＝338(kg)

水：75×0.517＝38.8(kg)

（四）装料与搅拌

1. 装料顺序

（1）一次投料法　在上料斗中的投料顺序为石子→水泥→砂，然后一次投入搅拌筒内，同时缓慢均匀地加水。

（2）二次投料法　投砂、水、水泥（拌 1min）→石子（拌 1min）→出料。此投料法水泥包裹砂子，水泥颗粒分散性好，可提高混凝土的强度。

（3）两次加水法（造壳混凝土） 将全部砂、石和70%的水投入搅拌筒→拌15s→水泥→拌30s→30%的水→拌60s。此投料法可提高强度10%～20%，或节约水泥5%～10%。

2. 配料及搅拌要求

（1）配比及每次投料量挂牌公布。

（2）称量准确：水泥、掺料允许偏差±2%；水、外加剂允许偏差±1%；粗、细骨料允许偏差±3%。

（3）搅拌时间：全部装入至卸料。与所拌制的混凝土坍落度、搅拌机容量有关。搅拌60s以上。

4-13 微课31
混凝土工程（1）下

二、混凝土的运输

（一）对混凝土运输的基本要求

（1）在运输中避免分层离析，否则在浇筑前应进行二次搅拌。

（2）有足够的坍落度（不能满足施工时，加入适量的与原配合比相同成分的减水剂进行再次搅拌）。

（3）尽量缩短运输时间，减少转运次数。

（4）保证连续浇筑混凝土的供应。

（5）器具严密、光洁，不漏浆，不吸水，经常清理。

（二）运输机具

1. 地面水平运输

（1）短距离 机动翻斗车、手推车。

（2）长距离 混凝土搅拌运输车。

2. 垂直运输

（1）井架 配合翻斗车、手推车。

（2）塔吊 配合吊斗，可以垂直、水平运输及浇筑。

3. 泵送运输

利用混凝土输送泵及管道，完成垂直及水平运输。管道规格：D125mm（骨料粒径≤25mm）；D150mm（骨料粒径≤40mm）。

（1）机械类型 活塞式、挤压式。

混凝土排量：30～90m^3/h，高度100～600m，水平距离900m。

（2）要求

① 骨料粒径：碎石粒径≤管径1/3；卵石粒径≤管径2/5。

② 含砂率：35%～45%。

③ 最小胶凝材料用量：300kg/m^3。

④ 坍落度：80～180mm。

⑤ 掺外加剂：高效减水剂、硫化剂，增加和易性。

⑥ 保证供应，连续输送。

⑦ 泵送机使用前润滑，用后清洗，减少转弯，防止吸入空气产生气阻。

（3）适用范围 大体积混凝土连续浇筑。

三、混凝土的浇筑

（一）混凝土浇筑的一般规定

（1）墙柱混凝土浇筑不得分层离析 倾落高度≤3m（骨料>25mm）或≤6m（骨料≤25mm），否则应使用串筒、溜槽、溜管。

（2）分层浇筑、分层捣实　每层浇筑厚度：插入式振动器≤1.25倍振动棒长度；表面式振动器≤200mm。

（3）应连续浇筑，不得出现初凝现象　尽量缩短运输时间，运输、浇筑、间歇的总允许时间为240min（≤25℃）和210min（>25℃）。

（4）混凝土浇筑后，当强度达到1.2N/mm^{2}后，方可上人施工。

（二）施工缝的留设与接缝

因后浇筑混凝土的停顿时间超过了混凝土的初凝时间，先后浇筑的混凝土间存在的界面就称为施工缝。

1. 施工缝的位置

（1）原则　留在结构承受剪力较小且施工方便的部位。

（2）规定

① 柱：基础顶面、梁下、吊车梁牛腿下或吊车梁上、柱帽下（水平缝）。

② 梁：梁板宜同时浇筑，梁高>1m时水平缝可留在板或梁托（翼缘）下20～30mm处。

③ 单向板：平行于板短边的任何位置留垂直缝。

④ 有主次梁的楼盖：顺次梁方向浇筑，在次梁中间1/3跨度范围内留垂直缝。

⑤ 墙：水平施工缝距水平构件50mm范围内留设；竖向施工缝在门洞口过梁中间1/3跨度范围内留设，或在纵横墙交接处留垂直缝。

⑥ 双向楼板、大体积混凝土结构、拱、薄壳、蓄水池、多层钢架等，按设计要求的位置留设。

⑦ 楼梯施工缝：宜设置在梯段板跨度端部1/3范围内。

2. 留设方法

水平施工缝：在钢筋或模板上弹出控制线。

竖向施工缝：采取快易收口网、钢板网、钢丝网或支模板等封挡。

3. 施工缝的处理及接缝

（1）接槎时间：先浇的混凝土强度≥1.2N/mm^2。

（2）结合面粗糙处理，清除浮浆、松动石子以及软弱混凝土层并经冲洗、湿润，但不得积水。

（3）浇前铺水泥砂浆10～30mm厚（与混凝土成分相同）。

（4）浇混凝土时细致捣实，令新旧混凝土紧密结合，但不得触碰原混凝土。

4. 现浇混凝土框架结构的浇筑

（1）柱子浇筑：同一施工段内的每排柱子应对称浇筑，不应由一端向另一端推进，预防柱子模板逐渐受推倾斜。

（2）墙、柱等竖向构件浇筑前，先垫20～30mm厚水泥砂浆（与混凝土砂浆成分相同，防止烂根）。

（3）柱子、墙板与梁、板宜分两次浇筑。若一次浇筑，应间隔1～1.5h，待混凝土拌合物初步沉实，再浇筑上面的梁板结构。梁板同浇，梁混凝土宜自两端节点向跨中用赶浆法对称浇筑。

（4）剪力墙洞口的下部应薄层满浇、加强振捣、排尽空气，筋密可用细石混凝土。

（5）强柱弱梁：在不同强度等级混凝土（相差2个及以上强度等级）现浇构件节点处相连接时，两种混凝土的接缝应设置在低强度等级的构件中，并离开高强度等级构件一段距离（500mm）。强柱弱梁节点施工缝如图4-5所示。

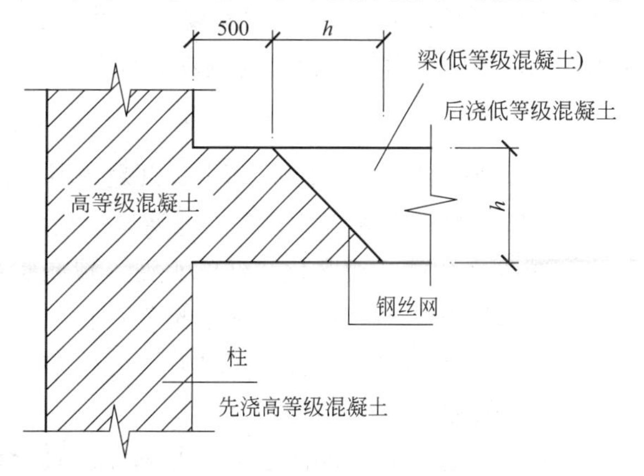

图4-5　强柱弱梁节点施工缝

常见的三种施工方法如下。

4-15 微课 33
混凝土工程（2）下

① 先后施工：沿接缝位置设置快易收口网或钢丝网。先浇高强度等级混凝土，在初凝前浇筑低强度等级混凝土。

② 同时施工：沿预定位置设隔板，边浇边提升隔板。

③ 沿预定位置设置胶囊，充气后在其两侧同时浇入混凝土，待混凝土浇完后排气取出胶囊，同时将混凝土振捣密实。

（三）大体积混凝土浇筑

1. 概念

混凝土结构物实体最小几何尺寸不小于 1m 的大体量混凝土，或预计会因混凝土中胶凝材料水化引起的温度变化和收缩而导致有害裂缝产生的混凝土，称为大体积混凝土。

2. 要求保证混凝土的整体性时

连续浇筑不留施工缝，分层浇筑捣实，在下一层混凝土初凝之前，将上一层混凝土浇筑完毕。

3. 浇筑强度 Q，即每小时混凝土最小浇筑量

$$Q=FH/T$$

式中 F——混凝土浇筑区的面积，m^2；

H——浇筑层厚度，m；

T——下层混凝土允许的时间间隔，$T=(t_1-t_2)$；

t_1——混凝土初凝时间；

t_2——运输时间。

4. 浇筑方案

（1）全面水平分层　适用于面积小而厚度大时。即在第一层浇筑完毕后，再回头浇筑第二层，如此逐层浇筑，直至完工为止。

若结构平面面积为 F（m^2），分层浇筑厚度为 h（m），每小时浇筑量为 Q（m^3/h），混凝土从开始浇筑至初凝的延续时间为 T（h），则应满足 $Q \geqslant Fh/T$。

（2）分块分层　当面积较大，厚度不大时，可采用分段分层浇筑方案。

即将结构分为若干段，每段又分为若干层，先浇筑第一段各层，然后浇筑第二段各层，如此逐段逐层连续浇筑，直至结束。要求次段混凝土应在前段混凝土初凝前浇筑完毕。

若结构的厚度为 H，宽度为 b，分段长度为 l，则应满足 $l \leqslant QT/[b(H-h)]$。

（3）斜面分层　适用于长度大大超过厚度 3 倍的情况，是常用的方法。

斜坡坡度不大于 1/3，结构宽度较大时，多台机械分条同时浇筑，分条宽度不宜大于 10m，从浇筑层斜面下端开始，逐渐上移，且振动器应与斜面垂直。

5. 防止开裂

（1）两种温度裂缝　升温阶段表面开裂（内外温差应≤25℃）；降温阶段拉裂（多种措施，设置后浇带）。

（2）降低混凝土温度及减少内外温差的措施

① 减少水化热：用水化热低的水泥，掺减水剂、粉煤灰减少水泥用量，使用缓凝剂；低温浇筑。

② 内部降温：石子浇水、冰水搅拌；投入毛石吸热；减缓浇筑速度；避免日晒；埋入冷却水管。

③ 外保温或升温：覆盖，电加热、蒸汽加热。

（3）超长体形混凝土结构

① 留设后浇带：待两侧混凝土收缩完成且龄期不少于 14d 后，补浇强度高一级的微膨胀混凝土。

② 设置膨胀加强带：在需留设后浇带处，及时浇筑 2m 宽膨胀混凝土。

③ 采用跳仓法施工：补仓浇筑应待周围块体龄期不少于 7d 后进行。

【例 4-6】 某桥墩长×宽×高=15m×4m×3m，要求整体连续浇筑，拟采用全面水平分层浇筑方案。现有 3 台搅拌机，每台生产率为 $6m^3/h$，若混凝土的初凝时间为 3h，运输时间为 0.5h，每层浇筑厚度为 0.5m，试确定：

(1) 此方案是否可行。

(2) 确定搅拌机最少应设几台。

(3) 该桥墩浇筑可能的最短时间与允许的最长时间。

解：

(1) 全面分层浇筑方案所需的浇筑强度

$$Q=Fh/T=(15\times4\times0.5)/(3-0.5)=12(m^3/h)$$

而现场实际供应能力 $3\times6=18m^3/h$，大于所需的浇筑强度，因此方案可行。

(2) 确定搅拌机最少数量：12/6=2(台)

(3) 浇筑的时间：

可能的最短时间：$T_1=(15\times4\times3)/(6\times3)=10(h)$

允许的最长时间：$T_2=(3/0.5)\times2.5=15(h)$

四、混凝土密实成型

4-16 微课 34
混凝土工程（3）

1. 振捣目的

使混凝土充满模板而成型；排除多余的水分、气泡、空洞。

2. 方法

(1) 机械振捣法　克服拌合物的黏着力和内摩擦力使之液化、沉实。

(2) 自密实成型法　掺减水剂，增大坍落度，使之自流成型。

(3) 排水密实法　拌合物中增加用水量以提供流动性，然后用离心法、真空吸水、透水模板等将多余水分和空气排出。

3. 机械振捣密实成型

(1) 常用机械　插入式（内部）、表面式、振动台、附着式（外部）。

(2) 振捣方法与要点

① 插入式：适用于基础、柱、梁、墙等深度或厚度较大的结构构件的混凝土捣实。可垂直振捣或以 45°角斜向振捣。

施工要点：

a. 插点间距≤1.4R（有效作用半径 R≈8～10 倍振捣棒半径）；距模板≤0.5R，避免碰模板、钢筋、埋件等。b. 振捣时间 10～30s（出现浮浆，无明显沉落，无气泡即可）。c. 快插慢拔，上下抽动，插入下层≥50mm。

② 表面式：适用于捣实楼板、地坪、路面等平面面积大而厚度较小的混凝土构件。

施工要点：a. 振点间搭接 50mm。b. 每点振捣时间 25～40s。c. 有效作用深度 200mm。

③ 附着式振动器：附着于模板，用于钢筋密、厚度小的墙、薄腹梁等构件预制。

④ 振动台：用于工厂内预制小型构件。

4. 自密实捣混凝土（免振）

通过自重实现自由流淌，填充模板内的空间形成密实、均匀的结构。

施工要点：

① 控制混凝土的工作性能，坍落度 250～270mm，扩展度 550～700mm，流过高差≤15mm；

② 骨料最大粒径不宜大于 20mm；

③ 浇筑前确定好布料点和下料间距；

④ 控制浇筑速度和单次下料量，分层浇筑，防止模板受损。

五、混凝土养护

1. 自然养护

指在常温下（≥5℃）保持混凝土处于温湿状态，较常用。

（1）方式　洒水、覆盖、喷涂养护剂。

① 洒水次数：保持湿润。15℃左右，每天 2～4 次；干燥、高温时适当增加。

② 覆盖材料：塑料薄膜、岩棉被、草帘。

③ 喷涂养护剂：适用于大面积结构或不易覆盖者，溶剂挥发后形成薄膜，从而避免混凝土中的水分蒸发，保持内部湿润状态。

（2）养护要求

① 开始时间：浇筑后及时进行。早强、高性能混凝土立即覆盖或喷雾保湿。

② 养护时间：

a. 硅酸盐、普通硅酸盐、矿渣水泥拌制的混凝土≥7d；

b. 掺有缓凝剂、大体积、抗渗、后浇带、C60 以上的混凝土≥14d；

c. 地下室底层和首层柱适当增加养护时间，且带模养护≥3d。

③ 混凝土强度达到 1.2N/mm² 后方可上人施工。

2. 蒸汽养护

通入蒸汽，在较高的温度和湿度环境中加速水泥水化反应，使混凝土强度快速增长的养护方法。

蒸汽养护分为静停阶段、升温阶段、恒温阶段、降温阶段等四个阶段。

养护制度主要指标有静停时间、升降温速度、恒温温度与时间等。

3. 混凝土初期养护不及时而导致失水的危害

（1）天气炎热、空气干燥会导致混凝土中的水分会蒸发过快，出现脱水现象，使已形成凝胶体的水泥颗粒不能充分水化，不能转化为稳定的结晶，缺乏足够的黏结力，从而会在混凝土表面出现片状或粉状剥落，影响混凝土的强度。

（2）在混凝土尚未具备足够的强度时，水分过早的蒸发还会产生较大的收缩变形，出现干缩裂纹，影响混凝土的整体性和耐久性。

4-17 微课 35
混凝土工程（4）

六、混凝土质量检验

（一）搅拌和浇筑中的检查

（1）原材料的品种、规格、质量和用量，每班检查≥2 次。

（2）在浇筑地点的坍落度，每班检查≥2 次。

（3）及时调整施工配比（当有外界影响时）。

（4）搅拌时间随时检查。

（二）混凝土外观质量检查

（1）表面　无麻面、蜂窝、孔洞、露筋、缺棱掉角、缝隙夹层等缺陷。

（2）尺寸偏差　位置、标高、截面尺寸，垂直度、平整度，预埋设施、预留孔洞。

（三）强度的检查

1. 试块的留置

（1）取样地点　浇筑地点，随机取样。

（2）试件留置的规定

① 每拌制 100 盘且不超过 $100m^3$ 的同配合比的混凝土，取样不得少于一次。

② 每工作班拌制的同一配合比的混凝土不足 100 盘时，取样不得少于一次。

③ 当一次连续浇筑超过 $1000m^3$ 时，同一配合比的混凝土每 $200m^3$ 取样不得少于一次。

④ 每一楼层、同一配合比的混凝土，取样不得少于一次。

⑤ 每次取样应至少留置一组标准养护试件，同条件养护试件的留置组数应根据实际需要确定。

2. 每组试件的强度

（1）强度与中间值之差均不超过 15%时，取平均值。

（2）有一个强度值与中间值之差超过 15%时，取中间值。

（3）最大、最小值与中间值之差均超过 15%时，作废。

3. 同批强度评定方法

（1）非统计方法　一个验收批的混凝土试件组数 $n<10$ 组，且强度＜C60 时，同时满足下列两个条件：

① $f_{cu平均值} \geqslant 1.15 f_{cu,k}$；

② $f_{cu,min} \geqslant 0.95 f_{cu,k}$。

一个验收批的混凝土试件组数 $n<10$ 组，且强度≥C60 时，同时满足下列两个条件：

① $f_{cu平均值} \geqslant 1.10 f_{cu,k}$；

② $f_{cu,min} \geqslant 0.95 f_{cu,k}$。

（2）统计方法　一个验收批的混凝土试件组数 $n \geqslant 10$ 组时，同时满足下列两个条件：

① $f_{cu平均值} \geqslant f_{cu,k} + \lambda_1 S_{f_{cu}}$，或 $f_{cu平均值} - \lambda_1 S_{f_{cu}} \geqslant f_{cu,k}$；

② $f_{cu,min} \geqslant \lambda_2 f_{cu,k}$。

4-18　微课 36
混凝土工程（5）

注：当 $S<2.5$MPa 时，取 $S=2.5$MPa，混凝土强度合格判定系数见表 4-3。

表 4-3　混凝土强度合格判定系数

试件组数	10～14	15～19	≥20
λ_1	1.15	1.05	0.95
λ_2	0.90	0.85	0.85

【例 4-7】　某工程有按 C30 配合比浇筑的混凝土 9 组，其强度分别为 31.0、32.5、33.0、33.5、34.0、34.5、35.0、35.5、36.0（单位：MPa）。试对该混凝土强度进行检验评定（合格评定）。

解：用计算器算得：

$$f_{cu平均值}=33.9<1.15f_{cu,k}=1.15\times30=34.5(\text{MPa})$$

$$f_{cu,min}=31.0\geqslant0.95f_{cu,k}=0.95\times30=28.5(\text{MPa})$$

因平均值不满足要求，故该组混凝土强度检验评定结果不合格。

【例 4-8】　某工程有按 C30 配合比浇注的混凝土 10 组，其强度分别为 29.0、31.0、32.5、33.0、33.5、34.0、34.5、35.0、35.5、36.0（单位：MPa）。试对该混凝土强度进行检验评定（合格评定）。

解：用计算器算得：

$S_{f_{cu}}=2.145=2.1$(MPa)。小于 2.5MPa，取 2.5MPa。

$$f_{cu平均值}=33.4\geqslant f_{cu,k}+1.15S_{f_{cu}}=30.0+1.15\times2.5=32.9(\text{MPa})$$

$$f_{cu,min}=29.0\geqslant0.9f_{cu,k}=0.9\times30=27.0(\text{MPa})$$

因为以上两个条件同时满足要求，故该组混凝土强度检验评定结果合格。

习题及解答

一、填空题

4-19 填空题解答

1. 钢筋混凝土结构按施工方法可分为________和________两种。

2. 混凝土结构工程由________、________和________三部分组成，在施工中三者应协调配合进行施工。

3. 钢筋冷加工是指在常温下，通过强力使钢筋发生________变形，则钢筋的________可大大提高，而________大大降低。

4. 钢筋的连接方法包括________、________、________。

5. 钢筋连接点宜在________处，且其末端距弯折点的距离不得少于________。

6. 两根 HPB300 级直径 20mm 的钢筋采用双面搭接焊，焊缝长度至少应是________mm，两根 HRB335 级直径 20mm 的钢筋采用单面搭接焊，焊缝长度至少应是________mm。

7. 某现浇柱，其纵向钢筋为直径 36mm 的 HRB400 级钢筋，宜采用________连接。

8. 在计算钢筋下料长度时，钢筋弯曲处的外包尺寸与其中心线之间的差值称为________。

9. 对于有抗裂要求的钢筋混凝土结构和构件，钢筋代换后应进行________。

10. 在钢筋混凝土结构中，受力钢筋之间的绑扎接头位置应相互________，在搭接长度的 1.3 倍区段范围内，有绑扎接头的受力钢筋截面面积，占受力钢筋总截面面积的百分数，梁、板类构件不得超过________，柱类构件不得超过________。

11. 若两根直径不同的钢筋搭接，搭接长度以较________的钢筋计算。

12. 采用绑扎连接时，相同钢筋在 C20 混凝土中较 C30 混凝土中的搭接长度________。

13. 某 C25 钢筋混凝土梁中，直径为 20mm 的 HRB400 级钢筋采用绑扎连接时，其搭接长度不得小于________mm。

14. 在钢筋混凝土结构中，受压钢筋绑扎接头的搭接长度应为受拉钢筋绑扎接头的搭接长度的________倍且不少于 200mm。

15. 钢筋混凝土保护层厚度常采用在钢筋与模板之间设置________、________等来保证。

16. 混凝土结构中，钢筋接头处套筒的保护层厚度不得少于________mm。

17. 地下设备层内，混凝土梁、柱的钢筋保护层厚度最少为________，板、墙钢筋保护层厚度最少为________。

18. 钢筋工程属于________工程，在浇筑混凝土前应对钢筋进行检查验收，并做好________记录。

19. 模板系统由________、________和________组成。

20. 模板的作用与功能是使混凝土构件按设计要求的________、________、________成型。

21. 模板应具有足够的________、________和________，以满足其功能要求。

22. 柱模板外侧常需设置柱箍，以抵抗新浇混凝土的________。柱箍的间距主要取决于柱子的________和混凝土的________。

23. 某梁的跨度为 6m，其模板跨中起拱高度应为________mm。

24. 组合式定型小钢模主要由________、________和________三部分组成。

25. 爬升模板由________、爬架、________三部分组成。

26. 合理控制滑升模板的________速度是保证滑模施工质量的重要因素之一。

27. 浇筑混凝土时，浇筑速度越快，其模板侧压力越________。

28. 设计计算模板时，对施工人员及施工设备所产生的可变荷载可按实际情况且不小于________ kN/m^2 取值。

29. 当现浇混凝土楼板的跨度为 6m，最早要在混凝土达到设计强度的________时方可拆模。

30. 某悬挑长度为 1.2m 的阳台，要在混凝土达到设计强度的________后方可拆模。

31. 混凝土拌制要求配料准确，其偏差不得超过：水泥及掺合料为±2%，粗、细骨料为________，水及外加剂为________。

32. 混凝土搅拌运输车运送混凝土时，可采用的工作方式有________运输和________运输。

33. 对于泵送混凝土，当粗骨料最大粒径不超过25mm时常用直径________的泵管输送；当粗骨料最大粒径为25～40mm时，宜使用直径________的泵管输送。

34. 浇筑竖向构件混凝土时，应先铺________，以防烂根。

35. 若柱子与梁混凝土连续浇筑时，应在柱混凝土浇筑完毕后停歇________h，使其初步沉实，再继续浇筑，以防止出现________。

36. 在浇筑混凝土时，有主次梁的楼盖应顺次梁方向浇筑，可在________范围内留施工缝。

37. 为防止大体积混凝土表面开裂，常采用________、________、________等方面的措施，以使混凝土的内外温差不超过________。

38. 混凝土养护是指在浇筑后，通过对________、________的控制，使其达到设计强度值。

39. 普通硅酸盐水泥拌制的混凝土养护时间不得少于________，有抗渗要求的混凝土养护时间不得少于________。

40. 当楼板混凝土强度至少达到________以后，方可上人继续施工。

41. 冬期施工时，一般把混凝土遭受冻结后，最终抗压强度损失在5%以内的预养强度值定义为混凝土________。

42. 混凝土受冻临界强度主要与________、________有关。

43. 冬期施工使用42.5级普通硅酸盐水泥拌制C40混凝土时，水温不得超过________℃；混凝土的入模温度不得低于________℃，当混凝土强度达到________N/mm^2后方准受冻。

44. 混凝土强度的合格性评定方法主要有三种：________统计法、________统计法和________法。

45. 钢筋混凝土结构用的普通钢筋，可分为________、________和________。

46. 热轧或热处理钢筋按屈服强度分为________、________、________、________四个等级。

47. 钢筋进场复验包括________、________和________。

48. 抗震结构所用抗震钢筋的实测强屈比不得小于________；屈服强度实测值与标准值比不大于________；最大力下总伸长率不小于________。

49. 闪光对焊分为________、________、________三种焊接工艺。

50. 钢筋电弧焊包括________和________两种焊接工艺。

51. 钢筋机械连接可分为________、________两种。

52. 钢筋代换的原则分为________、________两种。

53. 大模板由________、________、________、稳定机构和附件组成。

54. 次肋的作用是________、________并将力传递到主肋上去。

55. 当支架高宽比________时，必须加强整体稳定措施，如应设置________等。

56. 混凝土搅拌机按搅拌原理可分为________和________两大类。

57. 水泥进场时，应对水泥的________、________及________进行检验。同种水泥袋装者不超过________，散装者不超过________作为一个检验批。

58. 混凝土搅拌时投料顺序可分为________、________、两次加水法三种。

59. 混凝土的运输可分为________、________和楼面水平运输。

60. 混凝土浇筑倾落高度，垂直浇筑混凝土时不得超过________，否则应使用________、________、溜槽等，以防下落动能大的粗骨料积聚在结构底部，造成混凝土分层离析。

61. 施工缝应在混凝土浇筑之前确定，并宜留置在结构________且________的部位。

62. 单向板的垂直施工缝可留置在________。

63. 同一施工段内每排柱子应由________对称地顺序浇筑，不应自一端向另一端顺序推进，以防止柱子模板向一侧推移倾斜，造成误差积累过大而难以纠正。

64. 当柱、墙混凝土强度比梁、板混凝土高两个等级及以上时，应在交界区域用________等进行分隔，分隔位置在距离高强度等级边缘________的低强度构件中。先浇筑________的混凝土，在节点初凝前，及时浇筑梁板混凝土。

65. 大体积混凝土的浇筑方案可分________、________、________三种。

66. 混凝土振动捣实机械的类型可分为________、________、________和振动台。

67. 常压蒸汽养护过程分为________、________、________及降温阶段。

68. 当梁、板的跨度大于等于4m时，跨中起拱高度应为跨度的________。

69. 现浇结构底模板拆除时所需的混凝土强度百分数与________、________有关。

70. 混凝土浇筑工作应尽可能连续进行，如需间歇时，应在前层________前，将下层混凝土浇筑完毕。如间歇时间过长，则应按________处理。

71. 试件取样的要求规定：每拌制________盘且不超过________的同配合比的混凝土，其取样不得少于一次；每一浇筑楼层同配合比的混凝土其取样不得少于________次。

72. 某现浇C35钢筋混凝土柱中，直径为25mm的HRB400级纵向钢筋采用________连接较为经济。

73. 高度大于1m的混凝土梁的水平施工缝应留在楼板底面________。

二、单项选择题

4-20 单项选择题解析

1. 钢筋进场时需要抽样复验。复验内容不包括（　　）。

A. 外观　　B. 力学性能

C. 化学成分　　D. 单位长度重量

2. 当受拉钢筋采用机械连接或焊接连接时，在任一接头中心至长度为钢筋直径35倍且不小于500mm的区段范围内，有接头钢筋截面面积占全部钢筋截面面积的比值不宜大于（　　）。

A. 25%　　B. 50%　　C. 60%　　D. 70%

3. 两根直径为20mm的HRB335级钢筋采用电弧帮条焊连接，双面焊时，帮条长度至少应为（　　）。

A. 40mm　　B. 80mm　　C. 100mm　　D. 200mm

4. HPB300级直径20mm的钢筋采用搭接电弧焊，若为单面焊，焊缝长度至少应为（　　）。

A. 100mm　　B. 160mm　　C. 200mm　　D. 240mm

5. 两根HRB400级直径为16mm的钢筋采用单面搭接焊连接，搭接长度至少为（　　）。

A. 200mm　　B. 180mm　　C. 160mm　　D. 120mm

6. 当混凝土为C25，钢筋为HRB335级、直径20mm，采用绑扎连接时，其搭接长度为（　　）。

A. 700mm　　B. 800mm　　C. 900mm　　D. 100mm

7. 对4根Φ20mm钢筋对焊接头的外观检查结果分别如下，其中合格的是（　　）。

A. 接头表面有横向裂缝　　B. 钢筋表面有烧伤

C. 接头弯折3°　　D. 钢筋轴线偏移1mm

8. 现场施工时，应在模板安装完成后再进行钢筋绑扎的构件是（　　）。

A. 楼板　　B. 柱子　　C. 墙体　　D. 主次梁

9. 钢筋经冷加工后不得用作（　　）。

A. 梁的箍筋　　B. 预应力筋　　C. 构件吊环　　D. 柱的主筋

10. 在使用（　　）连接时，钢筋下料长度计算应考虑搭接长度。

A. 冷挤压　　B. 绑扎　　C. 对焊　　D. 螺纹

11. 已知某钢筋外包尺寸为4500mm，钢筋两端弯钩增加值共为200mm，钢筋中间部位弯折的量度差值为32mm，其下料长度为（　　）mm。

A. 4268　　B. 4332　　C. 4668　　D. 4732

12. 箍筋弯钩的转折角度：对一般结构，不应小于90°；对抗震结构，应为（　　）。

A. 90° B. 135° C. 150° D. 180°

13. 钢筋绑扎接头的位置应相互错开，在任何搭接长度的1.3倍区段范围内，有绑扎接头的受力钢筋截面面积占受力钢筋总截面面积的百分数，对柱类构件不宜超过（ ）。

A. 25% B. 30% C. 40% D. 50%

14. 某梁纵向受力钢筋为8根相同钢筋，采用搭接连接。在一个连接区段内（长度为搭接长度的1.3倍），允许有接头的最多根数是（ ）。

A. 1 B. 2 C. 4 D. 6

15. 构件按最小配筋率配筋，其钢筋代换以前后（ ）相等的原则进行。

A. 面积 B. 承载力 C. 重量 D. 间距

16. 将6根Φ10钢筋代换成Φ6钢筋应为（ ）。

A. 10根Φ6 B. 13根Φ6 C. 17根Φ6 D. 21根Φ6

17. 某教学楼教室的主梁宽度为250mm，箍筋直径为10mm，下部纵向受力钢筋为一排4根直径25mm的HRB400级钢筋。纵向钢筋的净距为（ ）。

A. 20mm B. 30mm C. 40mm D. 50mm

18. 我国东北某屋顶露天的梁，箍筋直径为12mm，其主筋的保护层厚度至少为（ ）。

A. 20mm B. 25mm C. 35mm D. 47mm

19. 某梁的跨度为6m，采用钢模板、钢支柱支模时，其跨中起拱高度应为（ ）。

A. 1mm B. 2mm C. 4mm D. 8mm

20. 在混凝土结构施工中，拆装方便、通用性强的模板是（ ）。

A. 大模板 B. 定型组合式模板 C. 滑升模板 D. 爬升模板

21. 在滑模装置中，模板的高度一般取（ ），以保证出模强度适宜。

A. 300～500mm B. 400～600mm C. 1500mm D. 1000～1200mm

22. 某跨度为2m、设计强度为C30的现浇混凝土平板，当混凝土强度达到（ ）时方可拆除底模。

A. $15N/mm^2$ B. $21N/mm^2$ C. $22.5N/mm^2$ D. $30N/mm^2$

23. 某悬挑长度为1.5m、设计强度为C25的现浇阳台板，当混凝土强度达到（ ）时方可拆除底模。

A. $15N/mm^2$ B. $22.5N/mm^2$ C. $25N/mm^2$ D. $30N/mm^2$

24. 某跨度为8m、设计强度为C30的现浇混凝土梁，当混凝土强度至少达到（ ）时方可拆除底模。

A. $15N/mm^2$ B. $21N/mm^2$ C. $22.5N/mm^2$ D. $30N/mm^2$

25. 以下各项中，影响新浇混凝土侧压力的最主要因素是（ ）。

A. 水泥用量 B. 模板类型 C. 混凝土强度等级 D. 浇筑速度

26. 对图4-6所示悬臂梁拆模时，拆除支撑的顺序应为（ ）。

A. 1→2→3 B. 3→2→1

C. 2→1→3 D. 1→3→2

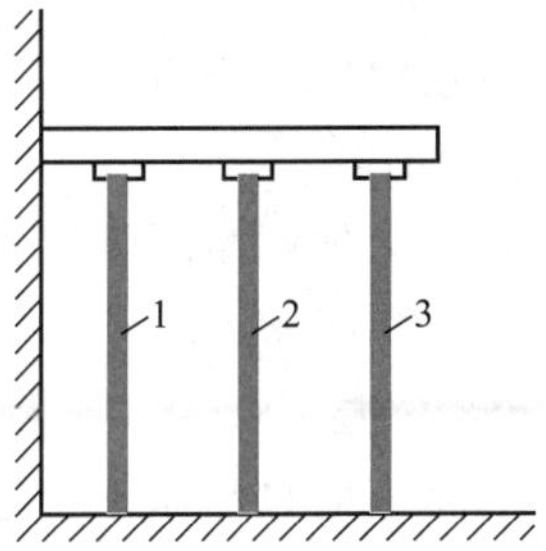

27. 确定混凝土的施工配置强度，是以保证率达到（ ）为目标的。

A. 85% B. 90%

C. 95% D. 97.3%

图4-6 某悬臂梁模板支撑示意图

28. 在现场搅拌C40混凝土时，水泥的配料精度应控制在（ ）。

A. ±5% B. ±3% C. ±2% D. ±1%

29. 搅拌混凝土时，为了保证配料符合实验室配合比要求，要按砂石的实际（ ）。

A. 含泥量　　B. 含水量　　C. 称量误差　　D. 粒径

30. 适合泵送混凝土配料的含砂率是（　　）。

A. 25%　　B. 30%　　C. 45%　　D. 60%

31. 泵送混凝土的最小胶凝材料用量为（　　）kg/m^3。

A. 290　　B. 300　　C. 320　　D. 350

32. 配制泵送混凝土时，其碎石粗骨料最大粒径 d 与输送管内径 D 之比应（　　）。

A. >1/3　　B. >1/2　　C. ≤1/2.5　　D. ≤1/4

33. 浇筑墙体混凝土前，其底部应先浇（　　）。

A. 5～10mm 厚水泥浆

B. 5～10mm 厚与混凝土内浆液成分相同的水泥浆

C. 20～30mm 厚与混凝土内浆液成分相同的水泥浆

D. 100mm 厚石子增加一倍的混凝土

34. 浇筑骨料粒径在 25mm 以下的混凝土时，其倾落高度不应超过（　　）。

A. 2m　　B. 4m　　C. 6m　　D. 9m

35. 某 C25 混凝土在 30℃时初凝时间为 210min，如混凝土运输时间为 60min，则其浇筑和间歇的最长时间应是（　　）。

A. 120min　　B. 150min　　C. 180min　　D. 90min

36. 在混凝土墙、柱等竖向结构根部的施工缝处产生“烂根”的原因之一是（　　）。

A. 混凝土强度偏低　　B. 养护时间不足　　C. 配筋不足　　D. 模板根部漏浆

37. 用 ϕ50mm 的插入式振捣器（棒长约 500mm）振捣混凝土时，混凝土每层的浇筑厚度最多不得超过（　　）。

A. 300mm　　B. 600mm　　C. 900mm　　D. 1200mm

38. 当表面振动器振捣混凝土时，混凝土每层浇筑最多不得超过（　　）。

A. 500mm　　B. 400mm　　C. 300mm　　D. 200mm

39. 当钢筋混凝土梁的高度大于（　　）时，可单独浇筑。

A. 0.5m　　B. 0.8m　　C. 1m　　D. 1.2m

40. 混凝土施工缝宜留置在（　　）。

A. 结构受剪力较小且便于施工的位置　　B. 遇雨停工处

C. 结构受弯矩较小且便于施工的位置　　D. 结构受力复杂处

41. 浇筑混凝土单向板时，施工缝应留在（　　）。

A. 中间 1/3 跨度范围内且平行于板的长边　　B. 平行于板的长边的任何位置

C. 平行于板的短边的任何位置　　D. 中间 1/3 跨度范围内

42. 在施工缝处，应待已浇混凝土强度至少达到（　　），方可接槎。

A. 5MPa　　B. 2.5MPa　　C. 1.2MPa　　D. 1.0MPa

43. 楼板混凝土浇筑后，应待其强度至少达到（　　），方可上人进行上层施工。

A. 1.0MPa　　B. 1.2MPa　　C. 2.5MPa　　D. 5.0MPa

44. 确定大体积混凝土浇筑方案时，对厚度及面积较大的混凝土结构，宜采用（　　）方法进行浇筑。

A. 全面分层　　B. 分块分层　　C. 斜面分层　　D. 局部分层

45. 混凝土的自然养护，是指在平均气温不低于（　　）的条件下，于规定时间内使混凝土保持足够的湿润状态。

A. 0℃　　B. 3℃　　C. 5℃　　D. 10℃

46. 硅酸盐水泥拌制的普通混凝土，夏季自然养护时间不得少于（　　）。

A. 7d　　B. 14d　　C. 21d　　D. 28d

47. 混凝土自然养护时，以下几种混凝土养护天数不应少于14d的是（ ）。

A. 有抗渗要求的混凝土　　B. 硅酸盐水泥拌制的混凝土

C. 掺早强剂的混凝土　　D. 矿渣水泥拌制的混凝土

48. 当连续5天室外平均气温低于（ ）时，混凝土应采取冬期施工技术。

A. 5℃　　B. 0℃　　C. −3℃　　D. −5℃

49. 可使混凝土在负温环境中正常进行水化作用的方法是（ ）。

A. 蓄热法　　B. 加热养护法　　C. 暖棚法　　D. 掺外加剂法

50. 某冬施工程使用普硅水泥拌制的C40混凝土施工，允许混凝土受冻时的最低强度为（ ）。

A. $5N/mm^2$　　B. $9N/mm^2$　　C. $12N/mm^2$　　D. $16N/mm^2$

51. 冬期施工时，混凝土的搅拌时间应比常温搅拌时间（ ）。

A. 缩短50%　　B. 缩短30%　　C. 延长50%　　D. 延长100%

52. 冬期施工中采用蓄热法时，拌制混凝土应优先采用加热（ ）的方法。

A. 水　　B. 水泥　　C. 石子　　D. 砂子

53. 冬期施工中配制混凝土的水泥用量不宜少于（ ）。

A. $280kg/m^3$　　B. $300kg/m^3$　　C. $320kg/m^3$　　D. $330kg/m^3$

54. 冬期施工中，混凝土入模温度不得低于（ ）。

A. 0℃　　B. 3℃　　C. 5℃　　D. 10℃

55. 冬期施工中配制混凝土用的水泥，应优先选用（ ）。

A. 矿渣硅酸盐水泥　　B. 硅酸盐水泥　　C. 火山灰水泥　　D. 粉煤灰水泥

56. P3012表示钢模板尺寸（ ）。

A. 长150mm，宽1200mm　　B. 长250mm，宽120mm

C. 长3000mm，宽120mm　　D. 长1200mm，宽300mm

57. 小于或等于8m的梁应在混凝土强度达到设计强度的（ ）以上时可拆除。

A. 50%　　B. 70%　　C. 75%　　D. 100%

58. E120表示（ ）。

A. 平面模板　　B. 阳角模板　　C. 阴角模板　　D. 固定角模

59. 有关模板拆除，下列叙述不正确的是：（ ）。

A. 对于跨度小于或等于2m的板模板，当混凝土强度达到设计强度的75%即可拆除

B. 对于跨度小于等于8m的梁模板，当混凝土强度达到设计强度的75%即可拆除

C. 对于悬臂构件，当混凝土强度达到设计强度的100%才可拆除

D. 对于不承重的侧模，只要混凝土强度能保证结构表面及棱角不因拆除模板而损伤即可拆除

60. 常用于高耸烟囱结构的模板体系是（ ）。

A. 大模板　　B. 爬模　　C. 滑模　　D. 台模

61. 在滑模体系中，（ ）把作用在模板、脚手架和操作平台上的荷载传递给千斤顶。

A. 支承杆　　B. 提升架　　C. 围圈　　D. 围圈支托

62. 现浇钢筋混凝土框架柱的纵向钢筋的焊接应采用（ ）。

A. 闪光对焊　　B. 坡口立焊　　C. 电弧焊　　D. 电渣压力焊

63. 钢筋混凝土预制桩主筋的连接宜采用（ ）。

A. 闪光对焊　　B. 电阻点焊　　C. 电弧焊　　D. 电渣压力焊

64. 钢筋弯曲180°时弯曲调整值为增加（ ）。

A. $4d$　　B. $3.25d$　　C. $6.25d$　　D. $2d$

65. 闪光对接焊主要用于（ ）。

A. 钢筋网的连接　　B. 钢筋搭接

C. 竖向钢筋的连接　　D. 粗钢筋下料前的接长

66. 钢筋弯折90°的量度差值是（　　）。

A. 1d　　B. 0.5d　　C. 2.29d　　D. 6.25d

67. 量度差值是指（　　）。

A. 外包尺寸与内包尺寸间差值　　B. 外包尺寸与轴线间差值

C. 轴线与内包尺寸间差值　　D. 外包尺寸与中心线长度间差值

68. 现在工地现场没有16mm的Ⅱ级钢，现有一根梁要用6根16mm的钢筋，而工地上有18mm的和14mm的钢筋，那么应该（　　）。

A. 用6根18mm的直接代替　　B. 用8根14mm的直接代替

C. 用6根14mm的直接代替，并办理设计变更文件

D. 用8根14mm的代替，并办理设计变更文件

69. 含砂率减小，会使混凝土的流动性（　　）。

A. 好　　B. 差　　C. 不变　　D. 对流动性没有影响

70. 混凝土配合比的原材料数量应采用（　　）计量。

A. kg　　B. kN　　C. m^3　　D. 比值

71. 进量容量一般是出料容量的（　　）倍。

A. 1　　B. 1.6　　C. 2　　D. 0.625

72. 混凝土的运输时间指（　　）。

A. 从搅拌机卸出到混凝土卸入仓内的时间　　B. 从材料倒入搅拌机开始到运到浇筑地点

C. 从搅拌机卸出到浇筑振捣完　　D. 从材料倒入搅拌机开始到浇筑振捣完毕

73. 混凝土浇筑前如发生了初凝或离析现象，则应（　　）。

A. 丢弃　　B. 降低一个等级使用　　C. 运回搅拌机重新搅拌　　D. 就地重新搅拌

74. 一个施工段的每排柱子浇筑时应（　　）。

A. 从中间向两端进行　　B. 从两端向中间进行

C. 从一端向另一端进行　　D. 以上均可

75. 振捣混凝土结构梁的混凝土应采用（　　）。

A. 内部振捣器　　B. 外部振动器　　C. 表面振动器　　D. 以上均可

76. 楼板混凝土的振捣应采用（　　）。

A. 内部振捣器　　B. 外部振动器　　C. 表面振动器　　D. 以上均可

77. 高速公路的支柱高度非常高，则对其混凝土进行养护时应采用（　　）。

A. 浇水养护　　B. 蒸汽养护　　C. 盖塑料薄膜养护　　D. 盖稻草养护

78. 浇筑道路的混凝土应采用（　　）养护。

A. 浇水　　B. 蒸汽　　C. 塑料薄膜　　D. 盖稻草后浇水

79. 某工程拆模时，发现构件表面有数量不多的麻面，则应采取（　　）措施。

A. 用细石混凝土填补　　B. 用化学灌浆　　C. 用水泥砂浆抹面　　D. 用水泥浆抹面

80. 某工程拆模时，发现构件表面有露筋现象，则应采取（　　）措施。

A. 用细石混凝土填补　　B. 用化学灌浆　　C. 用水泥砂浆抹面　　D. 用水泥浆抹面

81. 某工程拆模时，发现构件表面有规则性走向的裂缝，则应采取（　　）措施。

A. 用细石混凝土填补　　B. 用化学灌浆　　C. 用水泥砂浆抹面　　D. 用水泥浆抹面

82. 应在模板安装后再进行的工序是（　　）。

A. 楼板钢筋安装绑扎　　B. 柱钢筋现场绑扎安装　　C. 柱钢筋预制安装　　D. 梁钢筋绑扎

83. 对某一构件拆模时，其顺序一般为（　　）。

A. 先拆底模，后拆侧模　　B. 先拆承重部分，后拆非承重部分

C. 与支模顺序相同　　D. 先支的后拆

84. 混凝土的配制强度应达到（　　）%的保证率。

A. 80　　B. 85　　C. 90　　D. 95

85. 当需要进行钢筋代换时，应办理（　　）变更文件。

A. 施工　　B. 监理　　C. 设计　　D. 建设

86. 当预应力筋需要代换时，应进行专门计算，并应经原（　　）单位确认。

A. 设计　　B. 施工　　C. 监理　　D. 建设

87. 混凝土细骨料中氯离子含量应符合下列规定：对钢筋混凝土，按干砂的质量百分数计算不得大于（　　）%。

A. 0.01　　B. 0.02　　C. 0.04　　D. 0.06

88. 未经处理的海水（　　）用于钢筋混凝土和预应力混凝土的拌制和养护。

A. 可以　　B. 不宜　　C. 不应　　D. 严禁

89. 水泥进场复验时同一生产厂家、同一品种、同一等级且连续进场的水泥，袋装不超过（　　）t为一检验批。

A. 100　　B. 200　　C. 300　　D. 500

90. 当在使用中对水泥质量有怀疑或水泥出厂超过（　　）（快硬硅酸盐水泥超过一个月）时，应进行复验，并应按复验结果使用。

A. 一个月　　B. 两个月　　C. 三个月　　D. 四个月

91. 施工前，应由（　　）单位组织设计、施工、监理等单位对设计文件进行交底和会审。

A. 设计　　B. 施工　　C. 建设　　D. 监理

92. 模板支架的高宽比不宜大于（　　）。

A. 1　　B. 2　　C. 3　　D. 4

93. 地下室外墙和人防工程墙体的模板对拉螺栓中部应设（　　），其应与对拉螺栓环焊。

A. 焊片　　B. 止水片　　C. 止水带　　D. 螺栓

94. 对跨度不小于4m的梁、板，其模板起拱高度宜为梁、板跨度的（　　）。

A. 1/1000～2/1000　　B. 1/1000～4/1000　　C. 1/1000～3/1000　　D. 1/1000～5/1000

95. 当发现钢筋脆断、焊接性能不良或力学性能显著不正常等现象时，应停止使用该批钢筋，并对该批钢筋进行（　　）检验或其他专项检验。

A. 化学成分　　B. 物理成分　　C. 力学成分　　D. 强度

96. 钢筋采用冷拉方法调直时，HPB300级光圆钢筋的冷拉率不宜大于（　　）%。

A. 2　　B. 4　　C. 6　　D. 8

97. 受力钢筋作（　　）钢筋使用时，光圆钢筋末端可不做弯钩。

A. 受拉　　B. 构造　　C. 受压　　D. 受剪

98. 钢筋机械连接接头的混凝土保护层厚度宜符合现行国家标准中受力钢筋最小保护层厚度的规定，且不得小于（　　）mm。

A. 10　　B. 15　　C. 20　　D. 25

99. 混凝土拌合物工作性应检验其坍落度或维勃稠度，坍落度大于220mm的混凝土，可根据需要测定其坍落扩展度，扩展度的允许偏差为±（　　）mm。

A. 10　　B. 20　　C. 30　　D. 40

100. 混凝土浇筑前施工单位应填报浇筑申请单，并经（　　）单位签认。

A. 设计　　B. 监理　　C. 建设　　D. 勘察

101. 混凝土输送泵管垂直向上输送混凝土时，地面水平输送泵管的直管和弯管总的折算长度不宜小于垂直输送高度的0.2倍，且不宜小于（　　）m。

A. 5　　B. 10　　C. 15　　D. 20

102. 混凝土输送泵管垂直输送高度大于（　　）m时，混凝土输送泵出料口处的输送泵管位置应设置截止阀。

A. 50　　B. 60　　C. 80　　D. 100

103. 输送泵输送混凝土前应先输送（　　）对输送泵和输送管进行润滑，然后开始输送混凝土。

A. 混合砂浆　　B. 自来水　　C. 饮用水　　D. 水泥砂浆

104. 吊车配备斗容器输送混凝土时，斗容器的容量应根据（　　）确定。

A. 混凝土浇筑量　　B. 吊车吊运能力　　C. 浇筑高度　　D. 浇筑方式

105. 超长结构混凝土浇筑可留设施工缝分仓浇筑，分仓浇筑间隔时间不应少于（　　）d。

A. 1　　B. 3　　C. 5　　D. 7

106. 超长结构混凝土留设后浇带时，后浇带的封闭时间不得少于（　　）d。

A. 3　　B. 7　　C. 14　　D. 28

107. 基础大体积混凝土结构浇筑时混凝土分层浇筑应采用自然流淌形成斜坡，并应沿高度均匀上升，分层厚度不应大于（　　）mm。

A. 100　　B. 300　　C. 500　　D. 700

108. 振动棒振捣混凝土时，振动棒应插入下一层混凝土中不少于（　　）mm。

A. 20　　B. 30　　C. 50　　D. 70

109. 振动棒振捣混凝土时，振动棒振捣插点间距不应大于振动棒作用半径的（　　）倍。

A. 1.2　　B. 1.4　　C. 1.6　　D. 1.8

110. 浇筑混凝土时宽度大于（　　）m 的预留洞底部区域应在洞口两侧进行加强振捣，并应适当延长振捣时间。

A. 0.1　　B. 0.3　　C. 0.5　　D. 0.7

111. 抗渗混凝土、强度等级 C60 及以上的混凝土养护时间不应少于（　　）d。

A. 7　　B. 14　　C. 21　　D. 28

112. 后浇带混凝土的养护时间不应少于（　　）d。

A. 7　　B. 14　　C. 21　　D. 28

113. 当日最低温度低于（　　）℃时，不应采用洒水养护。

A. −5　　B. 0　　C. 3　　D. 5

114. 混凝土强度达到（　　）N/mm^2前，不得在其上踩踏、堆放物料、安装模板及支架。

A. 1.0　　B. 1.1　　C. 1.2　　D. 1.3

115. 柱、墙水平施工缝与楼层结构下表面的距离宜为（　　）mm。

A. 0～50　　B. 10～50　　C. 30～50　　D. 10～30

116. 高度较大的柱、墙、梁以及厚度较大的基础可根据施工需要在其（　　）部留设水平施工缝。

A. 顶　　B. 中　　C. 底　　D. 上

117. 有主次梁的楼板垂直施工缝应留设在次梁跨度中间的（　　）范围内。

A. 1/2　　B. 1/3　　C. 2/3　　D. 1/5

118. 大体积混凝土入模温度不宜大于（　　）℃。

A. 5　　B. 10　　C. 20　　D. 30

119. 基础大体积混凝土每个横向设置的测温点不应少于（　　）处。

A. 1　　B. 2　　C. 3　　D. 4

120. 基础大体积混凝土竖向剖面周边测温点应布置在基础表面内（　　）mm 位置。

A. 20～40　　B. 40～80　　C. 40～60　　D. 10～20

121. 对基础厚度不大于（　　）m，裂缝控制技术措施完善的工程可不进行测温。

A. 1.2　　B. 1.4　　C. 1.6　　D. 1.8

122. 混凝土结构表面以内 40～80mm 位置的温度与环境温度的差值小于（　　）℃时，可停止测温。

A. 5　　B. 10　　C. 15　　D. 20

123. 混凝土结构尺寸偏差超出规范规定，但尺寸偏差对结构性能和使用功能未构成影响时，应属于（　　）缺陷。

A. 严重　　B. 特大　　C. 一般　　D. 正常

124. 构件主要受力部位有影响结构性能或使用功能的裂缝，属（　　）缺陷。

A. 一般　　B. 严重　　C. 特大　　D. 正常

125. 根据当地多年气象资料统计，当室外日平均气温连续 5 日低于（　　）℃时，应采取冬期施工措施。

A. −5　　B. 0　　C. 3　　D. 5

126. 当日平均气温达到（　　）℃及以上时，应按高温施工要求采取措施。

A. 28　　B. 30　　C. 32　　D. 35

127. 冬期施工时混凝土拌合物的出机温度不宜低于（　　）℃，入模温度不应低于 5℃。

A. 0　　B. 3　　C. 5　　D. 10

128. 冬期施工浇筑混凝土时，混凝土分层厚度不应小于（　　）mm。

A. 100　　B. 200　　C. 400　　D. 500

129. 冬期施工混凝土强度试件的留置除应符合现行国家标准的有关规定外，尚应增设与结构同条件养护试件，养护试件不应少于（　　）组。

A. 1　　B. 2　　C. 3　　D. 4

130. 高温施工混凝土坍落度不宜小于（　　）mm。

A. 20　　B. 30　　C. 50　　D. 70

131. 高温施工浇筑混凝土时，混凝土宜采用（　　）色涂装的混凝土搅拌运输车运输。

A. 黑　　B. 蓝　　C. 白　　D. 银

132. 雨期施工期间，对水泥和掺合料应采取防水和（　　）措施。

A. 防潮　　B. 防尘　　C. 排水　　D. 防油

133. 施工过程中对施工现场的主要道路，宜进行（　　）处理或采取其他扬尘控制措施。

A. 硬化　　B. 防尘　　C. 防坍陷　　D. 毛化

134. 对施工过程中产生的污水，应采取沉淀、（　　）等措施进行处理，不得直接排放。

A. 防污染　　B. 排污　　C. 隔油　　D. 防尘

135. 框架结构的主梁、次梁与板交叉处，其上部钢筋从上往下的顺序是（　　）。

A. 板、主梁、次梁　　B. 板、次梁、主梁　　C. 次梁、板、主梁　　D. 主梁、次梁、板

三、多项选择题

4-21 多项选择题解析

1. 钢筋进场检验包括（　　）。

A. 产品合格证　　B. 出厂检验报告　　C. 质量证明

D. 抽样复验　　E. 产品保证书

2. 关于钢筋连接的一般规定，下述正确的是（　　）。

A. 钢筋的接头宜设置在受力较小处

B. 抗震设防结构的梁端、柱端箍筋加密区内不宜设置接头，且不得进行搭接

C. 同一纵向受力钢筋不宜设置两个或两个以上接头

D. 接头末端至钢筋弯起点的距离不应小于钢筋直径的 10 倍

E. 直接承受动力荷载的结构构件中，不宜采用机械连接

3. 采用闪光对焊的接头检查，符合质量要求的是（　　）。

A. 接头表面无横向裂纹　　B. 钢筋轴线偏移 2mm

C. 拉伸试验 3 个试件中有 2 个合格　　D. 接头处弯折为 3°

E. 与电极接触处的表面无明显烧伤

4. 多层现浇混凝土框架柱，钢筋规格为 HRB335 级直径 25mm，其竖向钢筋接头的方法有

（ ）。

A. 闪光对焊　B. 冷挤压连接　C. 电渣压力焊　D. 电阻点焊　E. 直螺纹连接

5. 某C40混凝土柱子主筋为直径28mm的HRB400级钢筋，其现场连接时宜采用（ ）连接。

A. 绑扎　B. 电渣压力焊　C. 套管挤压　D. 直螺纹　E. 电阻点焊

6. 闪光对焊的主要参数有（ ）。

A. 调伸长度　B. 闪光留量　C. 预热留量　D. 预锻留量　E. 搭接长度

7. 墙体模板所承受的新浇混凝土侧压力的大小与（ ）有关。

A. 水泥的种类　B. 混凝土的坍落度　C. 模板的类型

D. 混凝土的浇筑速度　E. 浇筑容器的容量

8. 滑升模板装置的主要组成部分有（ ）。

A. 模板系统　B. 操作平台系统　C. 爬升设备　D. 提升系统　E. 拉结系统

9. 模板及其支架应具有足够的（ ）

A. 刚度　B. 承载能力　C. 密闭性　D. 整体稳定性　E. 湿度

10. 模板的拆除顺序一般是（ ）。

A. 先支先拆　B. 先支后拆　C. 后支先拆

D. 后支后拆　E. 先拆底板模后拆侧模

11. 强制式搅拌机同自落式搅拌机相比，特点是（ ）。

A. 搅拌作用强　B. 搅拌时间短　C. 效率高

D. 不适宜于轻质混凝土　E. 适宜于干硬性混凝土

12. 某混凝土的每盘配料误差符合规范规定的是（ ）。

A. 水泥超重3%　B. 碎石减少2%　C. 水增加2%

D. 砂减少4%　E. 防冻剂增加1%

13. 对混凝土运输的要求包括（ ）。

A. 不分层离析，有足够的坍落度　B. 增加转运次数

C. 满足连续浇筑的要求　D. 容器严密、光洁

E. 保证混凝土恒温

14. 泵送混凝土的原材料、配合比和性能应满足的要求是（ ）。

A. 每立方米混凝土中胶凝材料用量不少于300kg

B. 含砂率应控制在35%～45%　C. 碎石最大粒径应小于等于输送管径的1/4

D. 坍落度80～180mm　E. 坍落度随泵送高度增加而减小

15. 会增加混凝土泵送阻力的因素是（ ）。

A. 水泥含量少　B. 坍落度低　C. 碎石粒径较大

D. 含砂率低　E. 粗骨料中卵石多

16. 以下是对泵送混凝土工艺操作的描述，其中正确的是（ ）。

A. 混凝土搅拌站供应能力必须与混凝土泵工作能力相等

B. 输送管布置应尽量直、短，转弯少、缓

C. 泵送混凝土前先泵送水泥浆，湿润管道

D. 泵送开始前，先泵送1∶1～1∶2的水泥砂浆润滑管壁

E. 泵送结束后，不用清洗管道

17. 混凝土振捣机械，按工作方式不同分为（ ）等几种。

A. 自落振动器　B. 强制振动器　C. 内部振动器

D. 表面式振动器　E. 附着式振动器

18. 以下各种情况中可能引起混凝土离析的是（ ）。

A. 混凝土下落高度大　B. 搅拌时间过长

C. 振捣时间长　　D. 运输道路不平　　E. 振动棒快插慢拔

19. 可能造成混凝土强度降低的因素有（　　）。

A. 水灰比加大　　B. 养护时间不足　　C. 养护时洒水过多

D. 振捣时间短　　E. 掺外加剂过多

20. 钢筋混凝土柱的施工缝一般应留在（　　）。

A. 基础顶面　　B. 梁的下面　　C. 无梁楼盖柱帽下面

D. 吊车梁牛腿下面　E. 柱子中间 1/3 柱高度范围内

21. 某现浇混凝土楼盖，主梁跨度为 8m，次梁跨度为 6m，沿次梁方向浇筑混凝土时，（　　）是施工缝的合理位置。

A. 距主梁轴线 3.5m 并平行于主梁　　B. 距主梁轴线 2.5m 并平行于主梁

C. 距主梁轴线 1.5m 并平行于主梁　　D. 距主梁轴线 2.0m 并平行于主梁

E. 距主梁轴线 2.8m 并平行于主梁

22. 某现浇钢筋混凝土楼板，长为 6m，宽 2.1m，施工缝可留在（　　）位置。

A. 距短边一侧 3m 且平行于短边　　B. 距短边一侧 1m 且平行于短边

C. 距长边一侧 1m 且平行于长边　　D. 距长边一侧 1.5m 且平行于长边

E. 距短边一侧 2m 且平行于短边

23. 某工程采用 42.5 级普通硅酸盐水泥拌制混凝土，浇筑时留设了施工缝（中间横线处）。施工时的平均温度为 20℃，以下接缝施工正确的是（　　）。

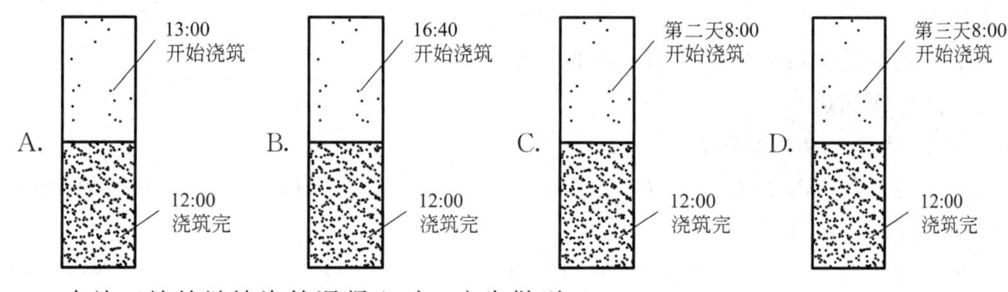

24. 在施工缝处继续浇筑混凝土时，应先做到（　　）。

A. 清除混凝土表面疏松物质及松动石子　B. 将施工缝处冲洗干净，不得有积水

C. 已浇混凝土强度达到 1.2N/mm²　　D. 已浇混凝土强度达到 1.0N/mm²

E. 在施工缝处先铺一层与混凝土浆液成分相同的水泥砂浆

25. 大体积混凝土结构的浇筑方案有（　　）。

A. 全面分层　　B. 分块分层　　C. 横向分层　　D. 纵向分层　　E. 斜面分层

26. 防止大体积混凝土产生温度裂缝的方法有（　　）。

A. 控制混凝土内外温度差　　B. 减少边界约束作用

C. 改善混凝土抗裂性能　　D. 改进设计构造

E. 提高入模温度

27. 防止大体积混凝土表面裂缝的措施有（　　）。

A. 优先选用低水化热的水泥　　B. 在保证强度的前提下，加大水灰比

C. 降低拌制材料温度　　D. 掺加粉煤灰替代部分水泥

E. 及时对混凝土覆盖保温、保湿材料

28. 某大体积混凝土采用全面分层法连续浇筑时，混凝土初凝时间为 180min，运输时间为 30min。已知上午 8:00 浇筑完第一层混凝土并采用匀速浇筑，那么浇筑完第二层混凝土的时间可以是（　　）。

A. 上午 9:00　　B. 上午 9:30　　C. 上午 10:10　　D. 上午 11:00　　E. 上午 11:30

29. 大体积混凝土初凝以前进行二次振捣的目的是（　　）。

A. 降低水化热　　B. 提高混凝土与钢筋的握裹力

C. 增加混凝土的密实度　　D. 提高混凝土抗压强度
E. 提高抗裂度

30. 判断混凝土拌合物未被振实的特征有（　　）。
A. 混凝土拌合物表面有气泡排出　　B. 混凝土拌合物表面不再下沉
C. 混凝土拌合物表面出现水泥浆　　D. 混凝土拌合物表面无气泡冒出
E. 混凝土拌合物表面下沉

31. 在有关振动棒的使用中，正确的是（　　）。
A. 直上直下　　B. 快插慢拔　　C. 上下层搭接 50～100mm
D. 每个插点振捣时间越长越好　　E. 插点均匀

32. 混凝土结构产生裂缝的原因是（　　）。
A. 接缝处模板拼缝不严，漏浆　　B. 模板局部沉降
C. 拆模过早　　D. 养护时间过短
E. 混凝土养护期间表面与内部温差过大

33. 规定养护的时间不得少于 14d 的混凝土包括（　　）。
A. 后浇带混凝土　　B. C60 以上混凝土
C. 大体积混凝土　　D. 掺有矿物掺合料的混凝土
E. 抗渗混凝土

34. 混凝土冬期施工可采取的措施是（　　）。
A. 采用高水化热水泥　　B. 增大水胶比
C. 搅拌前对混凝土或组成材料加热　　D. 掺抗冻早强剂
E. 对已浇混凝土保温或加热

35. 在冬期施工时，混凝土的养护方法有（　　）。
A. 洒水法　　B. 蒸汽养护法　　C. 蓄热法　　D. 电热养护法　　E. 掺外加剂法

36. 钢筋冷拉的目的是（　　）。
A. 提高钢筋强度　　B. 调直　　C. 节约钢材　　D. 除锈　　E. 增强塑性

37. 模板及支架应具有足够的（　　），应能可靠地承受施工过程中所产生的各类荷载。
A. 承载力　　B. 硬度　　C. 刚度　　D. 稳定性　　E. 强度

38. 预应力筋的（　　）必须符合设计要求。
A. 牌号　　B. 品种　　C. 级别　　D. 规格　　E. 数量

39. 水泥进场复验应对其（　　）及其他必要指标进行检验。
A. 强度　　B. 品种　　C. 安定性　　D. 等级　　E. 凝结时间

40. 混凝土（　　）过程中严禁加水。
A. 搅拌　　B. 运输　　C. 养护　　D. 输送　　E. 浇筑

41. 在混凝土结构工程施工过程中，应及时进行（　　），其质量不应低于现行国家标准的有关规定。
A. 复检　　B. 自检　　C. 他检　　D. 互检　　E. 交接检

42. 模板及支架设计应包括（　　）。
A. 模板及支架的种类　　B. 模板及支架的选型及构造设计
C. 模板及支架上的荷载及其效应计算　　D. 模板及支架的承载力、刚度和稳定性验算
E. 绘制模板及支架施工图

43. 钢筋在运输和存放时，不得损坏包装和标志，并应按（　　）分别堆放。
A. 牌号　　B. 规格　　C. 长度　　D. 炉批　　E. 重量

44. 钢筋安装应采用定位件固定钢筋的位置，并宜采用专用定位件，定位件应具有足够的（　　）。
A. 承载力　　B. 刚度　　C. 硬度　　D. 稳定性　　E. 耐久性

45. 在同一工程项目中，（　　）的经产品认证符合要求的钢筋连续三次进场检验均合格时，其后的检验批量可扩大一倍。

A. 同一直径　B. 同一长度　C. 同一厂家　D. 同一牌号　E. 同一规格

46. 采用预拌混凝土时，供方应提供（　　）。

A. 混凝土配合比通知单　B. 混凝土抗压强度报告

C. 混凝土质量合格证　D. 混凝土搅拌时间记录

E. 混凝土运输单

47. 输送泵输送混凝土应先进行泵水检查，并应湿润输送泵的（　　）等直接与混凝土接触的部位。

A. 料斗　B. 泵管　C. 活塞　D. 接头　E. 软管

48. 混凝土浇筑应保证混凝土的（　　）。

A. 和易性　B. 均匀性　C. 安定性　D. 密实性　E. 泌水性

49. 混凝土宜一次连续浇筑，当不能一次连续浇筑时，可留设（　　）分块浇筑。

A. 施工缝　B. 分仓缝　C. 伸缩缝　D. 变形缝　E. 后浇带

50. 柱、墙模板内的混凝土浇筑倾落高度应符合规定，当不能满足要求时应加设（　　）等装置。

A. 滑槽　B. 串筒　C. 泵管　D. 溜管　E. 溜槽

51. 混凝土浇筑后应及时进行保湿养护，保湿养护可采用（　　）等方式。

A. 洒水　B. 灌水　C. 覆盖　D. 喷涂养护剂　E. 蓄水

52. 冬期施工混凝土用外加剂应符合现行国家标准，采用非加热养护方法时，混凝土中宜掺入（　　）。

A. 引气剂　B. 早强剂

C. 引气型减水剂　D. 缓凝剂

E. 含有引气组分的外加剂

四、术语解释

1. 冷拉
2. 可焊性
3. 钢筋下料长度
4. 永久性模板
5. 施工缝
6. 一次投料法
7. 二次投料法
8. 可泵性
9. 混凝土的养护
10. 自然养护
11. 混凝土浇筑强度
12. 混凝土受冻临界强度
13. 假缝
14. 蓄热法
15. 钢筋的机械连接
16. 直螺纹连接
17. 钢筋的量度差值

4-22 术语解释解答

五、问答题

4-23 问答题解答

1. 试述闪光对焊工艺种类与适用范围、质量检查的内容与方法。
2. 用搭接电弧焊连接钢筋，焊缝的长度、宽度、厚度各有哪些要求？
3. 对模板及支架的基本要求有哪些？
4. 试述梁底模板起拱的目的与要求。
5. 施工缝留设方法及处理要求有哪些？
6. 浇筑框架结构混凝土的施工要点是什么？柱子的施工缝应留在什么位置？
7. 简述模板及支架设计的主要内容。
8. 简述永久式模板的种类及施工特点。
9. 简述对混凝土运输的基本要求。
10. 简述防止大体积混凝土产生裂缝的方法。

11. 简述钢筋工程隐蔽验收的主要内容。

六、计算题

4-24 计算题解答

1. 某抗震建筑有 5 根钢筋混凝土梁 L2，配筋如图 4-7 所示。③、④号钢筋为 45°弯起。试计算各号钢筋下料长度及 5 根梁钢筋总重量。钢筋的每米理论重量见表 4-4。

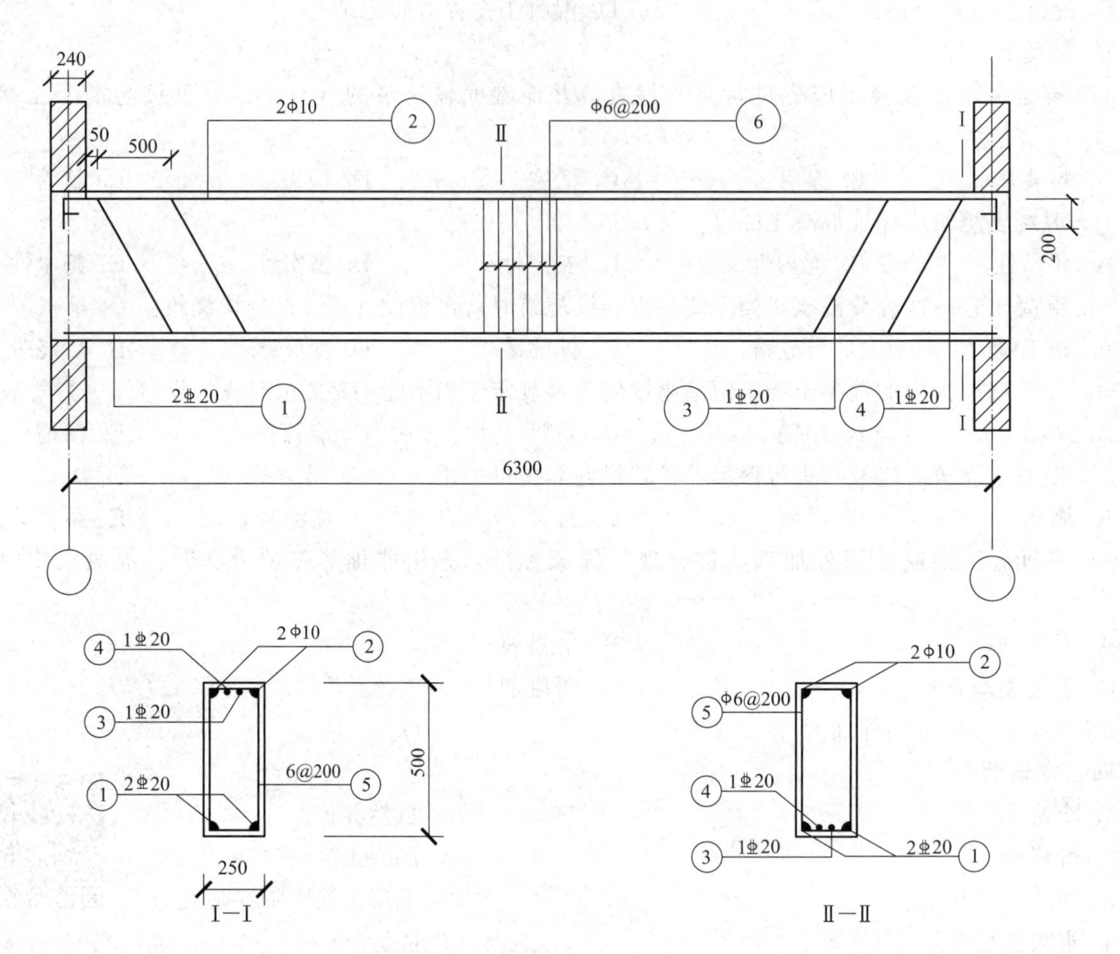

图 4-7 L2 梁钢筋配筋图

表 4-4 钢筋的每米重量表

直径/mm	6	10	12	20	22	25
重量/(kg/m)	0.222	0.617	0.888	2.47	2.98	3.85

2. 某钢筋混凝土梁主筋设计采用 HRB335 级 4 根直径 32mm 的钢筋，现无此规格、品种的钢筋，拟用 HRB500 级钢筋代换，试计算需代换钢筋面积、直径和根数。（备注：HRB335 钢筋抗拉强度设计值为 $300N/mm^2$；HRB500 钢筋抗拉强度设计值为 $435N/mm^2$。）

3. 某钢筋混凝土墙面采用 HRB335 级直径为 10mm 间距为 140mm 的配筋，现拟用 HPB300 级直径为 12mm 的钢筋按等面积（最小配筋率配筋）代换，试计算钢筋间距。（备注：HPB300 钢筋抗拉强度设计值为 $270N/mm^2$；HRB335 钢筋抗拉强度设计值为 $300N/mm^2$。）

4. 某混凝土墙高 5.2m，采用坍落度为 150mm 的普通混凝土，浇筑速度为 3m/h，浇筑入模温度为 25℃。求新浇混凝土作用于模板的侧压力标准值及有效压头高度。

5. 某 C20 混凝土的试验配比为 1∶2.43∶4.05，水灰比为 0.6，水泥用量为 $290kg/m^3$，现场砂、石含水率分别为 3%和 1%，若用装料容量为 560L 的搅拌机拌制混凝土（出料系数为 0.625），求施工配合比及每盘配料量（用袋装水泥）。

6. 某钢筋混凝土现浇梁板结构，采用C30普通混凝土，设计配合比为1∶2.10∶3.35。水灰比$W/C=0.52$，水泥用量为350kg/m^3，测得施工现场砂子含水率为4%，石子含水率为2%，采用J4-375型强制式搅拌机。试计算搅拌机在额定生产量条件下，一次搅拌的各种材料投入量（J4-375型强制式搅拌机的出料容量为250L，水泥投入量按每5kg晋级取整数）。

7. 某混凝土设备基础：长×宽×厚=15m×5m×3m，要求整体连续浇筑，拟采取全面水平分层浇筑方案。现有三台搅拌机，每台生产率为6m^3/h，若混凝土的初凝时间为3h，运输时间为0.5h，每层浇筑厚度为500mm，试确定：

（1）此方案是否可行？

（2）确定搅拌机最少应开启几台？

（3）该设备基础浇筑的可能最短时间与允许的最长时间。

8. 某工程混凝土承台，南北长30m，东西宽28m，厚1.5m，为C30P8混凝土，要求整体连续浇筑。拟使用两台混凝土泵车（各负责一半宽度）从南向北平行等速浇灌，每台泵车的实际输送能力为35m^3/h。拟采取斜面分层浇筑方案，如图4-8所示，斜面坡度为1∶6，每层厚度0.5m。所用混凝土的初凝时间为3h。混凝土搅拌、运输、供料充足，混凝土的地面运输及泵送时间需1h。请完成以下内容：

（1）通过计算判断该方案是否可行。

（2）在正常施工情况下，该承台浇筑的时间是多少？

（3）当该承台浇筑时间超过多少时，则其内部肯定存在"冷缝"缺陷？

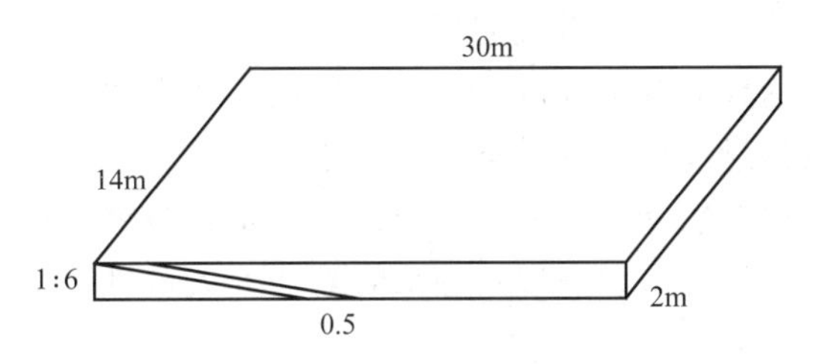

图4-8　斜面分层浇筑

9. 某工程有按C30配合比浇注的混凝土9组，其强度分别为31.0、32.5、33.0、33.5、34.0、34.5、35.0、35.5、36.0（单位：MPa）。

试完成以下内容：

（1）对该混凝土强度进行检验评定（合格评定）。（$f_{cu平均值} \geqslant 1.15 f_{cu,k}$，$f_{cu,min} \geqslant 0.95 f_{cu,k}$。）

（2）如该工程共有C30混凝土350m^3，则应该留置标准养护试块多少组？

10. 某工程有按C30配合比浇筑的混凝土10组，其强度分别为29.0、32.0、34.0、33.0、35.0、34.0、36.0、35.0、33.0、36.0（单位：MPa）。

试对该混凝土强度进行检验评定（合格评定）。（$f_{cu平均值} \geqslant f_{cu,k} + 1.15 S_{f_{cu}}$，$f_{cu,min} \geqslant 0.9 f_{cu,k}$）

七、案例分析

4-25案例分析参考答案

1. 某办公楼工程，建筑面积27000m^2，地下1层，地上12层，筏板基础，钢筋混凝土框架结构。施工过程中，发生下列事件：

事件一：第一批钢筋原材到场，施工单位项目试验员会同监理单位见证人员进行见证取样，对钢筋原材相关性能指标进行复检。

事件二：本工程混凝土设计强度等级中梁板均为C30，地下部分框架柱为C40，地上部分框架柱为C35。施工总承包单位针对梁柱核心区（梁柱节点部位）混凝土浇筑制订的专项技术措施有拟采取竖向结构与水平结构连续浇筑的方式；地下部分梁柱核心区中，沿柱边设置隔离措施，先浇筑框架柱及隔离措施内的C40混凝土，再浇筑隔离措施外的C30梁板混凝土。针对上述技术措施，监理工程师提出异议，要求修正其中的错误和补充必要的确认程序，现场才能实施。

【问题】

（1）事件一中，钢筋原材的复验项目有哪些？

(2) 事件二中，针对混凝土浇筑措施监理工程师提出的异议，施工单位应修正和补充哪些措施和确认？

2. 某购物广场建设项目，建筑面积 69000m^2，地下 2 层，地上 8 层，现浇钢筋混凝土框架结构。

针对本工程地下室 200mm 厚的无梁楼盖，项目部编制了模板及其支撑架专项施工方案。方案中采用扣件式钢管支撑架体系，支撑架立杆纵横向间距均为 1600mm，扫地杆距地面约 500mm，每步设置纵横向水平杆，步距为 1500mm，立杆伸出顶层水平杆的长度控制在 150～300mm。顶托螺杆插入立杆的长度不小于 150mm、伸出立杆的长度控制在 500mm 以内。

【问题】

指出本项目模板及其支撑架专项施工方案中的不妥之处，并分别写出正确做法。

3. 某高校新建校区的科研中心工程为现浇钢筋混凝土框架结构，地上 10 层，地下 2 层，建筑檐口高度 45m，由于有超大尺寸的特殊设备，设置在地下 2 层的试验室为两层通高。结构设计图纸说明中规定地下室的后浇带须待主楼结构封顶后才能封闭。

在施工过程中，发生了下列事件：

事件一：施工单位针对两层通高试验室区域单独编制了模板及支架专项施工方案，方案中针对模板整体设计内容有模板和支架选型、构造设计、荷载及其效应计算，并绘制有施工节点详图。监理工程师审查后要求补充该模板整体设计必要的验算内容。

事件二：在科研中心工程的后浇带施工方案中，明确指出：

(1) 梁、板的模板与支架整体一次性搭设完毕；

(2) 两侧混凝土结构强度达到拆模条件后，拆除所有底模及支架，后浇带位置处重新搭设支架及模板，两侧进行回顶，待主体结构封顶后浇筑后浇带混凝土。

监理工程师认为方案中上述做法存在不妥，责令改正后重新报审。针对后浇带混凝土填充作业，监理工程师要求施工单位提前将施工技术要点以书面形式对作业人员进行交底。

【问题】

(1) 事件一中，按照监理工程师要求，针对模板及支架施工方案中模板整体设计，施工单位应补充哪些必要验算内容？

(2) 事件二中，后浇带施工方案中有哪些不妥之处？后浇带混凝土填充作业的施工技术要点主要有哪些？

4. 某建筑工程，建筑面积 23000m^2，地上 10 层，地下 2 层（地下水位－2.0m）。主体结构为非预应力现浇混凝土框架剪力墙结构（柱网为 9m×9m，局部柱距为 6m），梁模板起拱高度分别为 20mm、12mm。抗震设防烈度 7 度。梁、柱受力钢筋为 HRB400 级，接头采用挤压连接。

钢筋工程施工时，发现梁、柱钢筋的挤压接头有位于梁、柱端箍筋加密区的情况。在现场留取接头试件样本时，是以同一层每 600 个为一验收批，并按规定抽取试件样本进行合格性检验。

【问题】

(1) 该工程梁模板的起拱高度是否正确？说明理由。模板拆除时，混凝土强度应满足什么要求？

(2) 梁、柱端箍筋加密区出现挤压接头是否妥当？如不可避免，应如何处理？按规范要求指出本工程挤压接头的现场检验验收批确定有何不妥？应如何改正？

5. 某医院门诊楼，建筑面积 27000m^2，地下 1 层，地上 10 层，檐高 33.7m。框架剪力墙结构，筏板基础，基础埋深 7.8m，底板厚度 1100mm，混凝土强度等级 C30，抗渗等级 P8。该工程于 2019 年 3 月 15 日开工。

2019 年 6 月 1 日开始进行底板混凝土浇筑，为控制裂缝，拌制水泥采用低水化热的矿渣水泥，混凝土浇筑后 10h 进行覆盖并开始浇水，浇水养护持续 15d。

【问题】

底板混凝土的养护开始与持续时间是否正确？说明理由。

6. 某新建办公楼，地下 1 层，筏板基础，地上 12 层，剪力墙结构，筏板基础混凝土强度等级 C30，抗渗等级 P6，混凝土总方量 1980m^3，由某商品混凝土搅拌站供应，一次性连续浇筑。在施工现场内设置了钢筋加工区。

在合同履行过程中，发生了下列事件：

事件一：在筏板基础混凝土浇筑期间，试验人员随机选择了一辆处于等候状态的混凝土运输车放料取样，并留置了一组标准养护抗压试件（3 个）和一组标准养护抗渗试件（3 个）。

事件二：框架柱箍筋采用中Φ8mm 盘圆钢筋冷拉调直后制作，经测算，其中 KZ1 的箍筋每套下料长度为 2350mm。

【问题】

（1）分别指出事件一中的不妥之处，并写出正确做法。本工程筏板基础混凝土应至少留置多少组标准养护抗压试件？

（2）事件二中，在不考虑加工损耗和偏差的前提下，列式计算 100m 长Φ8mm 盘圆钢筋经冷拉调直后，最多能加工多少套 KZ1 的柱箍筋？

7. 某办公楼工程，钢筋混凝土框架结构，地下 1 层，地上 8 层，层高 4.5m。位于办公楼顶层的会议室，其框架柱间距为 8m×8m，墙体采用普通混凝土小砌块。在施工工程中，发生了以下事件：

会议室顶板底模支撑拆除前，实验员从标准养护室取一组试件进行试验，试验强度达到设计强度的 90%，项目部据此开始拆模。

【问题】

上述事件中，项目部的做法是否正确？说明理由。当设计无规定时，通常情况下模板拆除顺序的原则是什么？

8. 某学校活动中心工程，建筑面积 15000m^2，钢筋混凝土框架结构，地上 6 层，地下 2 层。在施工过程中，发生了以下事件：

主体结构施工过程中，施工单位对进场的钢筋按国家现行有关标准抽样检验了抗拉强度、屈服强度。结构施工至四层时，施工单位进场一批 72t、Φ18mm 螺纹钢筋，在此前因同厂家、同牌号的该规格钢筋已连续三次进场检验均一次检验合格，施工单位对此批钢筋仅抽取一组试件送检，监理工程师认为取样组数不足。

【问题】

事件中，施工单位还应增加哪些钢筋原材检测项目？通常情况下钢筋原材检验批量最大不宜超过多少吨？监理工程师的意见是否正确？并说明理由。

9. 某建筑工程，建筑面积 18000m^2，现浇剪力墙结构，地下 2 层，地上 15 层，基础埋深 12m，底板厚 3m，底板混凝土为强度 C35，抗渗等级 P12。底板钢筋施工时，板厚 1.5m 处为 HRB335 级Φ16mm 钢筋，施工单位征得监理单位和建设单位同意后，用 HPB300 级的Φ10mm 钢筋进行代换。

施工单位选定了某商品混凝土搅拌站，由该站为其制订了底板混凝土的施工方案，该方案采用溜槽施工，分两层浇筑，每层厚度 1.5m。

底板混凝土浇筑时当地最高大气温度 38℃，混凝土最高入模温度 40℃。混凝土浇筑 12h 以后，采用覆盖一层塑料膜一层保温岩棉养护 7d。测温记录显示：混凝土内部最高温度 75℃，其表面最高温度 45℃。

监理工程师检查发现底板表面混凝土有裂缝，经钻芯取样检查，取样样品有贯通裂缝。

【问题】

（1）该基础板钢筋代换是否合理？说明理由。

（2）商品混凝土供应站编制的大体积混凝土施工方案是否合理？说明理由。

（3）本工程基础底板产生裂缝的主要原因是什么？

（4）大体积混凝土裂缝控制的常用措施是什么？

10. 某住宅楼工程，建筑面积约 14000m^2，地下 2 层，地上 15 层，层高 2.8m，檐口高 47m，结构设计为筏板基础。

根据项目试验计划，项目总工程师会同实验员选定1、3、5、7、9、11、13、15层各留置1组C30混凝土同条件养护试件，试件在浇筑点制作，脱模后放置在下一层楼梯口处，第5层C30混凝土同条件养护试件强度试验结果为28MPa。

【问题】

案例中同条件养护试件的做法有何不妥？并写出正确做法。第5层C30混凝土同条件养护试件的强度代表值是多少？

11. 某办公楼工程，地下1层，地上12层，总建筑面积24000m^2，筏板基础，框架剪力墙结构。合同履行过程中，发生了下列事件：

有一批次框架结构用的钢筋，施工总承包单位认为与上一批次已批准使用的是同一个厂家生产的，没有进行进场复验等质量验证工作，直接投入了使用。

【问题】

请问施工单位的做法是否妥当？列出钢筋质量验证时材质复验的主要内容。

12. 某办公楼工程，建筑面积45000m^2，钢筋混凝土框架-剪力墙结构，地下1层，地上12层，层高5m，抗震等级一级。

施工过程中，发生了下列事件：

事件一：项目部按规定向监理工程师提交调直后的HRB400E级Φ12mm钢筋复试报告。主要检测数据为：抗拉强度实测值561N/mm^2，屈服强度实测值460N/mm^2，实测重量0.816kg/m。(HRB400E级Φ12mm钢筋：屈服强度标准值400N/mm^2，极限强度标准值540N/mm^2，理论重量0.888kg/m。)

事件二：5层某施工段现浇结构尺寸检验批验收内容（部分）如下：

基础轴线允许偏差15mm，实测结果分别为10、2、5、7、16，单位mm。

柱、梁、墙轴线允许偏差8mm，实测结果分别为6、5、7、8、3、9、5、9、1、10，单位mm。

剪力墙轴线允许偏差5mm，实测结果分别为6、1、5、2、7、4、3、2、0、1，单位mm。

垂直度（层高≤5m）允许偏差8mm，实测结果分别为8、5、7、8、11、5、9、6、12、7，单位mm。

标高（层高）允许偏差±10mm，实测结果分别为5、7、8、11、5、7、6、12、8、7，单位mm。

【问题】

(1) 事件一中，计算钢筋的强屈比、屈强比（超屈比）、重量偏差（保留两位小数），并根据计算结果分别判断该指标是否符合要求。

(2) 事件二中，计算以上数据的允许偏差合格率。

第五章　预应力混凝土工程

学习要点

第一节　概　述

1. 预应力混凝土

其原理是在结构或构件承受设计荷载前，预先对混凝土受拉区施加压应力，以抵消使用荷载作用下的部分拉应力。

2. 施加预应力的目的

① 提高结构或构件的刚度和抗裂度；

② 增加结构的稳定性；

③ 充分发挥高强材料的作用；

④ 把散件拼装成整体。

3. 预应力混凝土结构的优点

与普通钢筋混凝土相比，构件截面小、自重轻、材料省、变形小、抗裂度高、耐久性好，有较高的综合经济效益。

4. 预应力混凝土的施工方法

(1) 按施工顺序分　先张法和后张法。

(2) 按预应力筋与混凝土的黏结状态分　有黏结预应力混凝土、无黏结预应力混凝土及缓黏结预应力混凝土。

5. 适用规范

《混凝土结构工程施工规范》(GB 50666—2011)、《预应力混凝土用钢丝》(GB/T 5223—2014)、《预应力混凝土用钢绞线》(GB/T 5224—2014)、《预应力混凝土用螺纹钢筋》(GB/T 20065—2016)、《预应力筋用锚具、夹具和连接器》(GB/T 14370—2015)、《预应力筋用锚具、夹具和连接器应用技术规程》(JGJ 85—2010)、《缓粘结预应力钢绞线》(JG/T 369—2012)。

第二节　先张法施工

预应力混凝土工程中先张拉钢筋，后浇筑混凝土的施工方法称为先张法。

优点：钢筋和混凝土之间黏结可靠度高、质量易保证、节省锚具、经济效益高。

缺点：生产占地面积大，养护要求高，必须有承载力强且刚度大的台座。

适用范围：构件厂生产中小型构件（楼板、屋面板、吊车梁、薄腹梁等）。

一、先张法施工设备

（一）台座

1. 要求

具有足够的强度、刚度和稳定性。

2. 形式

（1）墩式台座　适用于中小型构件，如屋架、空心板、平板等。其长度一般为 100～150m。

（2）槽式台座　生产吊车梁、屋架、箱梁等，易于蒸养。

（3）钢模台座　将制作构件的钢模板作为预应力筋的锚固支座。

（二）夹具

1. 锚固夹具

（1）圆套筒夹片式夹具　锚固单根直径 12～14mm 的预应力钢筋。

（2）镦头夹具　单根镦头夹具和镦头梳筋板夹具。用于锚固钢筋、钢丝。

2. 张拉夹具

常用的有钳夹式夹具、偏心式夹具和楔形夹具。

（三）张拉机械

常用液压千斤顶，有穿心式、拉杆式。

二、先张法施工工艺

（一）张拉预应力筋

1. 张拉程序

常用：$0 \rightarrow 1.05\sigma_{con}$（持荷 2min）$\rightarrow \sigma_{con}$；或 $0 \rightarrow 1.03\sigma_{con}$。

超张拉的目的：减少由于预应力筋松弛造成的预应力损失。

2. 控制应力及最大应力（表 5-1）

表 5-1　张拉控制应力和超张拉允许最大应力

预应力筋种类	σ_{con}（先张法）	σ_{con}（后张法）	σ_{max}
钢丝、钢绞线	$0.75f_{ptk}$	$0.75f_{ptk}$	$0.80f_{ptk}$
螺纹钢筋	—	$0.85f_{pyk}$	$0.90f_{pyk}$

注：f_{ptk}为极限抗拉强度标准值；f_{pyk}为屈服强度标准值。

3. 张拉要点

（1）采用应力控制方法张拉时，应校核预应力筋的伸长值。

当实际伸长值与计算伸长值的偏差超过±6%，应暂停张拉，查明原因并采取措施后再张拉。

计算伸长值：

$$\Delta L = F_p l/(A_p E_s)$$

式中，F_p为预应力筋的最大张拉力；l为预应力筋长度；A_p为预应力筋截面面积；E_s为预应力筋弹性模量。

(2) 单根张拉时，应从从台座中间向两侧进行（防止偏心而损坏台座）。多根成组张拉，初应力应一致。

(3) 张拉要缓慢进行，锚固松紧一致。

(4) 拉完的预应力筋位置偏差应≤5mm，且≤构件截面短边的4%。

(5) 冬施张拉时，温度不得低于－15℃。

(6) 应采取有效的安全防护措施，预应力筋两端正前方不得站人或有人穿越。

(7) 先张法预应力筋张拉锚固后，实际建立的预应力值与工程设计规定检验值的相对允许偏差为±5%。

预应力筋张拉力的计算

$$F_p=(1+m)\sigma_{con}A_p$$

式中，m 为超张拉百分数，%；σ_{con} 为张拉控制应力；A_p 为预应力筋截面面积。

（二）混凝土浇筑与养护

(1) 混凝土一次浇筑完成，混凝土强度等级不低于C30。

(2) 防止较大徐变和收缩：选收缩较小的水泥；控制水泥用量；水胶比≤0.50；级配良好；振捣密实。

(3) 防止碰撞、踩踏钢丝。

(4) 减少应力损失：非钢模台座，应进行二次升温养护。

（三）预应力筋放松

1. 条件

(1) 不应低于设计混凝土强度等级值的75%。

(2) 采用消除应力钢丝或钢绞线作为预应力筋的先张法构件，混凝土强度尚不应低于30MPa。

(3) 不应低于锚具供应商提供的产品技术手册要求的混凝土最低强度要求。

2. 放张方法

板类构件的钢丝或细钢筋用钢丝钳剪断或切割机锯断。

粗钢筋放张应缓慢，可用砂箱法、楔块法、千斤顶法等。

3. 放张顺序

(1) 轴心受压构件同时放张。

(2) 偏心受压构件先同时放张预压应力小区域的，再同时放张预应力大区域的。

(3) 其他构件，应分阶段、对称、相互交错地放张。

(4) 放张后，预应力筋的切断顺序，宜从张拉端开始依次切向另一端。

5-1 微课37
预应力结构工程（1）

5-2 4D微课
先张法施工

第三节 后张法施工

后张法是先制作构件或结构，待混凝土达到一定强度后，在构件或结构上张拉预应力的方法。

特点：不需要台座、灵活性大；但工序多、工艺复杂，锚具不能重复利用。

适用范围：生产大型构件、施工现场就地浇筑预应力结构。如构件制作，预制拼装，结构张拉。

一、锚具和张拉机具

（一）锚具

锚具是在后张法结构或构件中，为保持预应力筋拉力并将其传递到混凝土上用的永久性锚固装置。常用的锚具形式如下。

1. 支承式

（1）螺母锚具　单根粗钢筋，张拉端和非张拉端均可。

（2）镦头锚具　单根钢丝或钢丝束。

2. 夹片式

（1）块状夹片锚具（JM型）　由锚环与多个块状夹片组成，用于锚固3～6根直径12mm的钢筋束或4～6根直径12～15mm的钢绞线束。

（2）包裹式夹片锚固　由锚环与楔形夹片组成，用于钢绞线的锚固。

（3）多孔扁形锚具（BM型）　由扁锚头、扁形垫板、扁形喇叭管及扁形管道组成。

3. 握裹式

常用于钢绞线的固定端，常见的有挤压锚具和压花锚具。

4. 锥塞式

常见的有GZ型钢质锥形锚具，由钢质锚环和锚塞组成，用于锚固钢丝束。

（二）张拉机具

后张法张拉机具由液压千斤顶、高压油泵和外接油管三部分组成。液压千斤顶形式如下。

（1）穿心式千斤顶　用于螺杆锚具和镦头锚具。常用的型号有YC60型。

（2）拉杆式千斤顶　用于张拉螺丝端杆锚具为张拉锚具的粗钢筋、以锥形螺杆锚具为张拉锚具的钢丝束。常用的型号有YL-60型。

（3）锥锚式千斤顶　用于张拉使用KT-Z型锚具的钢筋束和钢绞线束，使用钢质锥形锚具的钢丝束。常用的型号有YZ38型。

（4）前置内卡式千斤顶　用于单根钢绞线张拉或多孔锚具单根张拉。

（5）大孔径穿心式千斤顶　主要用于群锚钢绞线束的整体张拉。

二、后张法有黏结预应力施工

（一）孔道留设

1. 要求

位置准确；内壁光滑；端部预埋钢板垂直于孔道轴线；直径、长度、形状满足设计要求。

2. 方法

（1）钢管抽芯法（≤29m的直线孔）

① 钢管应平直、光滑，安放位置准确。

② 每根长≤15m，每端伸出500mm。

③ 两根接长，中间用木塞及套管连接。

④ 用钢筋井字架固定，间距≤1m。

⑤ 浇筑混凝土后每10～15min转动一次。

⑥ 抽管时间为混凝土初凝后、终凝前。

⑦ 抽管次序先上后下，边转边拔。

(2) 胶管抽芯法（直线、曲线孔道）

① 钢筋井字架固定，间距≤0.5m。

② 抽管时间为200h·℃后。

③ 顺序：先上后下，先曲后直。

④ 曲线孔曲峰处设泌水管。

(3) 预埋波纹管法（直线、曲线孔道）　不需要抽管，施工方便、质量可靠，应用最为广泛。定位筋间距≤0.8m。

峰谷差＞300mm时，在波峰设排气孔，间距≤30m。

（二）预应力筋下料

1. 钢绞线束下料

采用夹片式锚具，钢绞线束的下料长度（L）：

两端张拉时：　$L=l+2(l_1+l_2+l_3+100)$

一端张拉时：　$L=l+2(l_1+100)+l_2+l_3$

其中，l为构件的孔道长度，对于抛物线形孔道长度l_p，可按$l_p=[1+8h^2/(3l^2)]l$计算。

其中，l_1为夹片式工作锚厚度；l_2为穿心式千斤顶长度；l_3为夹片式工具锚厚度；h为预应力筋抛物线的矢高。

2. 钢丝束下料

采取应力下料，控制应力取300N/mm²。

$$L=l+2(h+s)-K(H-H_1)-\Delta L-c$$

式中　l——构件的孔道长度；

h——锚杯底部厚度或锚杯厚度；

s——钢丝镦头留量，对Φ^b5取10mm；

K——系数，一端张拉时取0.5，两端张拉时取1.0；

H——锚杯高度；

H_1——螺母高度；

ΔL——钢丝束张拉伸长值；

c——张拉时构件混凝土的弹性压缩值。

下料后应进行编束，以免扭结缠绕。

（三）预应力筋张拉

1. 条件

结构混凝土强度符合设计要求或≥强度标准值的75%。

块体拼接者，立缝混凝土或砂浆符合设计或≥块体混凝土强度的40%，且≥15N/mm²。

后张法预应力梁和板，现浇结构混凝土的龄期分别不宜小于7d和5d。

2. 张拉控制应力和超张拉最大应力

同先张法。

3. 张拉顺序

(1) 配有多根钢筋或多束钢丝的构件　分批对称张拉。

(2) 楼盖　板→次梁→主梁。

(3) 叠浇构件　自上而下逐层张拉，逐层加大拉应力，但顶底差值≤5%。

4. 张拉方式

可采用一端或两端张拉。采用两端张拉时，宜两端同时张拉，也可一端先张拉锚固，另一端补张拉。当设计无具体要求时，应符合下列规定：

（1）有黏结预应力筋长度不大于20m时，可一端张拉，大于20m时，宜两端张拉；

（2）预应力筋为直线形时，一端张拉的长度可延长至35m。

5. 张拉程序

同先张法。

（四）孔道灌浆

1. 目的

防止预应力筋生锈、提高预应力筋与混凝土间的黏结力，有利于结构的整体性和耐久性。

2. 基本要求

孔道灌浆应饱满、密实、及早进行。

水泥浆应具备强度高、黏结力大、流动性大、干缩性及泌水性小等特点。

① 水泥选用≥42.5级的普通硅酸盐水泥；

② 水泥浆抗压强度≥30MPa；

③ 水灰比为0.4左右，≤0.45；

④ 采用普通灌浆工艺时，稠度宜控制在12～20s，采用真空灌浆工艺时，稠度宜控制在18～25s；

⑤ 搅拌3h后泌水率≤1%，且在24h内被水泥浆全部吸收；

⑥ 宜掺无腐蚀性外加剂（膨胀剂、减水剂）；

⑦ 孔道湿润、洁净，由下层孔到上层孔进行灌注；

⑧ 灌满孔道并封闭排气孔后，加压0.5～0.7MPa，稳压1～2min后封闭灌浆孔；

⑨ 较长孔道宜采用真空辅助注浆法。

5-3 微课38
预应力结构工程（2）

5-4 4D微课
后张法施工

三、后张无黏结预应力施工

后张无黏结预应力混凝土是在浇筑混凝土前，把无黏结预应力筋安装固定在模板内，然后再浇筑混凝土，待混凝土达到设计强度时，即可进行张拉。

特点：施工简单，避免了预留孔道、穿预应力筋以及灌浆等工序；预应力完全依靠锚具传递，对锚具要求高。现浇楼板中应用较为广泛。

1. 无黏结筋的制作

无黏结预应力筋由预应力筋、涂料层和护套组成。

涂料层：具有良好的化学稳定性，对周围材料无侵蚀作用；不透水、不吸湿，抗腐蚀性能强；润滑效果好，摩擦阻力小；在规定温度范围内（－20～70℃）不流淌，低温不脆化。

护套材料：具有足够的韧性，抗磨性及抗冲击性；防水性及抗腐蚀性强；对周围材料无侵蚀作用，低温不脆化，高温化学稳定性好。

2. 铺设无黏结预应力筋

（1）条件　其他钢筋安装后。

（2）顺序　纵横交叉者，先低后高。

（3）就位固定　垂直位置，宜用支撑钢筋或钢筋马凳控制，间距1～2m；水平位置应保持顺直，在支座部位可直接绑扎在梁或墙的顶部钢筋上。

（4）张拉端固定　在张拉端模板上钻孔；张拉端承压板用钉子固定在模板上；曲线筋或折线筋末端

的切线与承压板垂直；曲线段应有≥300mm 的直线段。塑料穴模或泡沫塑料等形成凹口。

3. 张拉

混凝土楼盖结构，先张拉楼板，后张拉楼面梁。板中无黏结筋可依次张拉，梁中无黏结筋对称张拉。无黏结预应力筋长度≤40m 一端张拉；无黏结预应力筋长度>40m，两端张拉。

4. 端部处理

（1）切割工具：手提砂轮锯。

（2）外露长度≥30mm。

（3）凹入式锚固区用微膨胀混凝土或低收缩防水砂浆密封；凸出式锚固区采用外包钢筋混凝土圈梁封闭。

（4）锚具保护层厚度≥50mm。

（5）外露预应力筋的保护层厚度≥20mm（正常环境）；或≥50mm（易腐蚀环境）。

四、后张缓黏结预应力施工

1. 作用机理

在预应力筋的外侧包裹一种特殊的缓凝砂浆或胶黏剂，这种胶黏剂在5～40℃密闭条件下，能够根据工程实际需要，在一定时期内不凝结，以满足施工现场张拉预应力筋的时间要求。其后开始逐渐硬化，并对预应力筋产生握裹保护作用，并能最终达到一定的抗压强度。

2. 优点

（1）布筋自由、使用方便、无须孔道的设置和灌浆。

（2）张拉前施工简便、截面小、张拉阻力小。

（3）后期构件整体性好、锚固能力及抗腐蚀性强。

习题及解答

一、填空题

1. 预应力混凝土按其施工顺序分为________和________。

2. 预应力混凝土用钢绞线根据加工要求不同可分为________、________和模拔钢绞线。

3. 无黏结预应力筋由预应力筋、________和________组成。

5-5 填空题解答

4. 常用的锚固夹具有________夹具和________夹具。

5. 先张法预应力工程施工中所用的台座，按照构造形式不同可分为________台座、________台座和________台座。

6. 槽式台座的主要承力结构是________。

7. 在先张法中，生产吊车梁等张拉力和倾覆力矩都较大预应力混凝土构件时，通常采用________台座。

8. 先张法中用于预应力筋张拉和临时锚固的工具是________。

9. 先张法中所用的夹具，按用途不同可分为________夹具和________夹具。

10. 预应力工程中常用的锚具有支承式、________式、________式和________式等具体形式。

11. 夹片式锚具按夹持预应力筋的形式分为________夹片锚具和________夹片锚具两类。

12. 连接器按照使用部位的不同，可分为________连接器和________连接器。

13. 后张法张拉设备一般由________、________和________三部分组成。

14. 常用的液压千斤顶有________、________、锥锚式千斤顶、前置内卡式千斤顶。

15. 先张法中，预应力筋张拉完毕后，其位置偏差不得大于________，且不得大于预应力构件截面短边长的________。

16. 冬期施工张拉预应力筋，环境温度不得低于________。

17. 后张法预应力混凝土工程根据预应力筋与周围混凝土的作用关系分为________预应力工程、________预应力工程、________预应力工程。

18. 后张法预应力混凝土工程施工中，留设孔道的方法有________法、________法和________法。

19. 后张法施工中，对于长度大于________m的曲线预应力筋和长度大于________m的直线预应力筋，应两端张拉；当预应力筋长度超过________m时，宜采取分段张拉和锚固措施。

20. 后张法采用精轧螺纹钢筋作为预应力时，其张拉控制应力取其屈服强度标准值的________倍。

21. 对现浇预应力混凝土楼盖，宜先________、________，再张拉主梁预应力筋。

22. 对预制屋架等叠浇构件，应从________至________逐榀张拉，逐层________拉应力，但顶底相差不得超过________。

23. 有黏结预应力混凝土施工中，孔道灌浆工序中所配置的水泥浆常采用强度等级不低于________的________水泥，水灰比不得大于________。

24. 钢质锥形锚具由________和________组成，是用来锚固________的一种楔紧式锚具。

25. 对于孔道成型的基本要求是：孔道的________必须准确，孔道应平顺，接头应严密，端部预埋钢板应与________垂直。

26. 有黏结预应力混凝土施工中，孔道灌浆前应对锚具空隙等漏浆处采用高强度水泥浆或结构胶封堵，封堵材料的抗压强度大于________MPa时方可灌浆。

27. 孔道灌浆的作用，一是________，二是________，以控制裂缝的开展并减轻梁端锚具的负担。

28. 留设曲线预应力筋孔道时，应在每个波峰处设置________，其间距不大于________m。

29. 有黏结预应力混凝土施工中，孔道灌浆顺序宜先灌________孔道，后灌________孔道，以免漏浆堵塞。直线孔道灌浆，应从构件的一端到另一端；曲线孔道灌浆，应从________处开始向________进行。

30. 无黏结预应力筋张拉锚固完成之后，应保证其外露长度不小于________mm。切除多余的预应力筋时，宜用________切割，不得用________切割。

31. 根据预应力筋应力损失发生的时间，预应力损失可分为________和________。

32. 锚具的保护层厚度不应小于________mm；预应力筋的保护层厚度，在正常环境下，不小于________mm，易受腐蚀环境下，不小于________mm。

二、单项选择题

5-6 单项选择题解析

1. 墩式台座的主要承力结构为（　　）。

A. 台面　　B. 台墩
C. 钢横梁　　D. 预制构件

2. 下列属于支承式锚具的是（　　）。

A. JM 锚具　　B. BM 锚具
C. 压花锚具　　D. 螺母锚具

3. 对于钢绞线，先张法及后张法的张拉控制应力分别为（　　）。

A. $0.70f_{ptk}$，$0.65f_{ptk}$　B. $0.75f_{ptk}$，$0.85f_{ptk}$　C. $0.75f_{ptk}$，$0.75f_{ptk}$　D. $0.95f_{ptk}$，$0.9f_{ptk}$

4. 在先张法预应力筋放张时，构件混凝土强度不得低于强度标准值的（　　）。

A. 25%　B. 50%　C. 75%　D. 100%

5. 下列有关先张法预应力筋放张顺序，说法错误的是（　　）。

A. 拉杆的预应力筋应同时放张　B. 梁应先同时放张预压力较大区域的预应力筋
C. 桩的预应力筋应同时放张　D. 板类构件应从板外边向里对称放张

6. 在各种预应力筋放张的方法中，不正确的是（　　）。

A. 缓慢放张，防止冲击　B. 多根钢丝同时放张

C. 多根粗筋依次逐根放张　　D. 配筋少的钢丝逐根对称放张

7. 下列锚具中属于块状夹片式锚具的是（　　）。

A. BM 型锚具　　B. QM 型锚具　　C. XM 型锚具　　D. JM 型锚具

8. 下列锚具属于锥塞式锚具的是（　　）。

A. JM 型锚具　　B. 镦头锚具　　C. GZ 型锚具　　D. XM 型锚具

9. 下列对 JM 型锚具描述正确的是（　　）。

A. 夹片数与所锚固的钢绞线数相等　　B. 夹片数大于所锚固的钢绞线数

C. 夹片数小于所锚固的钢绞线数　　D. 可以锚固任意根数的钢绞线

10. 属于钢丝束锚具的是（　　）。

A. 螺丝端杆锚具　　B. 帮条锚具　　C. 螺母锚具　　D. 镦头锚具

11. 不属于后张法预应力筋张拉设备的是（　　）。

A. 液压千斤顶　　B. 高压油泵　　C. 卷扬机　　D. 压力表

12. 只适用于留设直线孔道的是（　　）。

A. 钢管抽芯法　　B. 胶管抽芯法　　C. 预埋管法　　D. B 和 C

13. 采用钢管抽芯法留设孔道时，抽管时间宜为混凝土（　　）。

A. 达到 30%设计强度　　B. 初凝前　　C. 初凝后，终凝前　　D. 终凝后

14. 采用埋管法留设孔道的预应力混凝土梁，其预应力筋可一端张拉的是（　　）。

A. 28m 长弯曲孔道　　B. 30m 长直线孔道　　C. 22m 长弯曲孔道　　D. 36m 长直线孔道

15. 孔道灌浆所不具有的作用是（　　）。

A. 保护预应力筋　　B. 控制裂缝开展　　C. 减轻梁端锚具负担　　D. 提高预应力值

16. 用于孔道灌浆的材料性能如下，不符合要求的是（　　）。

A. 用 42.5 级普通硅酸盐水泥拌制水泥浆　　B. 水泥浆的水灰比为 0.5

C. 砂浆强度为 $35N/mm^2$　　D. 搅拌后 4h 水泥浆的泌水率为 0.5%

17. 无黏结预应力筋张拉时，通常采用（　　）。

A. 拉杆式千斤顶　　B. 穿心式千斤顶　　C. 锥锚式千斤顶　　D. 前卡式千斤顶

18. 有关无黏结预应力的说法，错误的是（　　）。

A. 属于先张法　　B. 靠锚具传力

C. 对锚具要求高　　D. 适用曲线配筋的结构

19. 在施工工艺方面，无黏结预应力与后张法有黏结预应力不同的地方是（　　）。

A. 孔道留设　　B. 张拉力　　C. 张拉程序　　D. 张拉伸长值校核

20. 某现浇框架结构中，厚度为 150mm 的多跨连续预应力混凝土楼板，其预应力施工宜采用（　　）。

A. 先张法　　B. 铺设无黏结预应力筋的后张法

C. 预埋螺旋管留孔道的后张法　　D. 钢管抽芯预留孔道的后张法

21. 预应力混凝土是在结构或构件的（　　）预先施加压应力而成的。

A. 受拉区　　B. 受压区　　C. 中心线处　　D. 中性轴处

22. 预应力先张法施工适用于（　　）。

A. 现场大跨度结构施工　　B. 构件厂生产大跨度构件

C. 构件厂生产中、小型构件　　D. 现场构件的组拼

23. 先张法施工时，当混凝土强度至少达到设计强度标准值的（　　）时，方可放张。

A. 50%　　B. 75%　　C. 85%　　D. 100%

24. 后张法施工较先张法的优点是（　　）。

A. 不需要台座、不受地点限制　　B. 工序少

C. 工艺简单　　D. 锚具可重复利用

25. 无黏结预应力的特点是（　　）。

A. 需留孔道和灌浆　　B. 张拉时摩擦阻力大
C. 易用于多跨连续梁板　　D. 预应力筋沿长度方向受力不均

26. 无黏结预应力筋应（　　）铺设。
A. 在非预应力筋安装前　　B. 与非预应力筋安装同时
C. 在底部非预应力筋安装完成后　　D. 按照标高位置从上向下

27. 曲线铺设的预应力筋应（　　）。
A. 一端张拉　　B. 两端分别张拉
C. 一端张拉后另一端补强　　D. 两端同时张拉

28. 无黏结预应力筋张拉时，滑脱或断裂的数量不应超过结构同一截面预应力筋总量的（　　）。
A. 1%　　B. 2%　　C. 3%　　D. 5%

29. 对台座的台面进行验算是（　　）。
A. 强度验算　　B. 抗倾覆验算　　C. 承载力验算　　D. 挠度验算

30. 预应力后张法施工适用于（　　）。
A. 现场制作大跨度预应力构件　　B. 构件厂生产小型预应力构件
C. 构件厂生产中小型预应力构件　　D. 用台座制作预应力构件

31. 无黏结预应力施工时，一般待混凝土强度达到立方体试块强度标准值的（　　）时，方可放松预应力筋。
A. 50%　　B. 75%　　C. 90%　　D. 100%

32. 预应力混凝土先张法施工（　　）。
A. 需留孔道和灌浆　　B. 张拉时摩擦阻力大
C. 适于构件厂生产中小型构件　　D. 无须台座

33. 先张法预应力混凝土构件是利用（　　）使混凝土具有预应力的。
A. 通过钢筋热胀冷缩　　B. 张拉钢筋
C. 通过端部锚具　　D. 混凝土与预应力的黏结力

34. 有黏结预应力混凝土的施工流程是（　　）。
A. 孔道灌浆→张拉钢筋→浇筑混凝土　　B. 张拉钢筋→浇筑混凝土→孔道灌浆
C. 浇筑混凝土→张拉钢筋→孔道灌浆　　D. 浇筑混凝土→孔道灌浆→张拉钢筋

35. 下列不是孔道留设施工方法的是（　　）。
A. 钢管抽芯法　　B. 预埋波纹管法　　C. 沥青麻丝法　　D. 胶管抽芯法

36. 对配有多根预应力钢筋的构件，张拉时应注意（　　）。
A. 分批对称张拉　　B. 分批不对称张拉　　C. 分段张拉　　D. 不分批对称张拉

37. 后张法施工时，为减少预应力钢筋松弛损失，通常采用超张拉，施工程序可为（　　）。
A. $0\to1.05\sigma_{con}$（持荷2min）$\to\sigma_{con}$　　B. $0\to1.03\sigma_{con}$（持荷2min）$\to\sigma_{con}$
C. $0\to1.10\sigma_{con}$（持荷2min）$\to\sigma_{con}$　　D. $0\to1.05\sigma_{con}$

38. 单根粗钢筋预应力筋的制作工艺是（　　）。
A. 下料→冷拉→对焊　　B. 冷拉→下料→对焊
C. 下料→对焊→冷拉　　D. 对焊→冷拉→下料

39. 预应力孔道灌浆用水泥浆的水胶比不应大于（　　）。
A. 0.40　　B. 0.45　　C. 0.50　　D. 0.55

40. 关于预应力工程施工的方法，正确的是（　　）。
A. 都使用台座　　B. 都预留预应力孔道
C. 都采用放张工艺　　D. 都使用张拉设备

5-7 多项选择题解析

三、多项选择题

1. 预应力混凝土和普通混凝土相比，其优点是（　　）。

A. 构件截面小　B. 承载力高　C. 可使用低强度等级混凝土
D. 抗裂度高　E. 刚度大和耐久性好

2. 某批混凝土为 C40 的构件，采用先张法施工，现混凝土达到如下强度，满足条件的是（　）。
A. 20MPa　B. 25MPa　C. 30MPa　D. 35MPa　E. 40MPa

3. 预应力后张法施工的特点是（　）。
A. 直接在构件或结构上张拉　B. 锚具费用低　C. 不需要台座
D. 适用于现场施工大型预应力构件　E. 可作为预制构件拼装的手段

4. 下列属于后张法预应力混凝土工序的有（　）。
A. 台座准备　B. 安装模板　C. 埋管制孔　D. 放张　E. 穿筋

5. 下列材料可作为预应力筋使用的是（　）。
A. 碳素钢丝　B. HPB300 级钢筋　C. 刻痕钢绞线
D. 精轧螺纹钢筋　E. 无黏结预应力筋

6. 下列属于张拉夹具的是（　）。
A. 钳式夹具　B. 圆套筒夹片式夹具　C. 楔形夹具
D. 镦头夹具　E. 偏心式夹具

7. 下列锚具中属于握裹式锚具的是（　）。
A. OVM 型锚具　B. 压花锚具　C. 镦头锚具
D. GZ 型钢质锥形锚具　E. 挤压锚具

8. 用于锚固钢丝束的锚具主要有（　）。
A. 镦头锚具　B. 螺母锚具　C. 钢质锥形锚具　D. 压花锚具　E. 挤压锚具

9. 预应力混凝土后张法施工，使用的张拉机具有（　）。
A. 电动螺杆张拉机　B. 拉杆式千斤顶　C. 穿心式千斤顶
D. 前卡式千斤顶　E. 锥锚式千斤顶

10. 对后张法施工中孔道成型的基本要求，正确的是（　）。
A. 孔道位置和尺寸正确　B. 孔道应平直　C. 灌浆孔位置正确
D. 接头应严密不漏浆　E. 端部预埋钢板与孔道中心线应垂直

11. 后张法施工中常用孔道留设的方法有（　）。
A. 钢管抽芯法　B. 预埋套管法　C. 胶管抽芯法　D. 预埋波纹管法　E. 钻孔法

12. 留设孔道时，波纹管的连接、安装与固定，正确的有（　）。
A. 采用同号型波纹管做接头管　B. 必须固定波纹管后才可穿预应力筋
C. 波纹管安装就位后采用钢筋托架固定　D. 钢筋托架每 0.8m 放置一个
E. 安装时以孔中心为准定出波纹管曲线位置

13. 后张法施工考虑预应力松弛损失时，预应力筋张拉程序正确的是（　）。
A. $0 \rightarrow \sigma_{con}$ 锚固　B. $0 \rightarrow 1.03\sigma_{con}$ 锚固　C. $0 \rightarrow 1.03\sigma_{con} \rightarrow \sigma_{con}$ 锚固
D. $0 \rightarrow 1.05\sigma_{con}$ 锚固　E. $0 \rightarrow 1.05\sigma_{con}$ 持荷 2min $\rightarrow \sigma_{con}$ 锚固

14. 无黏结预应力的工艺特点是（　）。
A. 无须留设孔道与灌浆　B. 施工简便　C. 对锚具要求低
D. 预应力筋易弯曲成所需形状　E. 摩擦阻力损失小

15. 为减少预应力混凝土的收缩和徐变，可采取的措施有（　）。
A. 采用矿渣水泥　B. 控制水泥用量　C. 加入微膨胀剂
D. 控制骨料级配　E. 降低水灰比

16. 螺栓端杆锚具的组成部分包括（　）。
A. 螺栓端杆　B. 螺母　C. 垫板　D. 锚塞　E. 锚环

17. 后张法施工，用冷拉粗钢筋作为预应力钢筋，在下料长度计算时应考虑（　）。

A. 锚具类型　B. 对焊接头的压缩量　C. 孔道长度
D. 钢筋的弹性模量　E. 钢筋冷拉率和弹性回缩率

18. 如下长度的无黏结曲线预应力筋，应采用两端张拉的是（　）。
A. 28m 长弯曲孔道　B. 30m 长直线孔道　C. 22m 长弯曲孔道
D. 36m 长直线孔道　E. 18m 长直线孔

19. 对于预应力先张法，以下说法正确的是（　）。
A. 在浇筑混凝土之前先张拉预应力钢筋并固定在台座或钢摸上
B. 浇筑混凝土后养护至一定强度放松钢筋
C. 借助混凝土与预应力钢筋的黏结力，使混凝土产生预压应力
D. 常用于生产大型构件
E. 也可以用于现场结构施工

20. 后张法施工的优点是（　）。
A. 经济　B. 不受地点限制　C. 不需要台座
D. 锚具可重复利用　E. 工艺简单

21. 无黏结预应力混凝土的施工方法（　）。
A. 为先张法与后张法结合　B. 工序简单　C. 属于后张法
D. 属于先张法　E. 不需要预留孔道和灌浆

22. 无黏结预应力施工的主要内容是（　）。
A. 预应力筋表面刷涂料　B. 无黏结预应力筋的铺设
C. 张拉　D. 端部锚头处理　E. 预留孔道和灌浆

23. 关于先张法与后张法不同点的说法，正确的有（　）。
A. 张拉机械不同
B. 张拉控制应力不同
C. 先张法的锚具可取下来重复使用，后张法则不能
D. 施工工艺不同
E. 先张法适用于生产大型预应力混凝土构件，后张法适用于生产中小型构件

24. 后张法有黏结预应力施工中，在留设预应力筋孔道的同时，还应按要求合理留设（　）。
A. 观测孔　B. 加压孔　C. 灌浆孔　D. 排气孔　E. 泌水孔

25. 无黏结预应力混凝土构件的主要施工工序有（　）。
A. 预留孔道　B. 预应力筋的铺设就位
C. 混凝土浇筑、养护　D. 预应力筋的张拉、锚固
E. 孔道灌浆

26. 预应力孔道应根据工程特点设置（　）。
A. 排气孔　B. 排水孔　C. 泌水孔　D. 透气孔　E. 灌浆孔

27. 无黏结预应力施工包含的工序有（　）。
A. 预应力筋下料　B. 预留孔道　C. 预应力筋张拉　D. 孔道灌浆　E. 锚头处理

28. 关于后张预应力混凝土梁模板拆除的说法，正确的有（　）。
A. 梁侧模应在预应力张拉前拆除　B. 梁侧模应在预应力张拉后拆除
C. 混凝土强度达到侧模拆除条件可拆除侧模　D. 梁底模应在预应力张拉前拆除
E. 梁底模应在预应力张拉后拆除

四、术语解释

1. 预应力混凝土　4. 无黏结预应力混凝土
2. 先张法　5. 锚具
3. 后张法

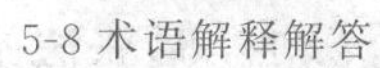
5-8 术语解释解答

五、问答题

5-9 问答题解答

1. 先张法施工过程有哪些？
2. 对先张法预应力筋放张的时间有哪些要求？
3. 简述后张法的施工过程。
4. 预应力钢筋张拉和钢筋冷拉的目的与控制应力各有什么区别？
5. 锚固夹具与锚具有哪些异同点？
6. 简述后张法中预应力筋张拉的程序及超张拉的目的。
7. 简述先张法中预应力筋放张顺序要求。
8. 试述后张法预应力筋的张拉顺序要求。
9. 简述施加预应力的目的。
10. 简述后张法预应力施工的孔道留设质量要求。
11. 简述无黏结预应力混凝土的特点。
12. 简述后张法预应力孔道灌浆施工过程。
13. 简述后张缓黏结预应力的优点。
14. 简述先张法预应力混凝土放张预应力筋的顺序。
15. 简述灌浆施工的基本要求。
16. 简述灌浆用水泥浆的基本要求。

六、计算题

5-10 计算题解答

1. 现有一批采用后张法制作的屋架，下弦 4 根预应力筋为直径 20mm 的 PSB830 精轧螺纹钢筋，其剖面图尺寸如图 5-1 所示，已知预应力筋的公称截面面积 $A_n=341.4\text{mm}^2$。

试求：(1) 预应力筋张拉控制应力 σ_{con}；

(2) 确定张拉程序并计算单根预应力筋的张拉力。

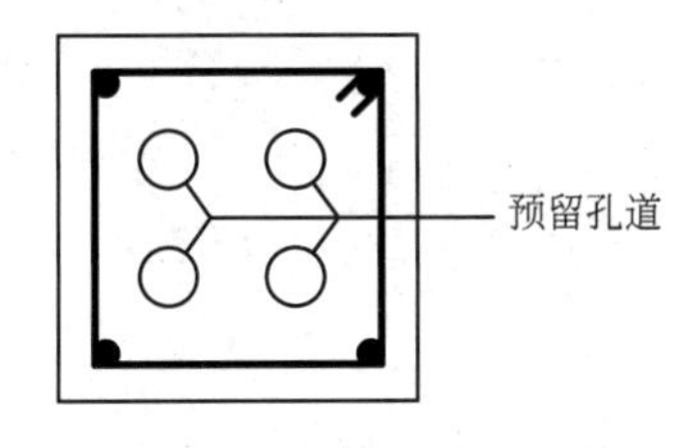

图 5-1　某屋架下弦剖面

2. 某工程采用先张法施工，已知长线台座长度为 21m，张拉千斤顶长度（含所需外露预应力筋长度）为 1.1m，固定端所需长度为 0.4m，预应力筋直接在台座钢横梁上张拉和锚固，试求每根预应力筋的下料长度。

3. 某预应力构件采用有黏结后张法施工，其预应力孔道为抛物线形，孔道水平长度为 21.3m，孔道抛物线矢高 1.2m，采用钢绞线束作为预应力筋，利用 YCQ100 型千斤顶两端张拉，其外形尺寸为 258mm×440mm，其夹片式工具锚厚度为 60mm，工作锚厚度为 70mm，请计算钢绞线束下料长度。

4. 某工程 20m 空心板梁，采用先张法施工，设计采用标准强度 $f_{ptk}=1860\text{MPa}$ 的高强低松弛钢绞线，公称面积 $A_g=140\text{mm}^2$；弹性模量 $E_g=1.95\times10^5\text{MPa}$。采用 $0\rightarrow1.03\sigma_{con}$ 程序进行张拉（其中控制应力 $\sigma_{con}=0.75f_{ptk}$）。为保证施工符合设计要求，施工中采用油压表读数和钢绞线拉伸量测定值双控制，实测张拉力为 210kN，伸长值为 154mm。

请确定：

(1) 单根钢绞线最大张拉端控制力和钢绞线理论伸长量。

(2) 判断该钢绞线张拉是否符合规范要求。

5. 用先张法工艺制作某构件，采用直径 7mm 的高强钢丝作预应力筋，其标准强度值 $f_{ptk}=1470\text{MPa}$，使用梳筋板镦头夹具，每次张拉 6 根，张拉程序为 $0\rightarrow1.03\sigma_{con}$，其中控制应力 $\sigma_{con}=0.75f_{ptk}$。

请确定：(1) 根据规定的控制应力求每次张拉力最大值。

(2) 若该构件的混凝土强度等级为 C40，则构件放张时至少应达到的强度是多少？

七、案例分析

5-11 案例分析参考答案

1. 某企业新建办公楼工程，地下 1 层，地上 16 层，建筑高度 55m，地下建筑面积 $2000m^2$，总建筑面积 $21000m^2$，现浇混凝土框架结构。其中 1 层大厅高 12m，长 32m，大厅处有 3 道后张预应力混凝土梁。

大厅后张预应力混凝土梁浇筑完成 25d 后，生产经理凭经验判定混凝土强度已达到设计要求，随即安排作业人员拆除了梁底模板并准备进行预应力张拉。

【问题】

预应力混凝土梁底模板拆除工作有哪些不妥之处？并说明理由。

2. 某新建体育馆工程，建筑面积约 $2300m^2$，现浇钢筋混凝土结构，钢结构网架屋盖，地下 1 层，地上 4 层，地下室顶板设计有后张法预应力混凝土梁。

地下室顶板同条件养护试件强度达到设计要求时候，施工单位现场生产经理立即向监理工程师口头申请拆除地下室顶板模板，监理工程师同意后，现场将地下室顶板模板及支架全部拆除。

【问题】

监理工程师同意地下室顶板拆模是否正确？背景资料中地下室顶板预应力梁拆除底模及支架的前置条件有哪些？

第六章 结构安装工程

学习要点

第一节 概 述

1. 结构安装

利用起重机械将预制构件或组合单元安装到设计位置上的施工过程。

2. 施工特点

(1) 预制构件的类型及质量直接影响吊装进度。

(2) 吊装方法及起重机械的选择是关键。

(3) 应对构件或结构进行吊装强度和稳定性验算。

(4) 高空作业多，应制订有效技术措施，加强安全管理。

3. 常用规范

《建筑施工起重吊装工程安全技术规范》(JGJ 276—2012)、《混凝土结构工程施工规范》(GB 50666—2011)、《钢结构工程施工规范》(GB 50755—2012) 等。

第二节 起重机械与设备

一、自行杆式起重机

1. 履带式起重机

(1) 优点　对场地、路面要求不高；操作灵活，机身可 360°回转；可负荷行驶。

(2) 缺点　行驶慢，对路面有破坏，稳定性差。

(3) 技术性能参数　起重量 Q、起重半径 R 和起重高度 H。三个参数相互制约，其数值的变化取决于起重臂的长度及其仰角的大小。关系：臂长 L 一定时，$R\uparrow$，$Q\downarrow$、$H\downarrow$；$R\downarrow$，$Q\uparrow$、$H\uparrow$。

其主要技术性能可查有关手册中的起重机性能表或起重机曲线。

(4) 常用型号　W_1-50、W_1-100、W_1-200。

【例 6-1】 屋架重 7.2t，现用 W_1-100 型履带式起重机进行吊装至高 18.6m 的柱顶，试确定吊装屋架时的 R_{max} 为多少？

解：首先确定臂长 L，由表 6-1 可知：起重臂长 13m 时的最大起重高度为 11m，不符合题意；起重臂 27m 时，最大起重量为 5t，也不符合题意。

因此，只能选臂长为 23m。

查表 6-1：当起重高度 H=18.6m 时，起重半径 R=11m

起重量 Q=7.2t 时，R=7m

所以起吊时的最大半径为 11m。

表 6-1 W_1-100 型履带式起重机起重特性

R/m	臂长 13m		臂长 23m		臂长 27m		臂长 30m	
	Q/t	H/m	Q/t	H/m	Q/t	H/m	Q/t	H/m
4.5	15.0	11						
5	13.0	11						
6	10.0	11						
6.5	9.0	10.9	8.0	19				
7	8.0	10.8	7.2	19				
8	6.5	10.4	6.0	19	5.0	23		
9	5.5	9.6	4.9	19	3.8	23	3.6	26
10	4.8	2.2	4.2	18.9	3.1	22.9	2.9	25.9
11	4.0	7.8	3.7	18.6	2.5	22.6	2.4	25.7
12	3.7	6.5	3.2	18.2	2.2	22.2	1.9	25.4
13			2.9	17.8	1.9	22	1.4	25
14			2.4	17.5	1.5	21.6	1.1	24.5
15			2.2	17	1.4	21	0.9	23.8
17			1.7	16				

2. 汽车式起重机

（1）优点 行驶速度快，机动性能好，对路面破坏小。

（2）缺点 吊装时必须支腿，不能负荷行驶。

3. 轮胎式起重机

（1）优点 轮胎行驶，速度较快；对路面破坏小；起重量小时可负重行驶。

（2）缺点 对路面要求高，起重量大时必须用撑脚。

4. 全路面式起重机

起重能力强、行驶速度快、爬坡性能好、能实现全轮转向；起重量小不用支腿。

二、塔式起重机

1. 特点

起重臂安装在顶部，能最大限度靠近建筑物，可 360°回转，有效高度和工作空间大，司机视野好，使用安全。

2. 性能参数

起重量 Q、起重高度 H、回转半径 R、起重力矩 M。

3. 类型

按架设形式分：轨行式、附着式、固定式、内爬式。

按变幅形式分：小车变幅、动臂变幅、折臂变幅等。

（1）轨行式　将固定式塔机安装在轨道上。

① 特点：使用灵活，服务范围大；稳定性较差。

② 适用范围：长度大、进深小的多层建筑。

（2）附着式　直接固定在建筑物近旁的混凝土基础上，安装完一个基本高度后，通过自身的自升系统向上接高塔身。

① 特点：每隔 20m 左右将塔身与建筑物附着联结，增加塔身的刚度，提高稳定性。

② 适用范围：高层建筑施工。

（3）内爬式　安装在建筑物内部结构上的起重机。能够通过自身的提升或液压顶升系统，随建筑物升高而向上爬升。

① 特点：体积小、不占施工场地、起升高度大、覆盖范围和起重能力大。

② 适用范围：现场狭窄的高层建筑或高耸构筑物施工。

三、桅杆式起重机

1. 特点

制作简单、就地取材、服务半径小、起重量大。

2. 适用范围

用于安装工程量集中且构件较重的工程。

3. 类型

（1）独脚拔杆　起重时拔杆保持≤10°的倾角。

（2）人字拔杆　两杆夹角不宜超过 30°，起重时拔杆向前倾斜度不得超过 10°。优点是侧向稳定性好；缺点是构件起吊后活动范围小。

（3）悬臂拔杆　起重高度和工作空间较大，但起重量较小。

（4）牵缆式桅杆起重机　具有较大的起重半径，起重量大且操作灵活。

四、起重索具设备

（一）卷扬机

1. 分类

（1）快速卷扬机　主要用于垂直、水平运输和打桩作业。

（2）慢速卷扬机　主要用于结构吊装。

2. 使用注意事项

（1）缠绕在卷筒上的钢丝绳至少应留 5 圈。

（2）距构件安装处的水平距离≥15m。

（3）司机视仰角＜30°。

（4）钢丝绳应水平地从筒下引入。

（5）距前面第一个导向滑轮≥20 倍的卷筒长度。

（6）钢丝绳尽量不穿越道路。

(7) 可靠固定，防止滑动和倾覆。

(二) 钢丝绳

1. 钢丝绳表示方式

通常以“股数×每股丝数+芯数”表示。如“6×19+1”表示该钢丝绳共有6股钢丝，每股有19根钢丝，中间有1根绳芯。

每股钢丝越多，绳的柔性越好。

2. 容许拉力

$$S \leqslant P/K = R \cdot a/K$$

式中 P——绳破断拉力；

R——钢丝绳的钢丝破断拉力总和；

a——受力不均匀系数（6×19取0.85、6×37取0.82、6×61取0.8）；

K——安全系数（缆风绳取3.5，起重钢丝绳取5～6，捆绑吊索取8～10）。

【例6-2】 有一钢丝绳为6×19+1，其极限抗拉强度为1.7kN/mm²，直径D=21.5mm。

(1) 请说明“6×19+1”的含义。

(2) 用其吊装构件（安全系数为6，受力不均匀系数为0.85），试计算其允许拉力。

(3) 若重物重62kN，至少应选用多大直径的钢丝绳？

表6-2 6×19+1钢丝绳的主要数据表

直径/mm		钢丝绳总断面积/mm²	钢丝绳破断拉力总和 R/N
钢丝绳	钢丝		
20	1.3	151.24	257000
21.5	1.4	175.40	298000
23	1.5	201.35	342000
24.5	1.6	229.09	389000
26	1.7	258.63	439500
28	1.8	289.95	492500

解：

(1)“6×19+1”表示该钢丝绳有6股钢丝，每股有19根钢丝，中间加一根绳芯。

(2) 查表6-2得钢丝绳的破断拉力总和：R=298kN

钢丝绳允许拉力：$S=R\times0.85/K=298\times0.85/6=42.22$(kN)

(3) 钢丝绳的破断拉力总和：$R=KS/0.85=62\times6/0.85=437.65$(kN)

查表6-2得知：选择直径D=26mm的钢丝绳，其破断拉力总和为439.5kN，大于437.65kN。

3. 使用注意

滑轮直径$D \geqslant (10 \sim 12)d$（$d$为绳径）；轮槽直径$=d+(1\sim2.5\text{mm})$；定期对钢丝绳加油润滑；定期检查核定，每一截面上断丝不超过3根。

(三) 吊具

主要有吊索、卡环、横吊梁等。

横吊梁用途：减小吊索对构件的轴向压力和起吊高度，满足水平夹角的要求；保持构件垂直、平衡，便于安装。

(四) 地锚

将卷扬机或缆风绳与地面固定的设施。

1. 分类

桩式地锚和卧式地锚；桩式地锚适用于固定受力不大的缆风，很少使用。

2. 卧式地锚埋设和使用注意事项

（1）锚碇不得反向使用。

（2）锚碇前 2.5m 内无坑槽。

（3）周围高出地坪，防止浸泡。

（4）原有的或放置时间较长的应经试拉后再用。

第三节 单层工业厂房结构安装

一、吊装前准备

1. 平整场地与道路铺设

做好吊装场地的清理、平整和压实工作。运输道路应有足够的宽度和转弯半径。

2. 构件的运输与堆放

（1）采用承重汽车和平板拖车运输。

（2）运输时要固定牢靠、支撑合理、掌握好行车速度。

（3）将构件运至吊装最佳地点就位，避免二次搬运。

（4）构件运输时混凝土强度如设计无要求不应低于设计强度的 75%。

（5）垫点及吊点应按设计要求，垫木在同一条垂直线上。

3. 构件的质量检查

（1）复查构件的制作尺寸是否存在偏差，预埋件尺寸、位置应准确。

（2）构件是否存在裂痕和变形。

（3）混凝土强度是否达到设计要求，如无要求，柱混凝土≥设计强度的 75%，屋架混凝土≥设计强度的 100%，且孔道灌浆的强度≥15MPa，方可进行吊装。

4. 构件的拼装

拼装时，保证构件的外形几何尺寸准确，上下弦均在一个平面上，不断裂、无旁弯，保证连接质量。

拼装方法：平拼和立拼。

5. 构件的弹线与编号

（1）在构件上标注几何中心线或安装准线。

（2）按图编号并注明上下左右的位置方向。

6. 杯基准备

（1）检查杯口尺寸并弹定位轴线。

（2）杯底抄平，保证安装后各柱牛腿顶面标高一致。

7. 构件的临时加固

屋架需要在吊装前进行相应加固。

二、构件吊装工艺

构件吊装过程：绑扎→起吊→对位→临时固定→校正→最后固定。

（一）柱

1. 绑扎

（1）绑扎点数

① 一点绑扎：中小型柱（<13t）。绑扎点在牛腿根部。

② 多点绑扎：重型柱、配筋少的柱。吊索的合力作用点高于柱的重心。

（2）绑扎方法

① 斜吊绑扎法：不需翻身、起重高度低、对位困难。

② 直吊绑扎法：翻身后两侧吊、不易开裂、易对位，但起重高度大。

2. 起吊

（1）旋转法　起重机边升钩边转臂，柱绕柱脚旋转而立起，再插入杯口。此法常用。

柱布置要点：柱脚靠近基础；绑扎点、柱脚中心、杯口中心三点共弧。

（2）滑行法　起重机只升钩不转臂，柱脚向前滑动而立起，转臂插入杯口。

柱布置要点：绑扎点靠近基础；绑扎点与杯口中心两点共弧。吊装时柱脚设滚木，减小阻力，保护柱脚。

适用范围：柱重、长，起重机回转半径不足；场地局促，无法按旋转法排放；使用桅杆式起重机。

3. 就位与临时固定

（1）柱插入杯口，距杯底 30～50mm 时插入 8 只楔块，对位、松钩、打紧。

（2）高、重柱用缆风绳拉住。

4. 校正

主要是垂直度校正——用两台经纬仪观测。

（1）校正方法

① 敲打楔子法：柱脚绕柱脚转动（10t 以下柱）；

② 敲打钢钎法：柱脚绕楔子转动（25t 以下柱）；

③ 撑杆校正法：用可调钢管校正器（10t 以下柱）；

④ 千斤顶平顶法：用于 30t 以内柱的校正。

（2）注意

① 先校正偏差大的面；

② 楔子可松，不可拔出；

③ 柱高>10m 时需要考虑阳光照射、温差的影响。

5. 最后固定

分两个阶段进行，第一次先浇至楔块底面，待混凝土强度达到 30%设计强度后拔出楔块，第二次浇筑细石混凝土至杯口顶面。

（二）吊车梁

（1）起吊条件　柱杯口二次灌注的混凝土强度达到设计强度的 50%以上方可进行。

（2）起吊　两点绑扎，水平起吊，两端用溜绳控制；就位用垫铁垫平，一般不需要临时固定。

（3）校正　在厂房结构固定后进行。主要校正垂直度和平面位置。垂直度用铅垂检查；平面位置的校正包括直线度和跨距。

（4）平面位置校正方法　拉钢丝通线。较重者随吊随用经纬仪监测校正。

（5）固定　用电弧焊将预埋件焊牢，梁柱间空隙灌注细石混凝土。

（三）屋架

1. 绑扎

（1）位置　上弦节点或其附近。

(2) 方法

① 跨度≤18m，两点绑扎。

② 跨度 18m 以上，四点绑扎。

③ 跨度>30m，使用横吊梁。

(3) 注意 吊索与水平面的夹角≥45°。吊装前做好加固处理。

2. 扶直

扶直方法：

(1) 正向扶直 起重机位于屋架下弦一侧，升钩、起臂。

(2) 反向扶直 起重机位于屋架上弦一侧，升钩、降臂。

3. 吊升、就位与临时固定

吊升保持水平，至柱顶 300mm 左右缓慢降至柱顶就位。

临时固定：第一榀用四根缆风绳系于上弦，拉住或与抗风柱连接，第二榀以后用工具式支撑（校正器）与前榀连接。

4. 校正、最后固定

(1) 校正 用线锤或经纬仪检查，使上弦三点木尺在同一垂直面内。

(2) 固定 屋架两端对角同时施焊。

(四) 天窗架和屋面板

(1) 安装顺序 由两边檐口对称向屋脊安装。

(2) 绑扎起吊 四绳受力均匀，保持水平，可一机多吊。

(3) 固定 对位后焊接固定。

每间除最后一块板外，每块与屋架上弦焊接不少于 3 点。

三、结构吊装方案

单厂结构吊装方案的内容主要包括：选择结构吊装方法、选择起重机械、确定起重机的开行路线及构件的平面布置位置等。

(一) 结构吊装方法

1. 分件吊装法

起重机开行一次仅吊装一种类型的构件，即一种构件、一种构件地进行吊装。分件吊装法是常用方法。

2. 综合吊装法

起重机仅开行一次就吊装完所有的构件，即一间、一间地安装。主要用于已安装了大型设备等，不便于起重机多次开行的工程，或要求某些房间先行交工等。

3. 两种方法列表比较（表 6-3）

表 6-3 分件吊装法与综合吊装法比较

吊装方法	分件吊装法	综合吊装法
优点	不需经常更换索具，工种单一、操作熟练、效率高，能充分发挥起重机的工作性能，临时固定、校正固定时间充裕，构件供应单一、平面布置容易	开行路线短，停机次数少，能及早为下道工序提供工作面
缺点	起重机开行路线长，不能迅速形成稳定的空间结构	索具更换频繁，功效低，校正及固定时间紧迫，构件供应种类多，平面杂乱

（二）起重机的选择

1. 起重机类型的选择

（1）中小型厂房　多采用履带式起重机，也可采用汽车式或轮胎式起重机。

（2）重型厂房　多采用履带式起重机、桅杆式起重机以及塔式起重机。

2. 起重机型号的选择

（1）起重量（Q）

$$Q \geqslant Q_1 + Q_2$$

式中　Q——起重机的起重量；

Q_1——构件重量；

Q_2——索具及加固材料的重量。

（2）起重高度（H）

$$H = h_1 + h_2 + h_3 + h_4$$

式中　H——起重机的起重高度，从停机面至吊钩的高度；

h_1——停机面至安装支座的高度；

h_2——安装间隙（不小于 0.3m）或安装距离（需跨越人员或设备时不小于 2.5m）；

h_3——绑扎点之所吊构件底面的高度；

h_4——绑扎点至吊钩中心的高度。

起重高度计算简图如图 6-1 所示。

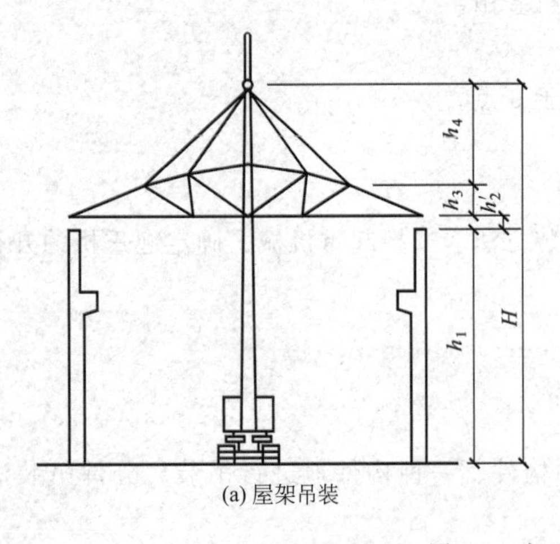

(a) 屋架吊装

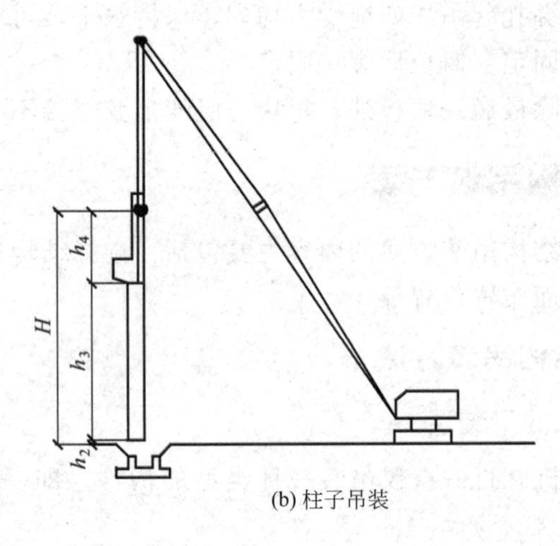

(b) 柱子吊装

图 6-1　起重高度计算简图

（3）起重半径（R）　当 R 受场地安装位置限制时，先定 R 再选能满足 Q、H 要求的机械；当 R 不受限制时，据所需 Q、H 选机型后，查出相应允许的 R。

（4）最小臂长（L）　起重机需跨过已安装的结构去吊装构件时，需计算。

① 数解法：

$$L = l_1 + l_2 = \frac{h}{\sin\alpha} + \frac{q_{,} + g}{\cos\alpha}$$

令其微分得"0"，求 $\alpha = \arctan[h/(q+g)]^{1/3}$

则：$L_{\min} = \dfrac{h}{\sin\alpha} + \dfrac{q+g}{\cos\alpha}$　　其中 $h = h_1 - E$

根据起重机起重臂的构造尺寸选定臂长，依据所选臂长 L 及 α 值可计算出起重半径 R。

$$R = F + L\cos\alpha \text{；} H = E + L\sin\alpha$$

② 图解法：按一定比例画出一个节间的纵剖面图，并画出吊装屋面板时起重钩位置处的垂直线 $Y\text{-}Y$。根据初选起重机的 E 值，画出水平线 $H\text{-}H$。自屋架顶面中心线向起重机一侧水平方向量出距离 g，令 $g=1\text{m}$，可得点 P。过 P 点可画出若干条直线与 $Y\text{-}Y$ 直线和 $H\text{-}H$ 直线相截，其中最短的一根即为所求的最短臂长。如图 6-2 所示。

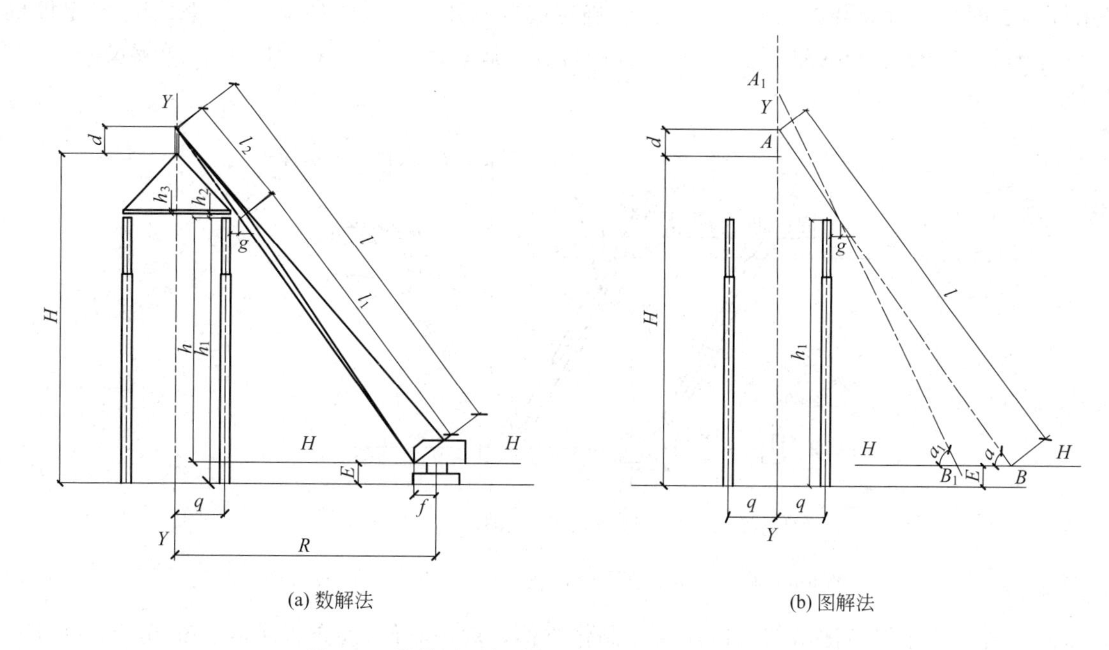

(a) 数解法　　(b) 图解法

图 6-2　吊装屋面板时起重机最小臂长的计算简图

按每组参数选定机械型号及臂长，查出所对应的 R 及 $R_{\min}$（若所有构件采用同一台机械，则各组参数应同时满足）。

3. 起重机数量

$$N=\frac{1}{TCK}\sum\frac{Q_i}{S_i}$$

式中　T——工期；

C——班制；

K——时间利用系数（0.8～0.9）；

Q_i——工程量；

S_i——产量定额。

（三）起重机开行路线与构件的平面布置

1. 布置现场预制构件时应遵循的原则

① 尽量布置在本跨；

② 满足吊装工艺的要求；

③ 便于支模和浇筑混凝土及预应力施工；

④ 少占地，道路通畅，起重机回转不碰撞构件等；

⑤ 注意构件安装方向及扶直次序；

⑥ 预制场地坚实。

2. 吊装柱时的开行路线及构件布置

（1）起重机开行路线　有跨中开行和跨边开行两种。

（2）柱子布置

① 斜向布置（占地较多，起吊方便，常用）。

采用旋转法吊装：柱脚靠近杯口，三点共弧。

采用滑行法吊装：绑扎点靠近杯口，两点共弧。

采用旋转法时柱布置步骤如图 6-3 所示：a. 确定起重机开行路线，$R_{min} \leqslant a \leqslant R$；b. 确定停机点 O 点，$M \rightarrow R_x \rightarrow O$，$O \rightarrow R_x \rightarrow SKM$ 弧；c. 确定预制位置柱脚、绑扎点，A、B、C、D 等尺寸。

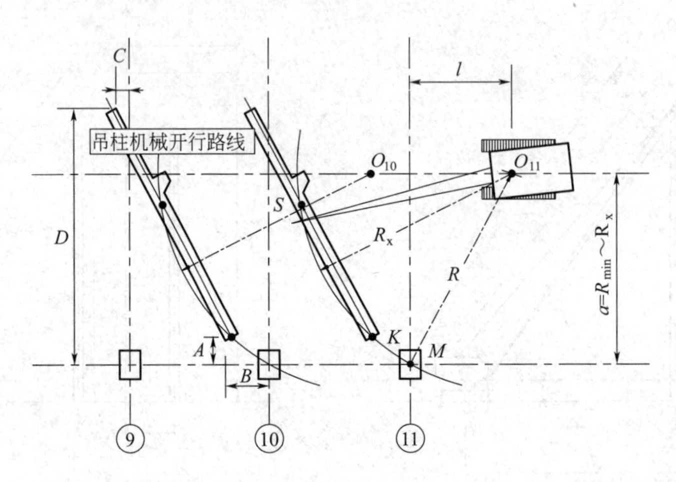

图 6-3　旋转法吊装柱子时，柱的平面布置（三点共弧）

② 纵向布置（用于滑行法吊装，占地少，制作方便，起吊不便）。布置步骤：a. 确定起重机开行路线，$R_{min} \leqslant a \leqslant R$；b. 确定停机点，在两柱基中间垂直线上；c. 确定预制位置，平行叠制。

3. 吊装屋架时的开行路线及构件平面布置

（1）起重机开行路线　宜跨中开行。

（2）屋架布置　平卧叠浇，≤4 榀，布置方式有三种：斜向布置、正反斜向布置、正反纵向布置。

斜向布置步骤（图 6-4）：①确定吊装屋架时的开行路线 O-O 及停机点 O_2；②确定屋架布置范围 P-P 与 Q-Q；③确定屋架的布置位置 ECF。

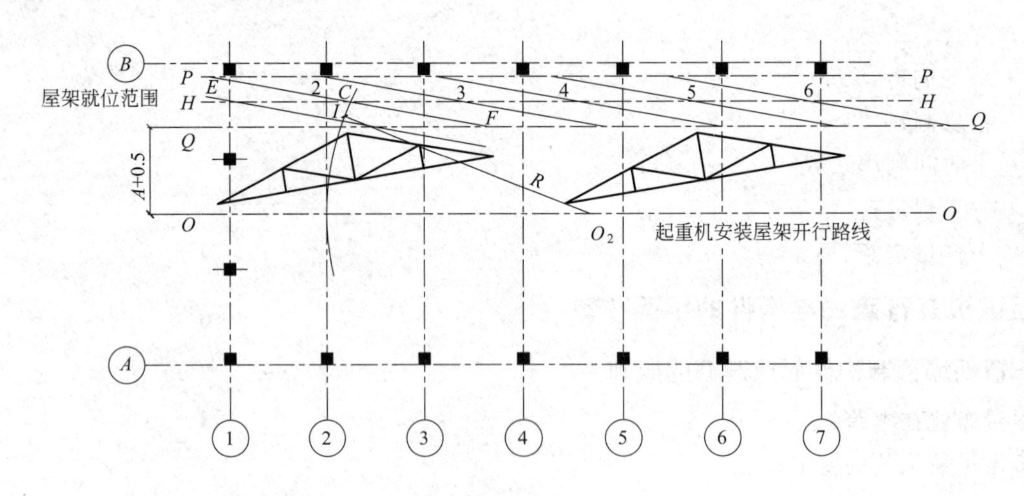

图 6-4　屋架预制位置与吊装前的斜向排放

4. 吊车梁、连系梁、屋面板的堆放

吊车梁、连系梁：布置在安装位置的柱列附近，跨内跨外均可。

屋面板：屋架对面柱边；以不多于 6 块为一叠，放在跨内时后退 3～4 个节间；放在柱外时后退 2～3 个节间。

第四节　多、高层房屋结构安装

一、吊装机械的选择与布置

1. 选择依据

建筑物的结构形式、高度、平面布置、构件尺寸及重量等。

（1）5层及以下民用住宅或高度18m以下的多层工业厂房　采用履带式起重机或轮胎式起重机。

（2）10层以上的高层建筑　采用附着式塔式起重机。

（3）超高层建筑　采用爬升式塔式起重机。

2. 型号选择

（1）分别找出不同部位的起重量 Q_i 及所对应的 R_i，计算出 M_{max}。

（2）选机型：$M \geqslant M_{max}$，$R \geqslant R_{max}$，且 $H \geqslant h_1 + h_2 + h_3 + h_4$（$h_2 = 2.5m$）。

（3）验算。

3. 塔式起重机

（1）轨行式　跨外单侧：$R \geqslant a + b$；跨外双侧：$R \geqslant a + b/2$。其中，a 为房屋外侧至塔吊轨道中心线的距离，b 为房屋宽度。

（2）附着式　距建筑物3～6m，便于吊装、附着、拆除，起重幅度能覆盖所需吊装、运输区域。

（3）内爬式　结构承载力强，便于吊装、升高、拆除，起重幅度能覆盖所需吊装、运输区域及构件存放场地。

二、结构吊装方法与吊装顺序

1. 吊装方法

（1）分件吊装法（一般多采用）

分层大流水：第一层全部柱→第一层全部梁→全部板→第二层重复。

分层分段流水：第一层一段柱→梁→第一层二段柱→梁→第一层一段、二段板。

（2）综合吊装法（很少使用）

柱分层制作：一层第一间柱、梁、板→第二间→第二层第一间。

柱整根制作：第一节间柱→第一层梁、板→第二层梁、板→第二节间。

2. 构件安装顺序原则

（1）尽快使已安装结构稳定（逐间封闭）。

（2）满足结构构造要求（先安装标高低的梁）。

（3）施工效率高（开行路线短、少换索具、少动臂）。

（4）满足技术间隙要求（灌浆确定）。

三、构件的平面布置

（1）方法　跨内布置：综合吊装法。跨外布置：分件吊装法。

（2）布置方向　可纵向、斜向、横向。

（3）原则　重近轻远；避免二次搬运；减小调运距离；分类、分型号单独存放。

四、构件吊装工艺

（一）混凝土框架结构吊装

1. 柱的吊装

柱长度≤12m，一点直吊绑扎；较长时，可采用两点绑扎。

起吊方法：旋转法和滑行法。

常用的保护方法：钢管保护柱脚外伸钢筋、用钢筋三脚架套在柱端钢筋处、用垫木保护等。

2. 梁、板吊装

起重吊索与水平面夹角≥45°；底部设置厚度≤30mm的坐浆或垫片。

3. 接头施工

(1) 柱与柱的接头　榫式接头、插入式接头、浆锚式接头三种，其中浆锚式接头是竖向构件连接的主要方法。

(2) 梁与柱接头　牛腿式接头、齿槽式接头、整体式梁柱接头三种。为提高抗震性能，常采用整体式接头。

（二）混凝土墙板结构吊装

安装方法有储存安装法和直接吊装法。

吊装工艺：

(1) 抄平放线。轴线用经纬仪；标高用水准仪。

(2) 铺灰饼。灰饼控制墙底面标高，宽度与墙相同。

(3) 安装叠合板支架、吊装叠合板、阳台板及楼梯。

(4) 管线及构造钢筋绑扎及焊接、浇筑叠合板混凝土。

（三）钢框架结构吊装

钢构件加工制作的流程：施工详图设计和编制施工指导书→原材料矫正、放样、号料和切割→边缘加工和制孔→小装配、焊接和矫正→总装配、焊接和矫正→端部加工及摩擦面处理→除锈和涂装。

1. 柱子基础的准备及柱底灌浆

地脚螺栓埋设方法：直埋法和套管法两种。

标高控制：预留50mm、临时支撑标高块进行调整、柱底灌浆。

2. 吊装与校正

先安装一个流水段，迅速形成空间结构单元。安装顺序为由中央向四周扩展。吊装后立即进行校正。

3. 连接与固定

连接方式：高强螺栓连接、焊接连接、焊接和高强螺栓并用。

(1) 高强螺栓连接　用冲钉和临时螺栓定位、调整；高强螺栓自由穿入，严禁强行敲打；从螺栓群中央顺序向外逐个拧紧；拧紧分为初拧和终拧两步；扭剪型螺栓采用专用电动扳手拧掉螺栓尾部梅花头即可；螺栓丝扣应露出螺母2～3扣。

(2) 焊接连接　从柱网中央向四周扩散进行，或由四个角区向柱网中央集中进行。接头焊接遵循对称原则。

焊接常用CO_2保护焊或手工电弧焊。焊工打上自己的代号钢印，对焊缝进行外观检查和超声波检查。

习题及解答

一、填空题

6-1 填空题解答

1. 结构安装工程常用的起重机械有________、________和________起重机。

2. 桅杆式起重机的类型包括________、________、________和牵缆式桅杆起重机。

3. 自行式起重机的类型包括________、________、________和________起重机。

4. 当履带式起重机的起重臂长一定时，随着起重仰角的增加，起重半径________，起重量________。

5. 塔式起重机按搭设形式分为________、________、________和________。

6. 塔式起重机按其变幅方式分为________、________和________。

7. 结构吊装中常用的钢丝绳一般由________、________、________根钢丝捻成股，再由________股围绕绳芯捻成绳。

8. 钢丝绳按丝捻成股与股捻成绳的方向不同分为________和________等形式。

9. 结构吊装方法有________吊装法和________吊装法。

10. 结构吊装工程中起重机选择的内容包括确定起重机的________、________和________。

11. 结构吊装前，杯形基础的准备工作包括________和________。

12. 单层工业厂房构件的吊装工艺过程包括绑扎、________、________、临时固定、校正和________。

13. 在单层工业厂房吊装施工中，柱的绑扎方法有________与________，单机吊柱的方法有________与________。

14. 在单层工业厂房吊装施工中，单机吊柱采用旋转法时，柱子的布置应使________、________、________三点共弧。

15. 在单层工业厂房吊装施工中，单机吊柱采用滑行法时，柱子的布置应使________靠近基础杯口，且使________与________共弧。

16. 在单层工业厂房吊装施工中，吊车梁的校正内容除标高外还有________与________。

17. 在单层工业厂房吊装施工中，柱的最后固定方法是在柱脚与杯口的空隙中浇筑________的细石混凝土。

18. 屋架吊装施工中，绑扎吊索与构件水平面所成的夹角应满足：扶直时不宜小于________，吊升时不宜小于________。

19. 单层工业厂房吊装施工中，屋架的扶直方法有________和________。

20. 单层工业厂房屋架按就位方式的不同，可分为________与________。

21. 单层工业厂房现场预制预应力屋架，屋架制作应________________。

22. 单层工业厂房屋面板的安装顺序，应自________向________逐块对称进行。

23. 多层装配式房屋结构吊装中，塔式起重机的跨外平面布置方式有________、________与________三种。

24. 多层装配式房屋结构吊装中，柱子的平面布置方式有________、________及________三种。

25. 多层装配式房屋的分件吊装法分为________和________两种方法。

26. 网架结构高空滑移法施工分为________和________两种方法。

27. 提升法适用于________支承的网架施工，顶升法适用于________支承的网架施工。

28. 高层建筑钢结构节点按连接方式分为________、________和________。

29. 为减小先拧与后拧的高强螺栓预拉力的区别，高强螺栓的拧紧必须分________两步进行；对于大型节点应分________三步进行。

30. 对每个节点螺栓群的高强螺栓，紧固应按从________向________的顺序进行。

31. 为使组合楼板与钢梁有效地共同工作，钢结构中通常采用________穿过压型钢板焊于钢梁上。

32. 高层建筑钢结构柱吊装就位后，先调整________，再调整________，最后调整________。

33. 卷扬机分为________和________两种，其中________主要用于垂直、水平运输和打桩作业。

34. 单层工业厂房结构吊装方案的内容主要包括选择________、选择________、确定________及构件的________等。

35. 如设计无要求，柱混凝土强度应不低于设计强度的________，屋架混凝土强度应不低于________，且孔道灌浆的强度应不低于________，方可吊装。

36. 履带式起重机的技术参数主要包括________、________、________。

37. 吊装时屋架的布置方式有________、________、________三种，应优先选用________。

38. 对预制柱、墙板的上部斜撑，其支撑点距离底部的距离不宜小于________，且不应小于高度的________。

39. 多层装配式框架柱的接头形式________、________、________三种。

40. 多层装配式框架梁与柱接头的形式________、________、________三种。

41. 地脚螺栓的预埋方法有________和________两种。

42. 钢结构柱与柱的接头焊接应遵循________原则，由两个焊工在对面以相等速度对称进行焊接。

43. H 型钢的梁与柱、梁与梁的接头，先焊________翼缘板，后焊________翼缘板。

44. 钢结构安装时，钢柱的吊点设在________处。

45. 建筑钢结构柱与柱、柱与梁、梁与梁的连接，一般采用________、________以及两者并用的连接方式。

二、单项选择题

6-2 单项选择题解析

1. 绑扎构件应选用（　　）。

A. Φ6mm 钢筋　　B. 6×19＋1 钢丝绳

C. 6×61＋1 钢丝绳　　D. 6×37＋1 钢丝绳

2. 缆风绳用的钢丝绳一般宜选用（　　）。

A. 6×19＋1　　B. 6×37＋1　　C. 6×61＋1　　D. 6×91＋1

3. 现有 6×19＋1 钢丝绳作缆风绳，已知钢丝绳破断拉力总和 F_g 为 125kN，钢丝绳受力不均匀系数 α 为 0.85，安全系数 K 为 3.5，则此钢丝绳的允许拉力 $[F_g]$ 为（　　）。

A. 30.36kN　　B. 30.58kN　　C. 30.67kN　　D. 30.88kN

4. 某履带式起重机臂长 L 为 23m，起重臂下铰点中心距地面高度 E 为 1.7m，起重臂下铰点中心至回转中心距离 F 为 1.3m，当起重臂仰角 α 为 60°时起重半径 R 为（　　）。

A. 11.2m　　B. 11.8m　　C. 12.2m　　D. 12.8m

5. 某履带式起重机臂长 L 为 23m，起重臂下铰点中心距地面高度 E 为 2.1m，吊钩中心至起重臂顶端定滑轮中心的最小距离 d_0 为 2.5m，当起重臂仰角 α 为 30°时起重高度 F 为（　　）。

A. 10.5m　　B. 10.8m　　C. 11.1m　　D. 11.5m

6. 现用两支吊索绑扎吊车梁，吊索与水平线夹角 α 为 45°，若吊车梁及吊索总重 500kN，则起吊时每支吊索的拉力 P 为（　　）。

A. 323.8kN　　B. 331.2kN　　C. 353.6kN　　D. 373.5kN

7. 现用四支吊索绑扎吊车梁，吊索与水平线夹角分别为 α＝45°（两支）、β＝60°（四支），若吊车梁及吊索总重 Q 为 800kN，则起吊时每支吊索的拉力 P 为（　　）。

A. 223.8kN　　B. 254.3kN　　C. 273.6kN　　D. 286.1kN

8. 若设计无要求，预制构件在运输时其混凝土强度至少应达到设计强度的（　　）。

A. 30%　　B. 40%　　C. 60%　　D. 75%

9. 某单层工业厂房柱牛腿顶面设计标高 h＝＋8.00m，基础杯底设计标高为－1.50m，柱基施工时杯底标高控制在－1.55m。施工后，实测杯底标高 h_1＝－1.53m，量得柱底至牛腿面的实际长度 h_2＝

9.51mm，则杯底标高调整值 Δh 为（ ）。

A. 0.02m B. 0.03m C. 0.04m D. 0.05m

10. 某单层工业厂房柱的长度为12m，采用斜吊绑扎法吊升，已知吊钩距绑扎点垂直距离为1.5m，距柱顶自然距离为3m，绑扎点距柱脚距离9.5m，履带式起重机的停机面标高为−0.2m，基础杯口顶面标高为−0.5m，若安装间隙为0.3m，则吊装柱子时的起吊高度应为（ ）。

A. 11.0m B. 11.3m C. 11.6m D. 11.9m

11. 单层工业厂房吊装柱时，其校正的主要内容是（ ）。

A. 平面位置 B. 垂直度 C. 柱顶标高 D. 牛腿标高

12. 单层工业厂房屋架的吊装工艺顺序是（ ）。

A. 绑扎、起吊、对位、临时固定、校正、最后固定

B. 绑扎、翻身扶直、起吊、对位与临时固定、校正、最后固定

C. 绑扎、对位、起吊、校正、临时固定、最后固定

D. 绑扎、对位、校正、起吊、临时固定、最后固定

13. 吊装单层工业厂房吊车梁，必须待柱基础杯口二次灌注的混凝土达到设计强度的（ ）以上时方可进行。

A. 30% B. 50% C. 60% D. 75%

14. 单层工业厂房结构吊装中关于分件吊装法的特点，叙述正确的是（ ）。

A. 起重机开行路线长 B. 索具更换频繁

C. 现场构件平面布置拥挤 D. 起重机停机次数少

15. 已安装大型设备的单层工业厂房，其结构吊装方法应采用（ ）。

A. 综合吊装法 B. 分件吊装法

C. 分层分段流水安装法 D. 分层大流水安装法

16. 对平面呈板式的六层钢筋混凝土预制结构吊装时，宜使用（ ）。

A. 人字拔杆式起重机 B. 履带式起重机

C. 附着式塔式起重机 D. 轨道式塔式起重机

17. 吊装中小型单层工业厂房的结构时，宜使用（ ）。

A. 履带式起重机 B. 附着式塔式起重机 C. 人字拔杆式起重机 D. 轨道式塔式起重机

18. 仅采用简易起重运输设备进行螺栓球节点网架结构施工，宜采用（ ）。

A. 高空散装法 B. 高空滑移法 C. 整体吊装法 D. 整体顶升法

19. 某高层钢结构梁与柱的连接方式为，梁腹板高强螺栓连接，翼缘焊接，则合理的施工顺序宜为（ ）。

A. 初拧腹板上高强螺栓、焊接翼缘、终拧腹板上高强螺栓

B. 初拧腹板上高强螺栓、终拧腹板上高强螺栓、焊接翼缘

C. 焊接翼缘、初拧腹板上高强螺栓、终拧腹板上高强螺栓

D. 焊接翼缘、一次终拧腹板上高强螺栓

20. 钢结构制作和安装单位应按规范规定，分别进行高强度螺栓连接摩擦面的（ ）试验和复验，其结果应符合设计要求。

A. 抗拉力 B. 转矩系数 C. 紧固轴力 D. 抗滑移系数

21. 在多层钢结构工程柱子安装时，每节柱的定位轴线应从（ ）直接引上。

A. 柱子控制轴 B. 地面控制线 C. 上层柱的轴线 D. 下层柱的轴线

22. 建筑工程中，高强度螺栓连接钢结构时，其紧固次序应为（ ）。

A. 从中间开始，对称向两边进行 B. 从两边开始，对称向中间进行

C. 从一边开始，依次向另一边进行 D. 根据螺栓受力情况而定

23. 下列起重形式（ ）不属于桅杆式起重机。

A. 悬臂拔杆　　B. 独脚拔杆　　C. 牵缆式桅杆起重机　　D. 塔桅杆

24.（　）不是选用履带式起重机时要考虑的因素。

A. 起重量　　B. 起重动力设备　　C. 起重高度　　D. 起重半径

25.（　）不是汽车起重机的主要技术性能。

A. 最大起重量　　B. 最小工作半径　　C. 最大起升高度　　D. 最小行驶速度

26. 屋架跨度小于或等于 18m 时绑扎（　）。

A. 一点　　B. 两点　　C. 三点　　D. 四点

27.（　）的民用建筑和多层工业建筑多采用轨道式塔式起重机。

A. 5 层以下　　B. 10 层以下　　C. 10 层以上　　D. 40 层以下

28. 柱斜向布置中三点共弧是指（　）三者共弧。

A. 停机点、杯形基础中心点、柱脚中心　　B. 柱绑扎点、停机点、杯形基础中心点

C. 柱绑扎点、柱脚中心、停机点　　D. 柱绑扎点、杯形基础中心点、柱脚中心

29. 履带式起重机当起重臂长一定时，随着仰角的增大（　）。

A. 起重量和回转半径增大　　B. 起重高度和回转半径增大

C. 起重量和起重高度增大　　D. 起重量和回转半径减小

30. 单层工业厂房旋转法吊柱，柱的平面布置应该是（　）。

A. 绑点、杯口、柱脚三点共弧，绑点靠近杯口

B. 绑点、杯口、柱脚三点共弧，柱脚靠近杯口

C. 绑点、杯口两点共弧，柱脚靠近杯口

D. 绑点、杯口两点共弧，绑点靠近杯口

31. 滑行法吊装柱子时，柱的平面布置要求（　）同弧。

A. 绑扎点与柱脚中心　　B. 柱顶中心与杯口中心

C. 柱脚中心与杯口中心　　D. 绑扎点与杯口中心

32. 钢结构施工中，螺杆、螺母和垫圈应配套使用，永久性普通螺栓螺纹应高出螺母（　），以防止使用时降低顶紧力。

A. 2 扣　　B. 3 扣　　C. 4 扣　　D. 5 扣

33. 下列（　）不是多层房屋结构柱接头型式。

A. 榫式接头　　B. 插入式接头　　C. 浆锚式接头　　D. 法兰螺栓接头

34. 基础顶面直接作为柱的支承面和基础顶面预埋钢板或支座作为柱的支承面时，其支承面位置标高的允许偏差为（　）。

A. ±1mm　　B. ±2mm　　C. ±3mm　　D. ±5mm

35. 下列有关高强度螺栓安装方法不对的是（　）。

A. 高强度螺栓接头应采用冲钉和临时螺栓连接

B. 对错位的螺栓孔应用铰刀或粗锉刀处理规整，不得采用气割扩孔

C. 螺栓应自由垂直穿入螺栓和冲钉的螺孔，穿入方向应该一致

D. 每个螺栓的一端可垫 2 个及以上的垫圈

36. 采用正向扶直屋架时，下列说法正确的是（　）。

A. 机立上弦　　B. 升钩升臂　　C. 升钩降臂　　D. 吊升对位

37. 柱起吊有旋转法与滑引法，其中旋转法需满足（　）

A. 两点共弧　　B. 三点共弧　　C. 降钩升臂　　D. 降钩转臂

38. 大六角高强度螺栓转角法施工分（　）两步进行。

A. 初拧和复拧　　B. 终拧和复拧　　C. 试拧和终拧　　D. 初拧和终拧

39. 预制构件吊运时吊索与构件水平夹角不宜小于 60°，不应小于（　）。

A. 30°　　B. 40°　　C. 45°　　D. 50°

40. 制作预制构件的场地应平整、坚实，并应有（　　）措施。

A. 排气　　B. 排水　　C. 防尘　　D. 防潮

41. 当采用平卧重叠法制作构件时，应在下层构件的混凝土强度达到（　　）N/mm^2后，再浇筑上层构件混凝土。

A. 1　　B. 3　　C. 5　　D. 7

42. 预制构件脱模起吊时，同条件养护的混凝土立方体抗压强度应根据有关规定计算确定，且不宜小于（　　）MPa。

A. 5　　B. 10　　C. 15　　D. 20

43. 装配式框架结构的安装顺序一般为（　　）。

A. 柱→主梁→次梁→楼板　　B. 柱→次梁→主梁→楼板

C. 柱→楼板→次梁→主梁　　D. 柱→楼板→主梁→次梁

44. 预制混凝土板水平运输时，叠放不宜超过（　　）。

A. 3层　　B. 4层　　C. 5层　　D. 6层

45. 关于装配式混凝土结构施工的说法，正确的是（　　）。

A. 预制构件生产宜建立首件验收制度　　B. 外墙板宜采用立式运输，外饰面应朝内

C. 预制楼板、阳台板直立放　　D. 吊索水平夹角不应小于30°

三、多项选择题

6-3 多项选择题解析

1. 下列不能负荷行驶的起重机械有（　　）。

A. 人字拔杆　　B. 汽车式起重机　　C. 履带式起重机

D. 轮胎式起重机　　E. 牵缆式桅杆起重机

2. 履带式起重机的技术性能参数主要包括（　　）。

A. 起重力矩　　B. 起重半径　　C. 臂长

D. 起重量　　E. 起重高度

3. 塔式起重机的技术性能参数包括（　　）。

A. 起重力矩　　B. 幅度　　C. 臂长　　D. 起重量　　E. 起重高度

4. 下面各种型号的塔式起重机采用逐节安装的有（　　）。

A. H3/36B　　B. QTZ-100　　C. QT80A　　D. FO/23B　　E. QT16

5. 某单层工业厂房柱的长度为14m，采用直吊绑扎法吊升，已知绑扎点距柱脚距离为10m，吊钩距柱顶为0.3m，基础杯口顶面标高为+0.5m，履带式起重机的停机面标高为−0.2m，则吊装柱子时的起吊高度可以为（　　）。

A. 13.5m　　B. 14.2m　　C. 15.0m　　D. 15.3m　　E. 15.8m

6. 屋架吊装时，采用四点绑扎且不需要使用横吊梁的屋架有（　　）。

A. 12m屋架　　B. 18m屋架　　C. 24m屋架　　D. 30m屋架　　E. 36m屋架

7. 屋架预制时，其平面布置方式有（　　）。

A. 正面斜向　　B. 反面斜向　　C. 正反斜向　　D. 正面纵向　　E. 正反纵向

8. 装配式结构采用分件吊装法较综合吊装法的优点在于（　　）。

A. 吊装速度快　　B. 起重机开行路线短　　C. 校正时间充裕

D. 现场布置简单　　E. 能提早进行围护和装修施工

9. 多层装配式结构吊装施工中，梁与柱的接头形式有（　　）。

A. 榫式接头　　B. 牛腿式接头　　C. 齿槽式接头　　D. 插入式接头　　E. 整体式接头

10. 多层装配式结构吊装施工中，柱的接头形式有（　　）。

A. 榫式接头　　B. 浆锚式接头　　C. 齿槽式接头　　D. 插入式接头　　E. 整体式接头

11. 关于高强度螺栓连接施工的说法，错误的有（　　）。

A. 在施工前对连接副实物和摩擦面进行检验和复验

B. 把高强度螺栓作为螺栓使用
C. 高强度螺栓的安装可采用自由穿入和强行穿入两种
D. 高强度螺栓连接中连接钢板的孔必须采用钻孔成型的方法
E. 高强度螺栓不能作为临时螺栓使用
12. 钢结构构件防腐涂料涂装的常用施工方法有（　　）。
A. 刷涂法　B. 喷涂法　C. 滚涂法　D. 弹涂法　E. 粘贴法
13. 在高强度螺栓施工中，摩擦面的处理方法有（　　）。
A. 喷丸法　B. 砂轮打磨法　C. 酸洗法　D. 碱洗法　E. 喷砂法
14. 多层装配式结构吊装施工中，关于梁柱节点施工说法正确的是（　　）。
A. 梁搭在柱上长度应符合设计要求
B. 梁安装时底部坐浆厚度应不小于 30mm
C. 节点处梁的箍筋应加密
D. 接头所浇混凝土的强度等级，应不低于各构件的混凝土设计强度
E. 接头混凝土的骨料粒径不大于连接处最小尺寸的 1/4
15. 装配式混凝土剪力墙结构墙板吊装的要求主要包括（　　）。
A. 安装前，墙底应设置找平灰墩
B. 吊装时，宜使用横吊梁等专用吊具吊挂墙板
C. 每块墙板与楼层拉结支撑不少于 1 道
D. 墙板长于 4m 者至少使用 2 道支撑
E. 拉结支撑需待接头混凝土达到设计强度后方可拆除
16. 塔式起重机按固定方式进行分类可分为（　　）。
A. 伸缩式　B. 轨道式　C. 附墙式　D. 内爬式　E. 自升式

四、术语解释

1. 履带式起重机技术性能参数
2. 结构安装
3. 横吊梁
4. 柱斜吊绑扎法
5. 柱直吊绑扎法
6. 柱旋转法起吊
7. 柱滑行法起吊
8. 单层工业厂房分件吊装法
9. 单层工业厂房综合吊装法
10. 分层大流水吊装法
11. 高空散装法
12. 分条（分块）吊装法
13. 网架高空滑移法

6-4 术语解释解答

五、问答题

1. 试比较桅杆式起重机和自行杆式起重机的优缺点。
2. 试述履带式起重机的技术性能参数与臂长及其仰角的关系。
3. 简述塔式起重机的自升过程。
4. 预制构件吊装前的质量检查内容包括哪些？
5. 什么是屋架的正向扶直和反向扶直？哪一种方法好？
6. 试述分件吊装法与综合吊装法的优缺点。
7. 单层工业厂房结构吊装方案主要内容是什么？是如何确定的？
8. 单层工业厂房安装的起重机械应如何选择？
9. 多层装配式房屋结构安装如何选择起重机械？
10. 空间网架结构的吊装方法有哪些？各自的适用范围是什么？
11. 简述卷扬机的使用注意事项。
12. 简述装配式建筑施工工艺。
13. 简述钢筋套筒灌浆连接。

6-5 问答题解答

六、计算绘图题

6-6 计算绘图题解析

1. 某车间柱的牛腿标高为 7.8m，吊车梁长为 6.6m，高为 0.8m，起重机停机面标高为－0.3m，吊车梁吊环位于距梁端 0.3m 处位置。假定吊索与水平面夹角为 45°，试计算吊车梁的起重高度。

2. WJ_1屋架跨度 18m，其腹杆及下弦杆具体尺寸如图 6-5 所示（数值单位均为 mm），采用了履带式起重机将屋架安装到标高为 12m 柱顶上，场地地面标高为－0.3m，采用不加铁扁担的四点吊装（绑扎点在上弦节点），试求履带式起重机的最小起重高度。

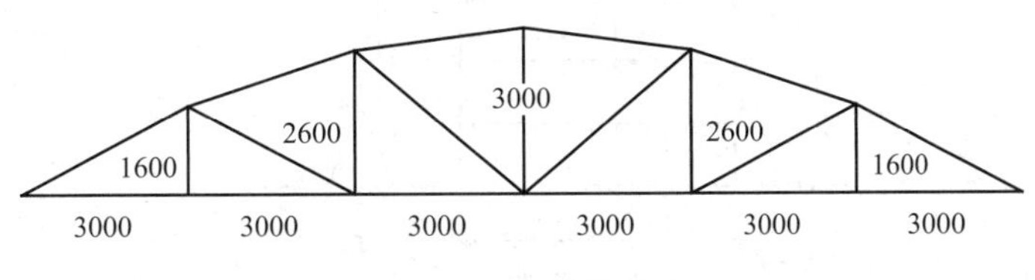

图 6-5　WJ_1屋架尺寸

3. 某厂金工车间柱距 6m，结构剖面图如图 6-6 所示，屋架索具绑扎点如图 6-7 所示（内、外侧吊索与水平面的夹角分别为 60°和 45°），已知屋架重 70kN，索具重 5kN，临时加固材料重 3kN；吊车梁高度为 0.8m，长度 6m，重 35kN，索具重 2kN，索具绑扎点距梁两端均为 1m，索具与水平面的夹角为 45°；屋面板厚 0.24m，起重机底铰距停机面的高度 $E=2.1\text{m}$，结构吊装时，场地相对标高为－0.5m，吊装所需安装间隙均为 0.3m。

试求：

（1）吊装吊车梁的起重量及起重高度。

（2）吊装屋架的起重量及起重高度。

（3）吊装跨中屋面板所需的最小起重臂长度。

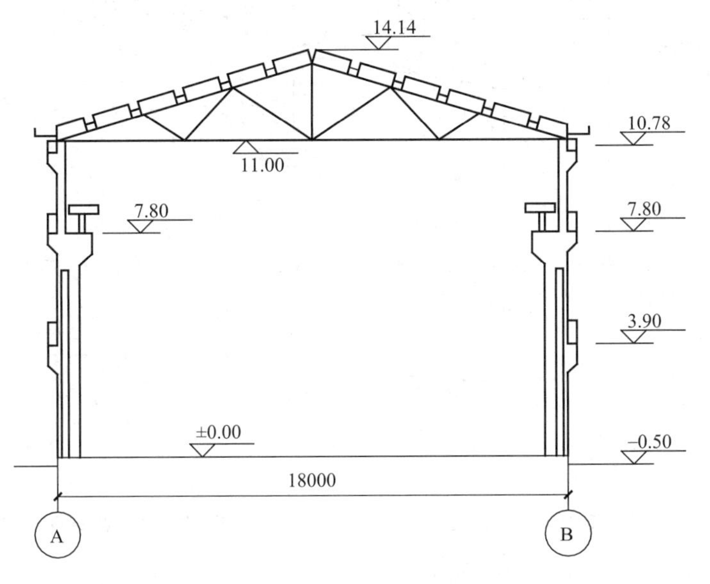

图 6-6　车间结构剖面

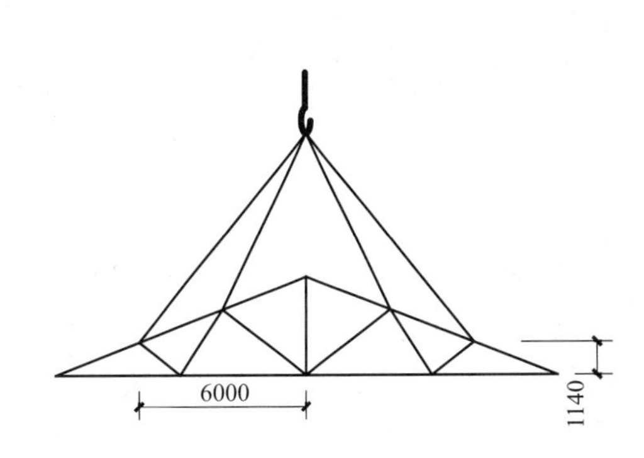

图 6-7　屋架索具绑扎示意图

4. 某装配式建筑物总高度为 19.5m，顶层梁长 6m，绑扎点具有梁端 0.3m。拟采用 QT40 型塔式起重机施工，塔吊布置示意图如图 6-8 所示。该塔式起重机最小幅度吊钩高度 25m，最大幅度吊钩高度 34m，臂长 30m（最小仰角 20°），最大起重力矩为 450kN・m。预计施工时所吊重物量最大值分别为 $Q_1=20\text{kN}$，$Q_2=24\text{kN}$，$Q_3=30\text{kN}$，各自距塔吊轨道中心线距离分别为 $R_1=21\text{m}$，$R_2=18\text{m}$，$R_3=14\text{m}$。试验算该起重机是否满足使用要求。（备注：吊索高出柱顶 2m。）

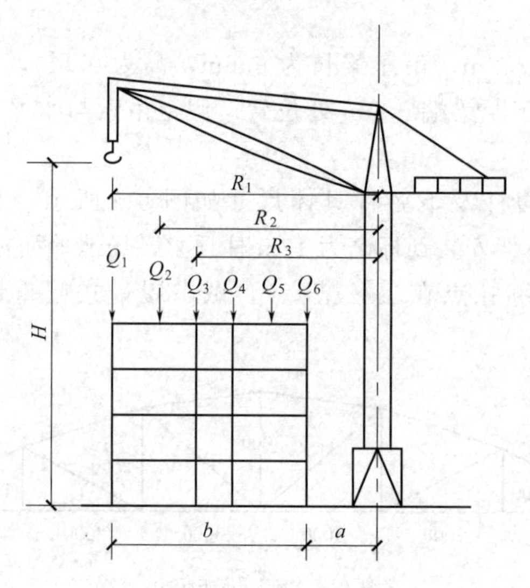

图 6-8 塔吊布置示意图

5. 某单层工业厂房车间跨度 18m，柱距 6m，共 6 个节间，吊柱时，起重机沿跨内开行，起重半径 R 为 9m，开行路线距柱轴线 8m。已知柱长 10.8m，牛腿下绑扎点距柱底 6.8m。

试按旋转法吊装施工画出柱子的平面布置图（只画一根即可）。

6. 某单层工业厂房跨度 18m，所有的柱（包括抗风柱）已全部吊装完毕，屋架预制平面图局部如图 6-9 所示。已知起重机吊装屋架的回转半径为 16m，屋架堆放范围在 P-P、Q-Q 线内。试画出起重机的开行路线及各榀屋架在吊装前的斜向堆放图。（起重机 A 尾长 4.5m。）

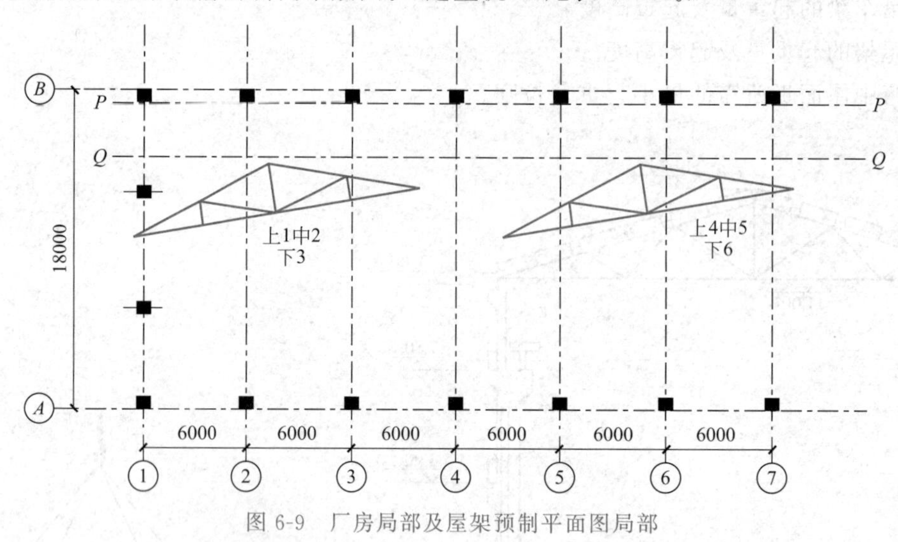

图 6-9 厂房局部及屋架预制平面图局部

7. 有一钢丝绳为 6×19+1，其极限抗拉强度为 1850N/mm^2，直径 $D=20\text{mm}$。

(1) 请说明"6×19+1"的含义？

(2) 用来吊装构件（安全系数为 6，受力不均匀系数为 0.85），试参考表 6-4 计算其允许拉力。

(3) 若重物为 65kN，参考表 6-4 至少应选用多大直径的钢丝绳？

表 6-4 6×19+1 钢丝绳的主要数据表

直径/mm		钢丝绳总断面积/mm^2	钢丝绳破断拉力总和 R/N
钢丝绳	钢丝		
20	1.3	151.24	279794
21.5	1.4	175.40	324490
23	1.5	201.35	372497.5

续表

直径/mm		钢丝绳总断面积/mm^2	钢丝绳破断拉力总和 R/N
钢丝绳	钢丝		
24.5	1.6	229.09	423816.5
26	1.7	258.63	478465.5
28	1.8	289.95	536407.5

8. 某工程屋架重 5t，要求起吊至 21m，现有 W_1-100 型履带式起重机，臂长 13m，23m，27m，30m 四种可供选用。其起重特性见表 6-5。

试求：(1) 履带式起重机的臂长。

(2) 吊装屋架时的 R_{max}。

表 6-5　W_1-100 型履带式起重机起重特性

R/m	臂长 13m		臂长 23m		臂长 27m		臂长 30m	
	Q/t	H/m	Q/t	H/m	Q/t	H/m	Q/t	H/m
4.5	15.0	11						
5	13.0	11						
6	10.0	11						
6.5	9.0	10.9	8.0	19				
7	8.0	10.8	7.2	19				
8	6.5	10.4	6.0	19	5.0	23		
9	5.5	9.6	4.9	19	3.8	23	3.6	26
10	4.8	2.2	4.2	18.9	3.1	22.9	2.9	25.9
11	4.0	7.8	3.7	18.6	2.5	22.6	2.4	25.7
12	3.7	6.5	3.2	18.2	2.2	22.2	1.9	25.4
13			2.9	17.8	1.9	22	1.4	25
14			2.4	17.5	1.5	21.6	1.1	24.5
15			2.2	17	1.4	21	0.9	23.8
17			1.7	16				

七、案例分析

1. 某新建高层住宅工程，建筑面积 15000m^2，地下 1 层，地上 12 层，2 层以下为现浇钢筋混凝土结构，2 层以上为装配式混凝土结构，预制墙板钢筋采用套筒灌浆连接施工工艺。

6-7 案例分析
参考答案

监理工程师在检查第 4 层外墙板安装质量时发现：钢筋套筒连接灌浆满足规范要求；留置了 3 组边长为 70.7mm 的立方体灌浆料标准养护试件；留置了 1 组边长 70.7mm 的立方体坐浆料标准养护试件；施工单位选取第 4 层外墙板竖缝两侧 11mm 的部位在现场进行水试验，监理工程师对此要求整改。

【问题】

(1) 指出第 4 层外墙板施工中的不妥之处？并写出正确做法。

(2) 装配式混凝土构件钢筋套筒连接灌浆质量要求有哪些？

第七章 路桥工程

学习要点

第一节 概 述

路桥工程是道路工程的主要组成部分。其中，道路路基是道路行车部分的基础，是由天然土石材料按照道路线型要求填挖而成的，具有一定强度和稳定性的带状土工结构物；道路路面是在路基表面采用各种筑路材料分层铺筑的建筑结构物，使车辆在其上安全、快速、舒适、经济地行驶，要求路面结构具有一定的强度、稳定性、抗滑性和平整度。

常用规范：《公路路基施工技术规范》(JTG F 10—2006)、《公路沥青路面施工技术规范》(JTG F 40—2004)、《公路水泥混凝土路面施工技术规范》(JTG/F 30—2014)、《公路桥涵施工技术规范》(JTG/TF 50—2011) 等。

第二节 路基工程

一、路基填筑

(一) 基底处理

(1) 挖除树根，清除地表种植土和草皮（清除深度≥150mm）。

(2) 水田、池塘、洼地：排干水、换填水稳定性好的材料或抛石挤淤。

(3) 横坡处理：横坡坡度陡于 1∶5 时，挖成台阶，宽度≥1m；横坡坡度超过 1∶2.5 时，做特殊处理（修筑护脚或护墙）。

(二) 填土材料

(1) 一般的土和石均可（控制含水量应在最佳范围内）。

(2) 工业废渣较好（粒径适当，放置 1 年以上）。

(3) 不能用的土：淤泥、沼泽土、含残余树根和易于腐烂物质的土。

(4) 不宜用的土：

① 液限＞50％及塑限＞26％的土（透水性差、变形大、承载力低）；

② 强盐渍土和过盐渍土；

③ 膨胀土。

（三）填筑方法

1. 水平分层填筑

注意事项：

（1）不同性质土填筑路堤应分层填筑，不得混杂乱填。

（2）透水性小的土填路堤下层时，应做成4%的双向横坡，填筑在上层时，不得覆盖在透水性大的土所填筑的下层边坡上，避免出现“水囊”。

（3）桥涵、挡土墙及其他构筑物的回填土宜采用砂砾或砂性土。

（4）水稳定性、冻稳定性好的材料填在路堤上部。

2. 竖向填筑

竖向填筑是指沿公路纵向或横向逐步向前填筑。多用于路线跨越深谷、陡坡地形，由于地面高差大，作业面小，难以采用水平分层法填筑。

3. 混合填筑

混合填筑是指路堤下层采用竖向填筑法而上层采用水平分层填筑法。

二、路堑开挖

（1）横挖法　适用于短而深的路堑。

（2）纵挖法　分为分层纵挖法、通道纵挖法、分段纵挖法3种。

（3）混合法　先沿路堑纵向开挖通道，然后沿横向开挖横向通道，再双通道纵横向同时掘进。

三、路基压实

（1）根据土质正确选择压实机具，掌握不同机具适宜的碾压土层松铺厚度及碾压遍数。

（2）先轻后重，先慢后快，先静后振，先弱振后强振。

（3）碾压顺序：先边缘，后中间；超高路段先低后高。

（4）相邻两次的碾压轮迹应重叠轮宽的1/3～1/2，无漏压、死角。

（5）控制填土的含水量，以达到压实度（压实系数要求）。

第三节　路面工程

一、路面基垫层施工

（一）路拌法级配型碎（砾）石类基垫层

（1）备料。

（2）运输和摊铺集料：试验确定集料的松铺系数。

（3）拌和及整形。

（4）碾压：混合料含水量为最佳含水量+1%，12t以上压路机碾压，按照“先轻后重、先慢后快、先低后高、先稳后振”的原则，重叠1/2轮宽。密实度符合要求。

（二）水泥稳定类基垫层

（1）准备下承层：检查高程、宽度、横坡、平整度、压实度及弯沉值。

（2）施工放样：恢复中线、边线、标高。

（3）备料。

（4）摊铺集料：松铺厚度＝压实厚度×松铺系数。

（5）拌和：轮胎式拌和机，严禁在拌和层底部留有“素土”夹层。

（6）整形：常用平地机整平与整形。

（7）碾压：严禁调头和急刹车；表面保持潮湿；发生“弹簧”、松散、起皮等现象及时翻开重新拌和。

（8）接缝和“调头”处理。

（9）养护：时间≥7d；采用不透水薄膜或湿砂、沥青乳液等养护，也可洒水养护。

二、沥青路面施工

按施工方法分为层铺法、路拌法和厂拌法。

层铺法是用分层洒布沥青、分层铺撒矿料和碾压的方法修筑，重复几次做成一定厚度的层次。

路拌法是在施工现场以不同方法将冷料热油或冷油冷料拌和、摊铺和碾压。

厂拌法是集中设置拌和基地，采用专用设备，将具有一定级配的矿料和沥青加热拌和，然后将混合料运至工地热铺热压或冷铺冷压，碾压结束即可开放交通。

（一）沥青表面处治施工

1. 概念

沥青表面处治层是用沥青和矿料按层铺或拌和的方法，修筑的厚度不大于30mm的一种薄层路面面层。

2. 施工工序

（1）清理基层。

（2）洒布沥青：在浇洒沥青后4～5h或做透层并开放交通的基层清扫后，洒布均匀、不留空白。

（3）铺撒矿料。

（4）碾压：6～8t压路机，从路缘压向路中心，轮迹重叠300mm，碾压3～4遍。

（5）初期养护。

（二）沥青贯入式施工

1. 概念

沥青贯入式面层是在初步压实的碎石上分层浇洒沥青、撒布嵌缝料，经压实而成的路面结构，厚度40～80mm。

2. 施工程序

（1）放样和安装路缘石。

（2）清扫基层。

（3）厚度为40～50mm的浅贯式路面应浇洒透层或黏层沥青。

（4）撒布主层矿料。

（5）先用6～8t压路机慢速初压，再用10～20t压路机碾压。

（6）浇洒第一次沥青。

（7）趁热撒铺第一次嵌缝料，10～12t压路机碾压4～6遍。

（8）浇洒第二层沥青，撒铺第二层嵌缝料，然后碾压浇洒第三层沥青，铺封面料，最后碾压。

（三）沥青碎石施工

沥青碎石路面是由几种不同粒径大小的级配矿料，掺有少量矿粉或不加矿粉，用沥青作结合料，按一定比例配合，均匀拌和，经压实成型的路面。

（四）热拌沥青混合料路面施工

1. 沥青混合料拌制

略。

2. 运输

采用自卸汽车运输，底板上涂薄层掺水柴油，混合料上覆盖篷布。

3. 铺筑

（1）基层准备　基层应平整、坚实、洁净、干燥。应洒布黏层油、透层油或铺筑下封层。

（2）摊铺　采用机械摊铺。混合料摊铺注意事项：

①保证混合料的摊铺温度符合规范规定；②摊铺混合料在表观上应均匀致密，无离析等现象；③摊铺层表面应平整，没有摊铺速度变化、摊铺操作不均匀或集料级配不正常所引起的不平整；④摊铺层厚度和路拱符合要求；⑤横向和纵向接缝的筑作正常，接头无明显不平。

（3）碾压　采用光轮压路机和轮胎压路机或振动压路机组合方式压实混合料。

压实作业分初压、复压和终压三个阶段。

三、水泥混凝土路面施工

1. 基层的检查与整修

基层的宽度、路拱与标高、表面平整度和压实度，均应检查是否符合要求。

2. 混凝土面层的施工

（1）安装模板。

（2）设置传力杆。

（3）混凝土的拌合与运送。

（4）混凝土的摊铺和振捣。

（5）接缝的处理。

（6）表面整修与防滑措施。

（7）养护与填缝。

（8）开放交通：混凝土强度达到设计强度的100%以上时，方可开放交通。

7-1 微课39
水泥混凝土路面施工

第四节 桥梁工程

一、桥梁工程施工的内容

1. 基础施工

基础类型主要有明挖基础、桩基础、沉井基础、管柱基础。

2. 墩台施工

施工方法有砌筑、现浇、预制装配式。

3. 上部结构施工

施工方法有支架法、架梁法、顶推法、悬臂法、转体法、刚性骨架法。

二、基础墩台施工

（一）基础施工

1. 明挖基础

（1）旱地基坑开挖应避免超挖，做好放坡或护壁，排水、降水。

（2）水中开挖需设置围堰，形式有土、草袋、钢板桩、双壁钢围堰。

2. 管柱基础

(1) 管柱由分节预制的钢管、钢筋混凝土管、预应力混凝土管连接构成。

(2) 管柱下沉方法：振动，振动配合管内除土、吸泥、射水、射风等。

(3) 管柱内浇筑混凝土：水下浇筑；封底抽水后浇筑。

(二) 混凝土墩台施工

1. 模板

拼装式、固定式、滑升式。

2. 钢筋

随时绑扎、注意保护层厚度符合要求。

3. 混凝土施工要点

(1) 大体积混凝土可分块浇筑，分块面积≥$50m^2$，高度≤2m，上下错开，做成企口。

(2) 控制水化热：可使用低水化热水泥或填放≤25%石块。

(3) 防止混凝土分层离析。

三、桥梁上部结构施工

(一) 钢筋混凝土简支梁桥的施工

1. 现浇法

在设计位置支设模板、制作安装钢筋、浇筑混凝土。

此法简单，应用较多。不适用于大跨度桥和跨峡谷桥。采用较多的是钢管脚手架搭设简易支架或工具式支架。

2. 装配式

(1) 陆地架设　方法有自行式吊车、跨墩门式吊车、摆动排架、移动支架。

(2) 浮吊架设　浮吊船架梁、固定式悬臂浮吊架梁。

(3) 高空架设　此法不阻塞航道，不受水深影响。方法有用联合架桥机、闸门式架桥机、缆索架设等。

(二) 悬臂施工法

在墩柱两侧对称平衡地分段浇筑或安装箱形梁，并张拉预应力钢筋，逐渐向墩柱两侧对称延伸。

1. 特点与适用范围

(1) 特点

① 跨间不需要搭设支架；

② 设备、工序简单；

③ 多孔结构可同时施工，工期短；

④ 能提供桥梁的跨越能力；

⑤ 施工费用低。

(2) 适用范围　建造预应力混凝土悬臂梁桥、连续梁桥、斜拉桥、拱桥。

2. 施工方法

(1) 悬臂浇筑法　利用悬吊式活动脚手架（挂篮），在墩柱两侧对称平衡地浇筑梁段（2～5m）混凝土，待每对梁段混凝土达到规定强度后，张拉预应力筋并锚固，然后向前移动悬吊式活动脚手架。进入下一梁段施工，直到悬臂端为止。

(2) 悬臂拼装法　在预制场地分段预制，然后运至架设地点后，用吊机起吊向墩柱两侧对称均衡地拼装就位，张拉预应力筋，重复进行下一梁段施工。

（三）逐孔施工法

采用一套施工设备或一、二孔施工支架逐孔完成施工、周期性循环直至完成。

（四）顶推法施工

在桥台后面的引道上或刚性好的临时支架上，预制箱形梁段（10～30m）2～3个，施加施工所需预应力后向前顶推，接长一段再顶推，直到最终位置。然后调整预应力，将滑道支承移置成永久支座。

（五）转体法施工

在桥址岸边或所需跨越的路边支架上就地浇筑混凝土，张拉预应力筋，然后通过在基础上设置的球铰和滑道，利用水平对称的液压牵引器拖动桥墩，连带上部桥梁一起转动，达到设计位置合拢成桥。

转体法具有减少支架、减少高空作业，施工安全、质量可靠，可不断航施工等特点。

习题及解答

一、填空题

7-2 填空题解答

1. 路基施工的准备工作大致可归纳为________、________和________三个方面。
2. 土质路基施工中路堤填筑填方方法有________、________和________。
3. 路堑开挖方法有________、________和________。
4. 路堑纵向开挖有________、________、________三种。
5. 为控制压实工作，路基碾压过程中应经常检查________、________。
6. 级配碎石基垫层料场内石料含水量较最佳含水量________左右；人工摊铺碎石混合料时的松铺系数为________；机械摊铺时的松铺系数为________。
7. 水泥稳定土集料的摊铺系数根据________确定；碾压遵循________的原则。
8. 石灰土施工中出现的主要质量问题是________与________。
9. 沥青路面按施工方法分为________、________、________。
10. 沥青贯入式施工按照贯入深度的不同可以分为________式和________式。
11. 热拌沥青混合料路面施工过程主要包括________、运输、________和________。
12. 沥青路面接缝对横缝采用________和________两类；纵缝采用________接缝和________接缝两类。
13. 沥青混合料压实作业需要________、________和________三阶段，碾压后的密实度一般不应低于标准密实度的________。
14. 水泥混凝土路面的伸缩缝制作方式有________和________两种。
15. 水泥混凝土路面施工中自动化程度很高的方法是________法。
16. 桥梁主要组成部分包括________、________及________。
17. 预应力混凝土悬臂梁的施工方法有________、________和临时固结法。
18. 预应力连续梁桥的施工方法有________、装配-整体施工、________、________和移动式模架逐孔施工。
19. 拱桥施工方法包括________和________两大类。
20. 有支架施工的拱桥主要是________、________。
21. 无支架施工的拱桥常为肋拱、________、箱形拱和桁架拱。采用________和________等设备架设。
22. 明挖法基坑分为________和________两种类型。
23. 地面横坡________时，清除草皮等杂物后还应将坡面筑成________的台阶。

24. 若地面横坡________时，则外坡脚应进行特殊处理，如修筑________或________等。

25. 路基压实时，采用的压路机应遵循________的原则，碾压速度应________。

26. 路基压实时，碾压路线应________，超高路段则应________，相邻两次的碾压轮迹应重叠轮宽的________，以保证压实均匀而不漏压。

27. 路面按面层材料不同，可分为________、________、块料路面和粒料路面四类。

28. 路面按力学条件分为________和________。

二、单项选择题

7-3 单项选择题解析

1. 下列土石材料用作路堤填料时应慎重的是（　　）。

A. 重粉质黏土　　B. 粉质黏土

C. 碎石土　　D. 粉性土

2. 当地面横坡为（　　）时，需筑成不小于1m宽的台阶。

A. 缓于1∶10　　B. 1∶10～1∶5　　C. 陡于1∶5　　D. 陡于1∶2.5

3. 结合料稳定基层施工准备中，对下承层的检查验收不包括（　　）。

A. 高程　　B. 平整度　　C. 压实度　　D. 掺量

4. 路用水泥混凝土拌合时，加水的允许误差范围为（　　）。

A. ±1％　　B. ±1.5％　　C. ±2％　　D. ±3％

5. 当路面水泥混凝土板强度达到（　　）以上时，方可开放交通。

A. 40％　　B. 50％　　C. 70％　　D. 100％

6. 水泥混凝土路面尽可能在气温高于（　　）时施工。

A. 0℃　　B. 5℃　　C. －5℃　　D. －3℃

7. 下列不属于后张法制梁工艺的是（　　）。

A. 制作台座　　B. 钢筋张拉　　C. 孔道压浆　　D. 封锚

8. 设置内支撑的基坑围护结构，挡土的应力传递路径是（　　）。

A. 围护墙→支撑→围檩　　B. 支撑→围檩→围护墙

C. 围护墙→围檩→支撑　　D. 围檩→支撑→围护墙

9. 下述属于桥梁浅基础的是（　　）。

A. 刚性扩大基础　　B. 桩基础　　C. 沉井基础　　D. 管柱基础

三、多项选择题

7-4 多项选择题解析

1. 以下属于路基施工技术准备工作的是（　　）。

A. 建立施工管理队伍　　B. 熟悉设计文件

C. 编制施工组织设计　　D. 复测导线、中线、水准点

E. 购置材料与机具设备

2. 沥青混合料运输中覆盖篷布是为了（　　）。

A. 减少热量散失　　B. 防止雨淋　　C. 防止污染

D. 避免材料离析　　E. 避免遗洒

3. 水泥混凝土路面施工在摊铺振捣后的施工工序有（　　）。

A. 做缝　　B. 安设传力杆　　C. 表面修整

D. 安装模板　　E. 养护与填缝

4. 下述属于钢筋混凝土墩台施工过程的是（　　）。

A. 钢筋制备　　B. 混凝土浇筑　　C. 砌石

D. 墩台帽施工　　E. 预制墩台安装

5. 桥梁基础施工常用方法有（　　）。

A. 明挖基础　　B. 桩基础　　C. 沉井基础

D. 管柱基础　　E. 夯实灰土基础

四、术语解释

1. 压实度
2. 最佳含水量
3. 松铺系数
4. 沥青路面层铺法
5. 沥青路面路拌法
6. 沥青路面厂拌法
7. 沥青表面处治
8. 沥青贯入式
9. 沥青路面
10. 沥青碎石路面
11. 梁式桥
12. 拱桥
13. 悬臂浇筑法
14. 悬臂拼装法
15. 浅埋暗挖法“十八字方针”
16. 复合式衬砌
17. 水平分层填筑
18. 竖向填筑
19. 混合填筑
20. 横挖法
21. 结合料稳定类基垫层

7-5 名词解释解答

五、问答题

7-6 问答题解答

1. 路堤填料选择的原则是什么？
2. 路堤采用水平填筑法时，应遵循的原则有哪些？
3. 试述路基为何需要压实及压实机理。
4. 试述路面级配碎石基垫层的施工工艺流程。
5. 试述路面水泥稳定土基层的施工工艺流程。
6. 试述水泥稳定土混合料组成设计的任务及设计步骤。
7. 提高石灰土基层抗裂性能的施工措施有哪些？
8. 沥青混凝土摊铺中应注意的问题是什么？
9. 水泥混凝土面板的施工程序有哪些？
10. 试述桥梁施工的基本程序。
11. 试述桥梁上部构造施工的常用方法及适用范围。
12. 简述预制梁桥安装的方法。
13. 控制明挖法基坑变形的主要方法有哪些？

六、计算题

7-7 计算题解答

1. 某路基土的击实试验结果见表 7-1。

表 7-1 某路基土的击实试验结果

ω	7	8.87	11.43	13.6	15.09	17.11
γ_d	1.85	1.93	1.96	1.92	1.86	1.76

若工地现场测得路基压实含水率为 9%，湿密度为 2.1g/cm^3，压实度标准为 98%，判断该测点压实度是否符合要求。

2. 对某石灰土基层进行混合料组成设计，规范设计抗压强度为 0.8MPa，配比 A 的无侧限抗压强度（10 组）试验结果为：0.90，0.80，0.77，0.86，0.83，0.84，0.82，0.93，0.80，0.82（单位：MPa）。考虑 95%保证率下的保证率系数 Z_a 为 1.645，判断配比 A 是否可能成为所确定的混合料组成配比。

3. 若 8%石灰土基层最大干密度为 1.85g/cm^3，最佳含水率为 12%，现测得实际摊铺石灰土含灰量为 6%，含水率为 11%，求单位体积需再加水的重量及加灰重量。

七、案例分析

7-8 案例分析参考答案

1. 某公司承建一项路桥结合城镇主干路工程。桥台设计为重力式 U 形结构，基础采用扩大基础，持力层位于砂质黏土层，地层中有少量潜水；台后路基平均填土高度大于 5m。场地地质自上而下分别为腐殖土层、粉质黏土层、砂质黏土层、砂卵石层等。

施工过程中发生如下事件：

路基施工前，项目部技术人员开展现场调查和测量复测工作时发现部分路段原地面横向坡度陡于1∶5。在路基填筑施工时，项目部对原地面的植被及腐殖土层进行清理，并按规范要求对地表进行相应处理后，开始路基填筑施工。

【问题】

在该事件中，路基填筑前项目部应如何对地表进行处理？

2. 某公司承建一城市道路工程，道路全长3000m，穿过部分农田和水塘，需要借土回填和抛石挤淤。项目部在路基正式压实前选取了200m作为试验段，通过试验确定了合适吨位的压路机和压实方式。

工程施工中发生如下事件：

项目技术负责人现场检查时发现压路机碾压时先高后低、先快后慢、先静后振、由路基中心向边缘碾压。技术负责人当即要求操作人员停止作业，并指出其错误要求改正。

【问题】

指出上述事件中压实作业的错误之处并写出正确做法。

第八章 防水工程

学习要点

第一节 概 述

1. 特点

防水工程的质量直接影响建筑物的使用寿命、生产生活环境及卫生条件。

2. 分类

按防水工程部位，可分为地下防水、屋面防水、厕浴间楼地面防水、桥梁隧道防水及水池、水塔等构筑物防水等。

按构造做法，可分为结构自防水和附加防水层防水。

3. 常用规范

《地下工程防水技术规范》（GB 50108—2008）；《地下防水工程质量验收规范》（GB 50208—2011）；《屋面工程技术规范》（GB 50345—2012）；《屋面工程质量验收规范》（GB 50207—2012）等。

第二节 地下防水工程

一、概述

1. 地下防水工程等级

地下防水工程等级划分为四级。

2. 地下防水工程设计和施工原则

应遵循“防、排、堵、截相结合，刚柔相济，因地制宜，综合治理”的原则。

3. 主要做法

（1）防水混凝土结构自防水　主要有普通防水混凝土、外加剂防水混凝土、外加剂渗透结晶防水混凝土。

（2）附加防水层　主要有卷材防水层、涂膜防水层、膨润土板防水层。

二、防水混凝土

（一）防水混凝土种类

1. 普通防水混凝土

通过降低水灰比、增加水泥用量和含砂率、减小石子粒径及精细施工，提高混凝土的密实性。

2. 外加剂防水混凝土

外加剂防水混凝土又可分为减水剂、密实剂、引气剂、防水剂、膨胀型防水剂等防水混凝土。膨胀剂防水机理：补偿收缩，防止化学收缩和干缩裂缝，使混凝土密实。膨胀型防水剂不但具有阻塞、减小混凝土毛细孔道的作用，还具有补偿混凝土的收缩、避免混凝土开裂的作用，是常用品种。

（二）防水混凝土抗渗等级

1. 设计抗渗等级

按埋置深度确定，最低不得小于 P6。

2. 配制试验等级

比设计抗渗等级提高 0.2MPa。

3. 施工检验等级

不得低于设计抗渗等级。

（三）对防水混凝土的要求

1. 构造要求

(1) 防水混凝土壁厚≥250mm，裂缝宽度≤0.2mm 且不贯通。

(2) 垫层厚≥100mm，强度 C15 以上。

(3) 迎水面钢筋保护层厚≥50mm。

(4) 环境温度≤80℃。

2. 配制要求

(1) 材料

① 胶凝材料：总用量≥320kg/m^3；水泥（硅酸盐水泥或普通硅酸盐水泥）≥260kg/m^3。

② 骨料：中粗砂，含泥量≤3%，含砂率≤35%～40%；石子粒径≤40mm，含泥量≤1%。

(2) 灰砂比　1∶(1.5～2.5)。

(3) 水胶比　≤0.5。

(4) 入泵坍落度　120～160mm，坍落度每小时损失不应大于 20mm。

(5) 初凝时间　6～8h。

（四）防水薄弱部位的处理

1. 混凝土施工缝

尽量连续浇筑，少留施工缝。

(1) 留设位置

① 底板、顶板连续浇筑。

② 墙体：

a. 水平施工缝：底板表面以上≥300mm 处；孔洞边缘≥300mm。

b. 垂直施工缝：避开地下水和裂隙水较多的地段。

(2) 施工缝形式　平缝加止水板；平缝加遇水膨胀止水条；平缝外贴防水层；平缝后注浆。

（3）留缝及接槎要点

① 位置正确，构造合理。

② 止水板、条接缝严密，固定牢靠。

③ 原浇筑混凝土强度达到1.2MPa后方可接缝。

④ 接缝前凿毛、清除。

⑤ 接缝时：垂直缝先涂刷界面处理剂，及时浇筑混凝土；水平缝先铺20～30mm厚1∶1水泥砂浆，浇混凝土层厚≤500mm，捣实。

⑥ 浇筑混凝土要及时，层厚≤500mm，振捣密实。

2. 结构变形缝

（1）止水带安装

① 位置准确、固定牢固。

② 转弯处半径≤150mm。

③ 接头在水压小的平面处，焊接连接。

（2）混凝土施工

① 止水带两侧不得使粗骨料集中，结合牢固。

② 平面止水带下浇筑密实，排除空气。

③ 振捣棒不得触动止水带。

3. 后浇带

（1）留设形式与要求　钢筋不断、位置准确、断口垂直。

（2）补缝施工要求

① 补缝时间：沉降后浇带需待沉降趋于稳定；温度后浇带需间隔≥14d；在气温较低时补浇。

② 施工要点：接口处凿毛、湿润，除锈，清理干净；做结合层，浇强度提高1级的微膨胀混凝土；振捣密实；4～8h后养护，养护龄期≥28d（防水混凝土后浇带）。

4. 穿墙管道

（1）固定管：外焊止水钢板，粘贴遇水膨胀橡胶圈。

（2）预埋焊有止水环的套管。

5. 穿墙螺栓

（1）止水方法　焊接方形钢板止水环。

（2）封头处理　拆模后螺栓周围剔出（或预留）凹坑（20～50mm深），割除穿墙螺栓头（或旋出工具式螺栓及圆台型螺母），坑内封堵1∶2膨胀砂浆，硬化后迎水面刷防水涂料。

（五）防水混凝土施工要求

1. 浇筑顺序

底板→底层墙体→底层顶板→墙体等。

2. 浇筑方案

底板——分区段分层；墙体——水平分层交圈。

3. 钢筋保护层厚度

不得有负偏差，保护层用垫块材质同混凝土；支架、S形钩、连接点、设备管件均不得接触模板或垫层。

4. 混凝土倾倒

自由下落高度≤1.5m，墙体的直接浇筑高度≤3m，否则应采用串筒、溜管（槽）等工具浇灌，以防止分层离析。

5. 混凝土养护

保湿养护时间≥14d。

6. 拆模

不宜过早，无附加防水层的防水混凝土基础应及早回填。

（六）防水混凝土质量控制与评定

试块留置：连续浇筑混凝土每 500m³ 留一组，每项工程不得少于两组，每组六块（试块尺寸：底径×顶径×高＝185mm×175mm×150mm 圆台体）。

三、卷材防水层施工

（一）材料要求

（1）材料的品种及类型应符合设计要求。

（2）进场应检查外观质量、合格证、检测报告，并取样复验。

（二）施工程序与方法

1. 外防外贴法

（1）概念　将立面卷材防水层直接粘贴在需防水结构的外墙外表面。

（2）施工程序　浇垫层并抹平→干铺油毡隔离层→砌临时保护墙→保护墙内侧抹找平层→干燥后分层铺贴防水卷材→检查验收→做卷材保护层→底板和墙身结构施工→结构墙外侧抹找平层→拆临时保护墙→粘贴墙体防水层→验收→保护层和回填土施工。

（3）顺序　先铺平面后铺立面。

（4）特点　结构及防水层质量易检查；肥槽宽，工期长；常用。

2. 外防内贴法

（1）概念　将立面卷材防水层先粘贴在保护墙上，再进行结构的外墙施工。

（2）施工程序　做永久性保护墙→抹砂浆找平层→立面及平面防水层施工→检查验收→平面及立面保护层施工→底板和墙身结构施工。

（3）顺序　先铺立面后铺平面，先转角后大面。

（4）特点　槽宽小，省模板；损坏无法检查，可靠性差，内侧模板不易固定。用于场地小、无法使用外贴法的情况下。

3. 施工工艺

基层清理→涂布基层处理剂→复杂部位增强处理→铺贴卷材→保护层施工。

（1）基层处理

① 基层必须坚实、平整、干燥、清洁。

② 阴、阳角做成圆弧，避免卷材折裂（使用油毡防水时圆弧半径 R≥50mm，其他卷材时圆弧半径 R≥20mm）。

③ 基层含水率应低于 9%（测试方法：铺设 1m×1m 卷材静置 3～4h，内表面无水印，即视为含水率达到要求）。

④ 涂刷基层处理剂。所用材料与卷材及黏结材料相容（SBS 改性沥青涂料，聚氨酯底胶）。

⑤ 复杂部位增强处理。管根，变形缝，阴、阳角等部位粘贴附加层。

（2）防水层施工

① 基本要求。

a. 卷材搭接处和接头部位应粘贴牢固，接缝口应封严或采用材性相容的密封材料封缝。b. 接头应有足够的搭接长度，且相互错开。c. 上下层卷材的接缝应均匀错开，卷材不得相互垂直铺贴。d. 不同品种防水卷材的搭接宽度应符合规范要求。

② 改性沥青卷材防水层施工。

a. 热熔法：喷灯熔化、铺贴排气、滚压粘实、接头检查（施工温度≥－10℃）。

b. 冷粘法：选胶合理、涂胶均匀、排气压实、接头另粘（施工温度≥5℃）。

c. 自粘法：边揭纸边开卷，按线搭接、排气压实、低温时加热（施工温度≥5℃）。

③ 合成高分子卷材铺贴（施工温度≥5℃）。采用冷粘法，施工程序为：涂布基层胶黏剂→铺贴卷材→卷材接缝的黏结→接缝处附加补强层。

（3）保护层施工

① 平面：浇筑厚度≥50mm 的细石混凝土。

② 立面：

a. 内贴法：洒胶浆、抹 20mm 厚 1∶3 水泥砂浆保护层；或贴 5～6mm 厚聚氯乙烯泡沫塑料片材。

b. 外贴法：砌砖墙、泡沫塑料片材、聚苯乙烯泡沫或挤塑板。

8-1　4D 微课
地下防水

四、涂膜防水层施工

1. 概念

涂膜防水是在常温下涂布防水涂料，经溶剂挥发、水分蒸发或反应固化后，在基层表面形成具有一定坚韧性涂膜的防水方法。

2. 特点

冷作法施工，工艺较为简单，尤其适用于形状复杂的结构。

3. 聚氨酯防水涂料的施工工艺流程

平面：基层清理→涂布底胶→细部增强处理→刮第一道涂膜层→刮第二道涂膜层→保护层施工。

立面：基层清理→涂布底胶→细部增强处理→刷四道涂膜层→保护层施工。

（1）涂布底胶　目的是提高涂膜与基层的黏结强度，隔绝基层潮气，防止涂膜起鼓脱落等。干燥固化 4h 以上，手感不粘时方可做下道工序。

（2）局部增强处理　用配制好的防水涂料粘贴一层玻璃纤维布或涤纶布，固化后再进行整体防水层施工。

（3）防水涂膜施工

① 调配聚氨酯防水涂料；

② 平面涂膜施工：两道，总厚度 1.5～2mm，涂刷方向相互垂直；

③ 立面涂膜施工：四道，总厚度不小于 1.5mm；

④ 涂膜防水层厚度检测可用针测法或割取 20mm×20mm 涂膜防水层块用卡尺量测。

五、膨润土板（毡）防水层施工

1. 防水机理

与水接触后逐渐发生水化膨胀，在一定的限制条件下，形成渗透性极低的凝胶体。

2. 特点

不透水性、耐久性、耐腐蚀性和耐菌性良好。

3. 施工工艺流程

基面处理→加强层设置→铺设水毡（或挂防水板）→搭接缝封闭→甩头收边、保护→破损部位修补。

4. 基层及细部处理

(1) 基层　混凝土强度≥C15，水泥砂浆强度≥M7.5。平整、坚实、清洁、无水。

(2) 阴、阳角　做成直径≥30mm的圆弧或坡角。

(3) 变形缝、后浇带　设置宽度≥500mm的加强层（在防水层与结构间）。

(4) 穿墙管件　宜用膨润土橡胶止水条、膨润土密封膏或膨润土粉进行加强处理。

5. 施工要点

(1) 织布面应与结构外表面密贴。立面应上层压下层，贴合紧密，平整无褶皱。

(2) 连接处去掉临时保护墙，涂抹膨润土密封膏或撒膨润土颗粒进行封闭。搭接宽度＞100mm。

(3) 固定：立面和斜面用水泥钉加垫片固定，间距≤500mm；平面上应在搭接缝处用永久收口压条和水泥钉固定，并用膨润土密封膏覆盖。

(4) 对需长时间甩槎的部位应遮挡，避免阳光直射造成老化变脆。

(5) 穿墙管道处应设置附加层，并用膨润土密封膏封严。

第三节　屋面防水工程

一、概述

1. 屋面防水等级

屋面防水工程根据建筑物的类别、重要程度、使用功能要求等，分为两个等级。Ⅰ级防水等级设防要求：两道防水设防。Ⅱ级防水等级设防要求：一道防水设防。

2. 施工顺序

找坡及保温层施工→找平层施工→防水层施工→保护层施工。

3. 找平层材料

(1) 水泥砂浆找平层　整体现浇混凝土板、整体材料保温层。

(2) 细石混凝土找平层　装配式混凝土板、板状材料保温层。

4. 找平层施工要求

(1) 留设分格缝，宽度5～20mm，内嵌密封材料。

(2) 分格缝设在板端处，间距≤6m。

(3) 找平层应压实、平整，排水坡度符合设计要求。

(4) 水泥砂浆找平层应2次压光，充分养护，不得有酥松、起砂、起皮现象。

(5) 找平层与突出屋面结构的连接处、管根处及基层的转角处做成圆弧，高分子卷材R≥20mm、改性沥青卷材R≥50mm。

二、卷材防水层施工

1. 施工条件

(1) 屋面上其他工程全部完成。

(2) 气温≥5℃用胶黏剂法、≥－10℃用热熔法，无风、霜、雨、雪。

(3) 找平层充分干燥（干铺油毡检验法），基层处理剂刚刚干燥。

2. 施工顺序

(1) 高低跨　先高跨后低跨（便于施工及拆除垂直运输设施）。

（2）多跨　先远后近（利于成品保护）。

（3）同一屋面　先排水集中部位（水落口、檐沟、天沟、管根、屋面转角处等），再由屋面低标高向上施工（顺水搭接）。

3. 铺贴方向

檐沟、天沟卷材顺其长度方向铺贴，以减少搭接。屋面卷材宜平行于屋脊铺贴，禁止相互垂直铺贴。屋面坡度≥25%，卷材应采用满粘和钉压固定措施。

4. 搭接要求

（1）搭接长度

① 改性沥青卷材：≥80mm（局粘 100mm）。

② 合成高分子卷材：胶黏≥80mm（局粘 100mm）；胶黏带粘贴≥50mm（局粘 60mm）。

（2）错缝要求　上下层长边接缝错开≥1/3 幅宽；相邻短边接缝错开≥500mm。

5. 铺贴方法

（1）满粘法　卷材下满涂胶黏剂或全部热熔黏结。

（2）局部黏结法　找平层不干时常用，避免起鼓。

① 条黏、点粘：第一层卷材下条粘、点粘，其他层次满粘。

② 空铺法：第一层仅边角下粘贴（宽≥500mm），其他层次满粘。

6. 黏结方法

（1）热熔法　高聚物改性沥青防水卷材。

（2）自粘法　改性沥青冷自粘卷材。

（3）冷粘法　改性沥青油毡、高分子合成卷材。

7. 保护层施工

（1）作用　减少阳光辐射；减轻冰雹冲击、雨水冲刷；避免人为损坏等，增加防水层的寿命。

（2）做法　用水泥砂浆、细石混凝土或块材等刚性材料作保护层时设置纸筋或细砂等做隔离层；刚性保护层与女儿墙之间预留 30mm 宽的空隙；保护层设置分格缝；缝隙嵌填防水密封膏。

三、涂膜防水施工

1. 施工顺序

特殊部位处理→基层处理→涂膜防水层施工→保护层施工。

2. 施工方法

涂层可采用抹压、涂刷或喷涂等方法，分层、分遍涂布。待前一层涂料干燥成膜后方可进行下道涂层施工，刮涂的方向与前一层垂直。

3. 要求

高聚物改性沥青涂膜防水层厚度≥3mm、合成高分子防水涂料成膜厚度≥1.5mm。胎体增强材料长边搭接≥50mm，短边搭接≥70mm。上下层不得相互垂直。

4. 检验

① 雨后或淋水、蓄水检验。

② 保修年限5年。

8-6　4D微课

涂膜防水

习题及解答

一、填空题

1. 按工程防水的部位，可分为________、________、厕浴间楼地面防水、桥梁隧道防水及水池、水塔等构筑物防水等。

2. 按构造做法，可分为________和________。

3. 用刚性材料做卷材屋面的保护层时，保护层应设置________，保护层与防水层之间应设置________。

8-7 填空题解答

4. 刚性保护层与女儿墙之间应预留宽度________mm的空隙，并嵌填________材料。

5. 屋面找平层作为防水层的基层，可以使用________、________等材料。

6. 地下工程的防水等级按围护结构允许渗漏量的多少划分为________级，防水等级一级的地下工程不允许________，围护结构无________。

7. 防水混凝土的设计抗渗等级应根据________来确定，最低不得小于________，即抗渗压力不应小于________MPa。

8. 在进行防水混凝土试配时，其抗渗水压值应比设计值提高________。

9. 防水混凝土的________、________、________、穿墙管道、埋设件等设置和构造，均须符合设计要求，严禁有渗漏。

10. 防水混凝土结构厚度不应小于________mm，迎水面钢筋保护层厚度不应小于________mm。

11. 配制防水混凝土时，胶凝材料总用量不宜小于________kg/m^3，水胶比不得大于________。

12. 防水混凝土墙体水平施工缝不应留在剪力与弯矩最大处或________，应留在高出底板表面不小于________的墙体上。

13. 常用防水混凝土主要有________和________两大类。

14. 防水混凝土进入终凝即应覆盖，保湿养护时间不得少于________，保湿方法可采用________、________或________。

15. 地下室后浇带应待结构变形基本完成，且与原浇混凝土间隔不少于________；后浇带应采用________混凝土，其强度________两侧混凝土；后浇带混凝土养护时间不得少于________。

16. 防水混凝土墙体支模时，若使用对拉螺栓应________。

17. 在地下防水工程中可使用的防水卷材有________防水卷材和________防水卷材。

18. 高聚物改性沥青防水卷材的铺贴方法可采用________、________和________。

19. 合成高分子防水卷材的铺贴方法有________和________。

20. 卷材防水层的基层必须________、________、________、________；防水层施工时，其基层含水率应低于________。

21. 采用热熔法铺贴地下工程的卷材防水层时，上下层卷材的接缝应________，且两层卷材不得相互________铺贴。

22. 铺贴地下防水卷材时，若采用冷粘法施工，则气温不宜低于________；若采用热熔法施工时，气温不宜低于________。

23. 基础底板防水层铺贴后，平面上应浇不少于________厚细石混凝土保护层。

24. 卷材地下防水工程采用外防外贴法施工时，先铺贴________，后铺贴________；采用外防内贴法时，先铺贴________，后铺贴________。

25. 地下防水混凝土工程外墙施工缝的防水处理形式主要有________、________、________、________、________五种。

26. 地下工程涂料防水层施工，可以采用________或________两种方法。

27. 防水涂料施工应________涂布，施工缝接缝宽度应大于________。

28. 聚氨酯防水涂料是双组分反应固化型的防水涂料，其表干时间不超过________，实干时间不超过________。

29. 膨润土防水毡的固定应采用________；永久收口部位应用________和________固定，并用________覆盖。

30. 屋面防水工程根据建筑物的类别、重要程度、使用功能要求等，分为________个等级；对防水有特殊要求的建筑屋面，应进行________。

31. 卫生间蓄水试验，蓄水高度一般为________，蓄水时间________。

32. 地下工程常采用的排水方法有________和________。

33. 卷材进场应检查________、核实________及________，并根据有关规定进行________。

8-8 单项选择题解析

二、单项选择题

1. 下列各种地下防水工程，应采用一级防水等级设防的是（　　）。

A. 涵洞　B. 计算机房

C. 食堂　D. 停车场

2. 不允许渗水，结构表面可有少量湿渍要求的地下工程防水等级标准为（　　）。

A. 一级　B. 二级　C. 三级　D. 四级

3. 对于一般建筑而言，其屋面防水等级、设防要求为（　　）。

A. Ⅰ级，两道防水设防　B. Ⅰ级，一道防水设防

C. Ⅱ级，两道防水设防　D. Ⅱ级，一道防水设防

4. 高聚物改性沥青卷材的特点不包括（　　）。

A. 高温不流淌　B. 低温不脆裂　C. 抗拉强度高　D. 延伸率小

5. 适合高聚物改性沥青防水卷材用的基层处理剂是（　　）。

A. 冷底子油　B. 氯丁胶沥青乳胶　C. 二甲苯溶液　D. A 和 B

6. 受冻、冻融循环作用时，拌制防水混凝土应优先选取（　　）。

A. 普通硅酸盐水泥　B. 矿渣硅酸盐水泥

C. 火山灰质硅酸盐水泥　D. 粉煤灰硅酸盐水泥

7. 下列有关普通防水混凝土所用的砂、石，说法不正确的是（　　）。

A. 石子最大粒径不宜大于 40mm

B. 泵送时石子粒径不大于输送管径的 1/4

C. 不得使用碱活性骨料

D. 砂宜采用细砂

8. 补偿收缩混凝土中掺入的外加剂是（　　）。

A. 减水剂　B. 早强剂　C. 膨胀剂　D. 缓凝剂

9. 防水保护层采用下列材料时，须设置表面分格缝的是（　　）。

A. 绿豆砂　B. 云母　C. 蛭石　D. 水泥砂浆

10. 合成高分子防水涂料不包括（　　）。

A. 氯丁橡胶改性沥青涂料　B. 聚氨酯防水涂料

C. 丙烯胶防水涂料　D. 有机硅防水涂料

11. 采用热熔法粘贴 SBS 改性沥青防水卷材的施工工序中不包括（　　）。

A. 铺撒热沥青　B. 滚铺卷材　C. 排气辊压　D. 刮封接口

12. 防水卷材可在（　　）进行施工。

A. 气温为15℃的雨天　　B. 气温为−8℃的雪天

C. 气温为25℃且有五级风的晴天　　D. 气温为20℃且有三级风的晴天

13. 地下工程的防水卷材的设置与施工最宜采用（　　）法。

A. 外防外贴　　B. 外防内贴　　C. 内防外贴　　D. 内防内贴

14. 当屋面坡度（　　）时，防水卷材应采取固定措施。

A. 小于3%　　B. 在3%～15%之间　　C. 大于15%　　D. 大于25%

15. 防水卷材的铺贴应采用（　　）。

A. 平接法　　B. 搭接法　　C. 顺接法　　D. 层叠法

16. 防水卷材施工中，当铺贴连续多跨和有高低跨的屋面卷材时，应按（　　）的次序。

A. 先高跨后低跨，先远后近　　B. 先低跨后高跨，先近后远

C. 先屋脊后屋檐，先远后近　　D. 先屋檐后屋脊，先近后远

17. 高聚物改性沥青防水卷材施工中，采用冷胶黏剂进行卷材与基层、卷材与卷材黏结的施工方法称为（　　）。

A. 条粘法　　B. 自粘法　　C. 冷粘法　　D. 热熔法

18. 涂膜防水屋面施工时，其胎体增强材料长边搭接宽度不得小于（　　），短边搭接宽度不得小于（　　）。

A. 50mm；50mm　　B. 50mm；70mm　　C. 70mm；50mm　　D. 70mm；70mm

19. 地下防水混凝土的施工缝应留在墙身上，并距墙身洞口边不宜小于（　　）mm。

A. 200　　B. 300　　C. 400　　D. 500

20. 某工程地下防水混凝土共有700m^3，如一次性连续浇筑，则应该留置（　　）组抗渗试件。

A. 2　　B. 7　　C. 1　　D. 14

21. 屋面防水层施工时，同一坡面的防水卷材，最后铺贴的应为（　　）。

A. 水落口部位　　B. 天沟部位　　C. 沉降缝部位　　D. 大屋面

22. 在铺贴卷材防水层时应采用搭接方法，各层卷材长边和短边的最短宽度分别不应小于（　　）mm。

A. 70，100　　B. 70，80　　C. 60，100　　D. 100，70

23. 下列不属于常用防水混凝土的是（　　）。

A. 普通防水混凝土　　B. 膨胀水泥防水混凝土

C. 高强防水混凝土　　D. 外加剂防水混凝土

24. 下列关于防水砂浆防水层施工的说法中，正确的是（　　）。

A. 砂浆防水工程是利用一定配合比的水泥浆和水泥砂浆（防水砂浆）分层分次施工，相互交替抹压密实的封闭防水整体

B. 防水砂浆防水层的背水面基层的防水层采用五层做法，迎水面基层的防水层采用四层做法

C. 防水层每层应连续施工，素灰层与砂浆层可不在同一天施工完毕

D. 揉浆是使水泥砂浆与素灰相互渗透结合牢固，既保护素灰层又起到防水作用，当揉浆困难时，允许加水稀释

25. 下列关于掺防水剂水泥砂浆防水层施工的说法中，错误的是（　　）。

A. 施工工艺流程为：找平层施工→防水层施工→质量检查

B. 当施工采用抹压法时，先在基层涂刷一层1∶0.4的水泥浆，随后分层铺抹防水砂浆，每层厚度为10～15mm，总厚度不小于30mm

C. 氯化铁防水砂浆施工时，底层防水砂浆抹完12h后，抹压面层防水砂浆，其厚13mm分两遍抹压

D. 防水层施工时的环境温度为5～35℃

26. 下列关于涂料防水施工工艺的说法中，错误的是（　　）。

A. 防水涂料防水层属于柔性防水层

B. 一般采用外防外涂和外防内涂施工方法

C. 其施工工艺流程为：找平层施工→保护层施工→防水层施工→质量检验

D. 找平层有水泥砂浆找平层、沥青砂浆找平层、细石混凝土找平层三种

27. 下列关于涂料防水层中防水层施工的说法中，正确的是（　　）。

A. 湿铺法是在铺第三遍涂料时，边倒料、边涂刷、边铺贴的操作方法

B. 对于流动性差的涂料，为便于抹压，加快施工进度，可以采用分条间隔施工的方法，条带宽800～1000mm

C. 胎体增强材料混合使用时，一般下层采用玻璃纤维布，上层采用聚酯纤维布

D. 所有收头均应用密封材料压边，压边宽度不得小于 20mm

28. 涂料防水层施工中，下列保护层不适于在立面使用的是（　　）。

A. 细石混凝土保护层　　B. 水泥砂浆保护层

C. 泡沫塑料保护层　　D. 砖墙保护层

29. 下列关于水泥砂浆地面施工的说法中，错误的是（　　）。

A. 在现浇混凝土或水泥砂浆垫层、找平层上做水泥砂浆地面面层时，其抗压强度达 1.2MPa 后，才能铺设面层

B. 地面抹灰前，应先在四周墙上 1200mm 处弹出一道水平基准线，作为水泥砂浆面层标高的依据

C. 铺抹水泥砂浆面层前，先将基层浇水湿润，刷一道素水泥浆结合层，并随刷随抹

D. 水泥砂浆面层施工完毕后，要及时进行浇水养护，必要时可蓄水养护，养护时间不少于 7d，强度等级应不小于 15MPa

30.《屋面工程质量验收规范》（GB 50207—2012）中，屋面找平层分格缝纵横间距不宜大于（　　）m。

A. 3　　B. 4　　C. 5　　D. 6

31. 找平层施工完毕后，应及时进行覆盖浇水养护，养护时间宜为（　　）d。

A. 7～10　　B. 10～14　　C. 14～18　　D. 24～28

32. 地下防水工程等级分为四级，其中（　　）级防水等级要求最高。

A. 一　　B. 二　　C. 三　　D. 四

33. 冷贴法铺贴卷材时，接缝口应用密封材料封严，宽度不应小于（　　）mm。

A. 5　　B. 7　　C. 8　　D. 10

34. 粘贴高聚物改性沥青防水卷材使用最多的是（　　）。

A. 热黏结剂法　　B. 热熔法　　C. 冷粘法　　D. 自粘法

35. 冷粘法是指用（　　）粘贴卷材的施工方法。

A. 喷灯烘烤　　B. 胶黏剂　　C. 热沥青胶　　D. 卷材上的自粘胶

36. 在涂膜防水屋面施工的工艺流程中，基层处理剂干燥后的第一项工作是（　　）。

A. 基层清理　　B. 节点部位增强处理

C. 涂布大面防水涂料　　D. 铺贴大面胎体增强材料

37. 防水涂膜可在（　　）进行施工。

A. 气温为 20℃的雨天　　B. 气温为－5℃的雪天

C. 气温为 38℃的无风晴天　　D. 气温为 25℃且有三级风的晴天

38. 防水混凝土养护时间不得少于（　　）。

A. 7d　　B. 14d　　C. 21d　　D. 28d

39. 高分子卷材正确的铺贴施工工序是（　　）。

A. 底胶→卷材上胶→滚铺→上胶→覆层卷材→着色剂

B. 底胶→滚铺→卷材上胶→上胶→覆层卷材→着色剂

C. 底胶→卷材上胶→滚铺→覆层卷材→上胶→着色剂

D. 底胶→卷材上胶→上胶→滚铺→覆层卷材→着色剂

40. 屋面层防水刷冷底子油的作用是（　　）。

A. 增加一道防水层　　B. 加强沥青与找平层黏结

C. 防止水分蒸发引起空鼓　　D. 保护找平层不受沥青侵蚀

41. 基层含水率过高会使铺设的防水层产生（　　）现象。

A. 开裂　　B. 流淌　　C. 起鼓　　D. 老化

42. 屋面防水设防要求为一道防水设防的建筑，其防水等级为（　　）。

A. Ⅰ级　　B. Ⅱ级　　C. Ⅲ级　　D. Ⅳ级

43. 平屋面采用结构找坡时，屋面防水找平层的排水坡度不应小于（　　）%。

A. 1　　B. 1.5　　C. 2　　D. 3

44. 屋面自粘高聚物改性沥青防水卷材，卷材搭接宽度至少应为（　　）mm。

A. 60　　B. 70　　C. 80　　D. 100

45. 屋面防水卷材平行屋脊的卷材搭接缝，其方向应（　　）。

A. 顺流水方向　　B. 垂直流水方向

C. 顺年最大频率风向　　D. 垂直年最大频率风向

46. 铺贴连续多跨的屋面卷材时，应按（　　）的次序施工。

A. 先低跨后高跨　　B. 先高跨后低跨　　C. 先大面后细部　　D. 高低跨同时

47. 当屋面坡度达到（　　）%时，卷材必须采用满粘和钉压固定措施。

A. 3　　B. 10　　C. 15　　D. 25

48. 屋面细石混凝土防水层与基层间宜设置隔离层，隔离层不宜采用（　　）。

A. 纸筋灰　　B. 麻刀灰　　C. 高强度等级砂浆　　D. 干铺卷材

49. 屋面防水层用细石混凝土作保护层时，细石混凝土应留设分格缝，其纵横间距一般最大为（　　）m。

A. 5　　B. 6　　C. 8　　D. 10

50. 立面或大坡面铺贴防水卷材时，应采用的施工方法是（　　）。

A. 空铺法　　B. 点粘法　　C. 条粘法　　D. 满粘法

51. 关于屋面卷材防水保护层的说法，正确的是（　　）。

A. 水泥砂浆保护层的表面抹平压光，并设表面分格缝，分割面积最大不宜超过 $36m^2$

B. 水泥砂浆、块材或细石混凝土保护层与防水层之间设置隔离层

C. 刚性保护层与女儿墙、山墙之间应预留宽度 10mm 的缝隙

D. 块体材料保护层应留设分格缝，分格面积不宜大于 $150m^2$，分格缝宽度不宜小于 10mm

52. 热熔型防水涂料大面积施工时，最适宜的施工方法是（　　）。

A. 喷涂施工　　B. 滚涂施工　　C. 刮涂施工　　D. 刷涂施工

53. 关于屋面防水水落口做法的说法，正确的是（　　）。

A. 防水层贴入水落口杯内不应小于 30mm，周围直径 500mm 范围内的坡度不应小于 3%

B. 防水层贴入水落口杯内不应小于 30mm，周围直径 500mm 范围内的坡度不应小于 5%

C. 防水层贴入水落口杯内不应小于 50mm，周围直径 500mm 范围内的坡度不应小于 3%

D. 防水层贴入水落口杯内不应小于 50mm，周围直径 500mm 范围内的坡度不应小于 5%

54. 关于卫生间防水基层找平的说法，正确的是（　　）。

A. 采用 1∶3 水泥砂浆进行找平处理，厚度 20mm

B. 采用 1∶3 水泥砂浆进行找平处理，厚度 30mm

C. 采用 1∶4 水泥砂浆进行找平处理，厚度 30mm

D. 采用1∶5水泥砂浆进行找平处理，厚度30mm

55. 厨房地面与墙体连接处，防水层往墙面上翻高度不得低于（　　）mm。

A. 200　　B. 250　　C. 300　　D. 500

56. 厨房、卫生间防水一般采用（　　）做法。

A. 混凝土防水　　B. 水泥砂浆防水　　C. 沥青防水　　D. 涂膜防水

57. 关于室内管根及墙角处理的说法，正确的是（　　）。

A. 管根及墙角处抹圆弧，半径10mm，管根与找平层之间应留出20mm宽10mm深凹槽

B. 管根及墙角处抹圆弧，半径20mm，管根与找平层之间应留出30mm宽20mm深凹槽

C. 管根及墙角处抹方形，半径10mm，管根与找平层之间应留出20mm宽10mm深凹槽

D. 管根及墙角处抹方形，半径20mm，管根与找平层之间应留出30mm宽20mm深凹槽

58. 有淋浴设施的厕浴间墙面防水层高度不应小于（　　）m，并与楼地面防水层交圈。

A. 1.0　　B. 1.5　　C. 1.8　　D. 2.0

59. 厕浴间、厨房采用涂膜防水时，最后一道涂膜施工完毕尚未固化前，应在其表面均匀地撒上少量干净的（　　），以增加与即将覆盖的水泥砂浆保护层之间的粘贴力。

A. 豆石　　B. 矿渣　　C. 细砂　　D. 粗砂

60. 厕浴间、厨房防水层完工后，应做（　　）h蓄水试验。

A. 8　　B. 12　　C. 24　　D. 48

61. 厨房、厕浴间防水层经多遍涂刷，单组分聚氨酯涂膜总厚度不应低于（　　）mm。

A. 1.5　　B. 2.0　　C. 3.0　　D. 5.0

62. 关于室内防水高度的说法，正确的是（　　）。

A. 地面四周与墙体连接处，防水层应往墙面上翻150mm以上，有淋浴设施的厕浴间墙面，防水层高度不应小于1.2m，并与楼地面防水层交圈

B. 地面四周与墙体连接处，防水层应往墙面上翻200mm以上，有淋浴设施的厕浴间墙面，防水层高度不应小于1.5m，并与楼地面防水层交圈

C. 地面四周与墙体连接处，防水层应往墙面上翻250mm以上，有淋浴设施的厕浴间墙面，防水层高度不应小于1.6m，并与楼地面防水层交圈

D. 地面四周与墙体连接处，防水层应往墙面上翻250mm以上，有淋浴设施的厕浴间墙面，防水层高度不应小于1.8m，并与楼地面防水层交圈

63. 关于室内防水立管外设置套管的说法，正确的是（　　）。

A. 高出铺装层地面10～30mm，内径要比立管外径大2～5mm，空隙嵌填密封膏

B. 高出铺装层地面10～30mm，内径要比立管外径大5～7mm，空隙嵌填密封膏

C. 高出铺装层地面20～50mm，内径要比立管外径大2～5mm，空隙嵌填密封膏

D. 高出铺装层地面20～50mm，内径要比立管外径大5～7mm，空隙嵌填密封膏

64. 地下工程防水混凝土墙体的水平施工缝应留在（　　）。

A. 顶板与侧墙的交接处　　B. 底板与侧墙的交接处

C. 低于顶板底面不小于300mm的墙体上　　D. 高出底板表面不小于300mm的墙体上

65. 下列环境中，可以进行防水工程防水层施工的是（　　）。

A. 雨天　　B. 夜间　　C. 雪天　　D. 六级大风

66. 关于地下工程防水混凝土配合比的说法，正确的是（　　）。

A. 水泥用量必须大于300kg/m^3　　B. 水胶比不得大于0.45

C. 泵送时入泵坍落度宜为120～160mm　　D. 预拌混凝土的初凝时间宜为4.5～10h

67. 防水混凝土结构中迎水面钢筋保护层厚度最小应为（　　）mm。

A. 40　　B. 45　　C. 50　　D. 55

68. 水泥砂浆防水层可用于地下工程防水的最高温度是（　　）℃。

A. 25　　B. 50　　C. 80　　D. 100

69. 水泥砂浆防水层终凝后应及时进行养护，养护温度不宜低于（　　）℃。

A. 0　　B. 5　　C. 10　　D. 15

70. 聚合物水泥砂浆硬化后应采用（　　）的方法养护。

A. 浇水养护　　B. 干湿交替　　C. 干燥养护　　D. 覆盖养护

71. 地下工程铺贴高聚物改性沥青卷材应采用（　　）施工。

A. 冷粘法　　B. 自粘法　　C. 热风焊接法　　D. 热熔法

72. 铺贴厚度小于 3mm 的地下工程高聚物改性沥青卷材时，严禁采用的施工方法是（　　）。

A. 冷粘法　　B. 热熔法　　C. 满粘法　　D. 空铺法

73. 关于涂料防水的说法，正确的是（　　）。

A. 有机防水涂料宜用于结构主体的迎水面或背水面

B. 无机防水涂料宜用于结构主体的迎水面或背水面

C. 防水涂膜多遍完成，每遍涂刷时应顺同一方向交替搭接

D. 涂料防水层中胎体增加材料上下两层应相互垂直铺贴

74. 卷材、涂膜防水屋面（正置式）的一般构造层次自下而上排列正确的是（　　）。

A. 结构层、保温层、找坡层、找平层、隔汽层、防水层、保护层

B. 结构层、找平层、隔汽层、保温层、找坡层、找平层、防水层、隔离层、保护层

C. 结构层、找平层、隔汽层、保温层、找平层、找坡层、隔离层、防水层、保护层

D. 结构层、隔汽层、找平层、保温层、隔离层、找坡层、找平层、防水层、保护层

75. 倒置式屋面的一般构造层次自下而上正确的是（　　）。

A. 结构层、找坡层、找平层、防水层、保温层、隔离层、保护层

B. 结构层、防水层、找坡层、找平层、保温层、隔离层、保护层

C. 结构层、找坡层、找平层、防水层、隔离层、保温层、保护层

D. 结构层、保温层、找坡层、找平层、防水层、隔离层、保护层

76. 地下室外墙卷材防水层施工做法中，正确的是（　　）。

A. 卷材防水层铺设在外墙的迎水面上　　B. 卷材防水层铺设在外墙的背水面上

C. 外墙外侧卷材采用空铺法　　D. 铺贴双层卷材时，两层卷材相互垂直

77. 关于屋面涂膜防水层施工工艺的说法，正确的是（　　）。

A. 水乳型防水涂料宜选用刮涂施工　　B. 反应固化型防水涂料宜选用喷涂施工

C. 聚合物水泥防水涂料宜选用滚涂施工　　D. 热熔型防水涂料宜选用喷涂施工

三、多项选择题

1. 外加剂防水混凝土所掺加的外加剂类型有（　　）。

A. 引气剂　　B. 早强剂　　C. 密实剂

D. 防水剂　　E. 膨胀剂

8-9 多项选择题解析

2. 以下防水卷材品种属于合成高分子类卷材的有（　　）。

A. 自粘聚合物改性沥青防水卷材　　B. 三元乙丙橡胶防水卷材

C. 聚氯乙烯防水卷材　　D. 聚乙烯丙纶复合防水卷材

E. 高分子自粘胶膜防水卷材

3. 下列关于地下工程所采用的高聚物改性沥青，说法正确的有（　　）。

A. 卷材防水层为单层或双层　　B. 单层使用时，厚度不应小于 3mm

C. 单层使用时，厚度不应小于 4mm　　D. 双层使用时，总厚度不应小于 6mm

E. 双层使用时，总厚度不应小于 7mm

4. 地下工程防水的设计和施工应遵循的原则包括（　　）。

A. 防、排、截、堵相结合　　B. 以防为主　　C. 刚柔相济

D. 因地制宜　　　　　　　　　　　　E. 综合治理

5. 下列关于屋面防水卷材搭接宽度的规定，正确的有（　　）。

A. 合成高分子防水卷材采用胶黏剂粘贴时，搭接宽度为 80mm

B. 合成高分子防水卷材采用单缝焊粘贴时，搭接宽度为 80mm

C. 合成高分子防水卷材采用双缝焊粘贴时，搭接宽度为 80mm

D. 高聚物改性沥青防水卷材采用胶黏剂粘贴时，搭接宽度为 80mm

E. 高聚物改性沥青防水卷材采用自粘法粘贴时，搭接宽度为 80mm

6. 铺贴后的防水卷材的质量验收内容不包括（　　）。

A. 检查防水层表面有无空鼓　　　　B. 检查防水层表面有无翘边

C. 检查搭接缝是否密封严密　　　　D. 检查防水层强度是否合格

E. 检查防水层延伸率是否合格

7. 进行屋面涂膜防水胎体增强材料施工时，错误的做法包括（　　）。

A. 铺设按由高向低的顺序进行　　　B. 屋面坡度大于 15%时应进行垂直于屋脊铺设

C. 上下层胎体应相互垂直铺设　　　D. 应按顺水流方向搭接

E. 多层胎体增强材料应错缝搭接

8. 相对于外贴法，地下工程卷材防水的内贴法的特点包括（　　）。

A. 施工期较长　　　　　　　　　　B. 节约地下外墙模板

C. 防水层易受结构沉降的影响　　　D. 要求基坑肥槽宽　　　E. 易修补

9. 地下工程防水混凝土结构，应符合的规定包括（　　）。

A. 结构厚度不应小于 350mm　　　　B. 裂缝宽度不得大于 0.2mm，并不得贯通

C. 迎水面钢筋保护层厚度不应小于 50mm　　D. 垫层混凝土强度等级不应小于 C10

E. 混凝土垫层厚度不应小于 150mm

10. 防水混凝土留施工缝，要注意的问题包括（　　）。

A. 施工缝留在底板处，顶板不宜留施工缝

B. 墙体的水平施工缝不应留在剪力与弯矩最大处

C. 墙体的水平施工缝应高于底板表面不应小于 200mm

D. 墙体有预留孔洞时，施工缝距孔洞边缘不应小于 300mm

E. 墙体垂直施工缝的留设应避开变形缝

11. 下列关于防水混凝土施工工艺的说法中，错误的是（　　）。

A. 水泥选用强度等级不低于 32.5 级

B. 在保证能振捣密实的前提下水灰比尽可能小，一般不大于 0.6，坍落度不大于 50mm

C. 为了有效起到保护钢筋和阻止钢筋的引水作用，迎水面防水混凝土的钢筋保护层厚度不得小于 35mm

D. 在浇筑过程中，应严格分层连续浇筑，每层厚度不宜超过 300～400mm，机械振捣密实

E. 墙体一般允许留设水平施工缝和垂直施工缝

12. 下列关于涂料防水中找平层施工的说法中，正确的是（　　）。

A. 采用沥青砂浆找平层时，滚筒应保持清洁，表面可涂刷柴油

B. 采用水泥砂浆找平层时，铺设找平层 12h 后，需洒水养护或喷冷底子油养护

C. 采用细石混凝土找平层时，浇筑时混凝土的坍落度应控制在 20mm，浇捣密实

D. 沥青砂浆找平层一般不宜在气温 0℃以下施工

E. 采用细石混凝土找平层时，浇筑完板缝混凝土后，应立即覆盖并浇水养护 3d，待混凝土强度等级达到 1.2MPa 时，方可继续施工

13. 防水工程按其所用材料不同可分为（　　）。

A. 卷材防水　　　B. 涂料防水　　　C. 砂浆、混凝土防水

D. 结构自防水　E. 防水层防水

14. 为提高防水混凝土的密实性和抗渗性，常用的外加剂有（　）。

A. 防冻剂　B. 减水剂　C. 引气剂　D. 膨胀剂　E. 防水剂

15. 高聚物改性沥青防水卷材的施工方法有（　）。

A. 热熔法　B. 热黏结剂法　C. 冷粘法　D. 自粘法　E. 热风焊接法

16. 某高层建筑，针对其屋面防水等级及设防要求的说法，正确的是（　）。

A. Ⅰ级防水　B. Ⅱ级防水　C. Ⅲ级防水

D. 一道防水设防　E. 两道防水设防

17. 屋面高聚物改性沥青防水卷材的常用铺贴方法有（　）。

A. 热熔法　B. 热黏结剂法　C. 冷粘法　D. 自粘法　E. 热风焊接法

18. 屋面卷材防水层上有重物覆盖或基层变形较大时，卷材铺贴优先采用的铺贴方法有（　）。

A. 空铺法　B. 点粘法　C. 条粘法　D. 冷粘法　E. 机械固定法

19. 关于屋面防水卷材铺贴时采用搭接法连接的说法，正确的是（　）。

A. 上下层卷材的搭接缝应对正　B. 上下层卷材的铺贴方向应垂直

C. 相邻两幅卷材的搭接缝应错开　D. 平行于屋脊的搭接缝应顺流水方向搭接

E. 垂直于屋脊的搭接缝应顺年最大频率风向搭接

20. 关于屋面涂膜防水层施工的说法，正确的有（　）。

A. 采用溶剂型涂料时，屋面基层应干燥　B. 前后两遍涂料的涂布方向应相互垂直

C. 胎体增强材料的铺设应由屋面最高处向下进行

D. 上下两层胎体增强材料应相互垂直铺设　E. 水泥砂浆保护层厚度不宜小于 20mm

21. 关于屋面刚性防水层施工的做法，正确的有（　）。

A. 防水层与女儿墙的交接处应做柔性密封处理

B. 细石混凝土防水层与基层间宜设置隔离层

C. 屋面坡度宜为 2%～3%，应使用材料做法找坡

D. 防水层的厚度不小于 40mm，钢筋网片保护层的厚度不应小于 10mm

E. 刚性防水层可以不设置分格缝

22. 关于屋面卷材铺贴的做法，正确的有（　）。

A. 距屋面周边 800mm 以内以及叠合层铺贴的隔层卷材之间应满铺

B. 屋面坡度小于 3%，卷材宜垂直屋脊铺贴

C. 卷材铺贴在基层的转角处，找平层应做圆弧形

D. 卷材找平层设分格缝时，分格缝宜设于板端缝位置，并填密封材料

E. 卷材防水层上有重物覆盖或基层变形较大时，不应采取空铺法和点粘或条粘施工

23. 屋面防水层施工时，应设置附加层的部位有（　）。

A. 阴阳角　B. 变形缝　C. 屋面设备基础　D. 水落口　E. 天沟

24. 关于室内防水工程施工要求的说法，正确的有（　）。

A. 地面四周与墙体连接处，防水层应往墙面上翻 150mm 以上

B. 有淋浴设施的厕浴间墙面，防水层高度不应小于 1.8m，并与楼地面防水层交圈

C. 使用高分子防水涂料、聚合物水泥防水涂料时，防水层厚度不应小于 1.2mm

D. 界面渗透型防水液与柔性防水涂料复合施工时厚度不应小于 0.8mm

E. 聚乙烯丙纶防水卷材与聚合物水泥黏结料复合时，厚度不应小于 1.8mm

25. 厕浴间、厨房涂膜防水施工常用的防水涂料有（　）。

A. 聚氨酯防水涂料　B. 聚合物水泥防水涂料　C. 聚合物乳液防水涂料

D. 乳化沥青防水涂料　E. 渗透结晶型防水涂料

26. 厕浴间、厨房聚氨酯防水涂料施工工艺流程中，保护层、饰面层施工前应进行的工序包括

（　　）。

A. 清理基层　　B. 细部附加层施工　C. 多遍涂刷聚氨酯防水涂料

D. 第一次蓄水试验　E. 第二次蓄水试验

27. 关于自粘法铺贴防水卷材的说法，正确的有（　　）。

A. 基层表面涂刷的处理剂干燥后及时铺贴卷材

B. 铺贴时不用排空卷材下面的空气，滚压粘贴牢固即可

C. 低温施工时，搭接部位应加热后再粘贴

D. 搭接缝口应采用材性相容的密封材料封严

E. 搭接缝部位宜以沥出沥青为度

28. 地下室防水层施工前，基层表面应（　　）。

A. 坚实　　B. 平整　　C. 光滑　　D. 洁净　　E. 充分湿润

29. 地下防水层及其胶黏剂应具有良好的（　　）。

A. 难燃性　　B. 耐水性　　C. 耐穿刺性　　D. 耐腐蚀性　　E. 相容性

30. 关于防水混凝土施工技术的说法，正确的有（　　）。

A. 混凝土胶凝材料总量不宜小于 $320kg/m^3$，其中水泥用量不宜小于 $260kg/m^3$

B. 含砂率宜为35%～40%，泵送时可增至45%

C. 防水混凝土采用预拌混凝土时，入泵坍落度宜控制在120～160mm，坍落度每小时损失不应大于20mm，坍落度总损失值不应大于40mm

D. 墙体有预留孔洞时，施工缝距孔洞边缘不应小于200mm

E. 养护时间不得少于14d

31. 关于地下防水层防水混凝土施工技术要求的说法，正确的有（　　）。

A. 防水混凝土拌合物应采用机械搅拌，搅拌时间不小于2min

B. 防水混凝土拌合物在运输后如出现离析，必须进行二次搅拌

C. 防水混凝土应连续浇筑，宜少留施工缝

D. 防水混凝土终凝后立即进行养护

E. 防水混凝土结构内部的各种钢筋和绑扎钢丝，可接触模板

32. 地下工程水泥砂浆防水层常见的种类有（　　）。

A. 加膜砂浆防水层　　B. 铺贴水泥砂浆防水层

C. 聚合物水泥砂浆防水层　　D. 掺外加剂水泥砂浆防水层

E. 刚性水泥砂浆防水层

33. 地下工程防水混凝土应连续浇筑，宜少留施工缝，当需要留设施工缝时其留设位置正确的有（　　）。

A. 墙体水平施工缝应留在底板与侧墙的交接处

B. 墙体有预留孔洞时，施工缝距孔洞边缘不宜大于300mm

C. 顶板、底板不宜留施工缝

D. 垂直施工缝宜与变形缝相结合

E. 板墙结合的水平施工缝可留在板墙接缝处

34. 地下工程防水卷材的铺贴方式可分为“外防外贴法”和“外防内贴法”，外贴法与内贴法相比较，其主要特点有（　　）。

A. 容易检查混凝土质量　　B. 浇筑混凝土时，容易碰撞保护墙和防水层

C. 不能利用保护墙作模板　　D. 工期较长

E. 土方开挖量大，且易发生塌方现象

35. 关于屋面卷材防水施工要求的说法，正确的有（　　）。

A. 先施工细部，再施工大面　　B. 平行屋脊搭接缝应顺水流方向

C. 大坡面铺贴应采用满粘法　　　　D. 上下两层卷材垂直铺贴

E. 上下两层卷材长边搭接缝错开

四、术语解释

8-10 术语解释解答

1. 满粘法
2. 空铺法
3. 条粘法
4. 点粘法
5. 热熔法
6. 冷粘法
7. 自粘法
8. 外加剂防水混凝土
9. 排汽屋面
10. 倒置式屋面
11. 冷底子油
12. 涂膜防水屋面
13. 防水混凝土
14. 外防外贴法
15. 外防内贴法

五、问答题

8-11 问答题解答

1. 试比较地下卷材防水的外贴法与内贴法的施工工艺顺序与特点。
2. 屋面防水卷材的施工顺序及铺设方向应如何确定？
3. 普通防水混凝土对原材料及配合比的要求有哪些？
4. 外加剂防水混凝土常用的外加剂有哪些？
5. 简述地下防水混凝土施工中常见的薄弱部位有哪些。
6. 简述地下防水涂料施工工艺。
7. 简述膨润土板施工工艺。
8. 简述卷材防水屋面找平层的施工要求。
9. 如何确定屋面防水卷材的铺贴方向与施工顺序？
10. 简述涂膜防水屋面施工工艺。
11. 简述刚性防水屋面隔离层和分格缝的作用及设置要求。
12. 简述地下防水混凝土施工缝的施工要求。

六、案例分析

8-12 案例分析参考答案

1. 某房屋建筑工程，建筑面积 26800m^2，地下 2 层，地上 7 层，钢筋混凝土框架结构。

在室内卫生间楼板二次埋置管施工过程中，施工总承包单位采用与楼板同抗渗等级的防水混凝土埋置套管。聚氨酯防水涂料施工完毕后，从下午 5:00 开始进行蓄水检验；次日上午 8:30，施工总承包单位要求项目监理机构进行验收。监理工程师对施工总承包单位的做法提出异议，不予验收。

【问题】

指出事件中的不妥之处，并写出正确的做法。

2. 某建筑工程，建筑面积 23000m^2，地上 10 层，地下 2 层（地下水位－2.0m）。结构主体地下室外墙采用 P8 防水混凝土浇筑，墙厚 250mm，钢筋净距 60mm，混凝土为商品混凝土。一、二层柱混凝土强度等级为 C40，以上各层柱为 C30。

在地下室外墙防水混凝土浇筑过程中，现场对粗骨料的最大粒径进行了检测，检测结果为 40mm。

【问题】

商品混凝土粗骨料最大粒径控制是否准确？请从地下结构外墙的截面尺寸、钢筋净距和防水混凝土的设计原则三方面分析本工程防水混凝土粗骨料的最大粒径。

3. 某办公大楼由主楼和裙楼两部分组成，平面呈不规则四方形，主楼 29 层，裙楼 4 层，地下 2 层，总建筑面积 81650m^2。该工程 5 月份完成主体施工，屋面防水施工安排在 8 月份。屋面防水层由一层聚氨酯防水涂料和一层自粘 SBS 高分子防水卷材构成。

主楼屋面防水工程检查验收时发现少量卷材起鼓，鼓包有大有小，直径大的达到 90mm，鼓包割破后发现有冷凝水珠。经查阅相关技术资料后发现：没有基层含水率试验和防水卷材粘贴试验记录；屋面防水工程技术交底要求自粘 SBS 卷材搭接宽度为 50mm，接缝口应用密封材料封严，宽度不小于 5mm。

【问题】

（1）试分析卷材起鼓的原因，并指出正确的处理方法。

（2）自粘 SBS 卷材搭接宽度和接缝口密封材料封严宽度应满足什么要求？

4. 某新建住宅工程，建筑面积 22000m^2，地下 1 层，地上 16 层，框架—剪力墙结构，抗震设防烈度 7 度。

屋面防水层选用 2mm 厚的改性沥青防水卷材，铺贴顺序和方向按照平行于屋脊、上下层不得相互垂直等要求，采用热粘法施工。

【问题】

屋面防水卷材铺贴方法有哪些？屋面卷材防水铺贴顺序和方向要求还有哪些？

5. 某办公楼工程，建筑面积 45000m^2，钢筋混凝土框架-剪力墙结构，地下 1 层，地上 12 层，层高 5m，抗震等级一级，地下工程防水为混凝土自防水和外粘卷材防水。

在地下防水工程质量检查验收时，监理工程师对防水混凝土强度、抗渗性能和细部节点构造进行了检查，提出了整改要求。

【问题】

地下工程防水分为几个等级？一级防水的标准是什么？防水混凝土验收时，需要检查哪些部位的设置和构造做法？

第九章 装饰装修工程

学习要点

第一节 概 述

1. 装饰装修

采用装饰装修材料或饰物，对建筑物或构筑物内、外表面及空间进行的各种处理过程。

2. 装饰装修内容

主要包括建筑地面、抹灰、门窗、吊顶、轻质隔墙、饰面板、饰面砖、幕墙、涂饰、裱糊与软包、细部、外墙防水等十二个子分部。

3. 作用

（1）保护结构，增强耐久性。

（2）完善功能，满足使用要求。

（3）美化环境，体现艺术性。

（4）协调建筑结构与设备之间的关系。

4. 施工特点

（1）工期长。

（2）手工作业量大。

（3）材料贵、造价高。

（4）质量要求高。

5. 发展途径

（1）发展和采用新型涂饰材料，以干作业代替湿作业。

（2）提高工业化程度，实行专业化生产和施工。

（3）实行机械化作业。

6. 常用规范

《建筑装饰装修工程质量验收标准》（GB 50210—2018）、《建筑地面工程施工质量验收规范》（GB 50209—2010）、《外墙饰面砖工程施工及验收规程》（JGJ 126—2015）、《玻璃幕墙

9-1 微课 40
装饰装修工程概述

工程技术规范》（JGJ 102—2001）、《金属与石材幕墙工程技术规范》（JGJ 133—2001）等。

第二节 抹灰工程

抹灰是将各种砂浆、装饰性石屑浆、石子浆涂抹在建筑物的墙面、顶棚、地面等表面上的施工过程。

一、抹灰的组成与分类

1. 抹灰的组成

（1）底层 主要起与基体的黏结和初步找平作用。

（2）中层 主要起找平作用。

（3）面层 主要起装饰作用。

各抹灰层的强度关系：底层≥中层≥面层。

2. 抹灰的分类

（1）按装饰效果或使用要求不同分为一般抹灰、装饰抹灰和特种抹灰三大类。

① 一般抹灰：石灰砂浆、水泥石灰砂浆、水泥砂浆、聚合物水泥砂浆、麻刀灰、纸筋灰、石膏灰等的抹灰。

② 装饰抹灰：水刷石、水磨石、斩假石、干粘石、拉毛灰、洒毛灰、聚合物砂浆的喷涂、滚涂、弹涂等的抹灰。

③ 特种抹灰：防水、保温、防辐射、抗渗等砂浆的抹灰。

（2）一般抹灰按质量标准不同分为普通抹灰、高级抹灰两个等级。

① 普通抹灰：一底层、一中层、一面层；表面光滑、洁净、接槎平整，阳角方正、分格缝清晰。

② 高级抹灰：一底层、两中层、一面层；表面光滑、洁净，颜色均匀、无抹纹，阴、阳角方正，分格缝和灰缝清晰美观。

二、基体处理

（1）钢、木门窗口与立墙交接处应用1∶3水泥砂浆或水泥混合砂浆嵌填密实。

（2）墙面的脚手架应堵塞严密，水暖、通风管道通过的墙洞、楼板洞及开槽安装的管道、埋件必须用1∶3水泥砂浆堵严、稳固。

（3）不同基体材料相接处钉铺金属网加强，每边不得少于100mm。

（4）混凝土表面油污用10%的碱水洗刷，光滑表面凿毛。

（5）加气混凝土基体表面清理干净，涂刷1∶1水泥胶浆，以封闭孔隙、增加表面强度。

三、抹灰材料要求

（1）石灰 充分熟化，灰膏不冻结、不风化；抹灰用的石灰膏的熟化期不应少于15d；罩面用的磨细石灰粉的熟化期不应少于3d。

（2）水泥、石膏 不过期。

（3）砂、石渣 洁净、坚硬、过筛。

（4）麻刀、纸筋 打乱、浸透、洁净、纤细。

（5）颜料 耐碱、耐光的矿物颜料或无机颜料。

（6）化工材料 如胶黏剂，应符合相应质量标准。

一般抹灰所用的砂浆要求黏结力好、易操作，无明确强度要求，因此常用体积比。

9-2 微课41
抹灰工程（1）

四、一般抹灰施工

1. 抹灰总厚度控制

内墙普通抹灰≤20mm，高级抹灰≤25mm，外墙抹灰≤20mm，勒脚及突出墙面部分≤25mm，石墙≤35mm。抹灰总厚度≥35mm，必须采取加强措施。

2. 墙面抹灰施工工艺

基体处理→拉线找方→贴饼→充筋→装档（底层、中层）→刮平、抹压（6～7成干）→面层。

3. 墙面抹灰施工要点

（1）抹灰前四角找方，横线找平，立线吊直，弹出墙裙、踢脚线，做标志，抹灰最薄处≥7mm，标志间间距为1.2～1.5m。

（2）非水泥砂浆墙面的阳角，应用1∶2水泥砂浆做不低于2m的护角，每侧宽度不应小于50mm。

（3）抹灰前1～2d浇水湿润，以免抹灰层产生空鼓或脱落。

（4）底层及中层抹完后的第二天即可抹面层砂浆。

（5）不得将墙裙、踢脚线的水泥砂浆抹在石灰砂浆基层上。室外抹灰由于面积较大，为了不显接缝，防止抹灰层开裂，一般应设有分格缝。

4. 楼地面抹灰施工工艺

清扫、清洗基层→弹面层线、做灰饼、标筋→扫素水泥浆→铺水泥砂浆→木杠刮平→木抹子压实、搓平→铁抹子压光（3遍）→养护。

5. 楼地面抹灰施工要点

（1）用铁抹子压光：分3遍（搓平后压头遍至出浆，初凝压2遍至平实，终凝前压3遍至平光）。出水时，撒1∶1水泥砂子面；过干时，稍洒水并撒1∶1水泥砂子面。

（2）12～24h后，喷刷养护薄膜剂或铺湿锯末洒水养护不少于7d。

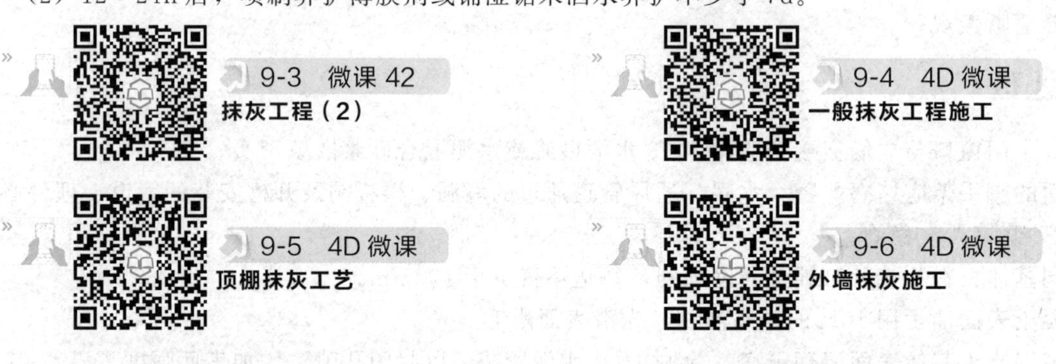

五、装饰抹灰施工

装饰抹灰的底层和中层做法与一般抹灰基本相同，区别主要是面层做法不同。

1. 水刷石

（1）弹线，粘分格条：在中层（终凝后）表面弹线，用水泥砂浆粘贴分格条。

（2）抹水泥石子浆：中层表面湿润，薄刮素水泥浆，抹水泥石子浆10～20mm，水泥石子体积比1∶[1.25(中八厘)～1.5(小八厘)]，稠度50～70mm。

（3）修整：水分稍干，刷水压实2～3遍。

（4）喷刷：指压无陷痕时，鬃刷蘸水刷去表面水泥浆，喷雾器喷水把浆冲掉。

（5）起分格条，局部修理。

（6）素灰勾缝，24h后洒水养护。

2. 干粘石

（1）做找平层，弹线、隔日粘分格条。

（2）抹黏结层，粘石渣：抹6mm厚1∶2.5水泥砂浆，随即抹4mm厚水泥浆，并甩石渣，拍平压实，压入1/2粒径以上。

（3）初凝前起出分格条，修补、勾缝。

3. 斩假石

（1）做找平层，弹线、粘分格条。

（2）抹面层：刮一层水泥浆，随即抹10mm厚1∶(2～2.5) 水泥石渣石屑浆（石渣粒径4mm，掺30%石屑），并用毛刷带水顺设计剁纹方向轻刷一次，洒水养护3～5d。

（3）弹线：分格缝周围或边缘留出15～20mm不剁。

（4）斩剁：用剁斧由上往下剁成平行齐直剁纹（60%～70%强度试剁）。

（5）起出分格条，清除残渣，素水泥浆勾缝。

4. 水磨石（楼地面）

（1）基层 抹20mm厚1∶3水泥砂浆，养护1～2d。

（2）分格 一般采用铜条（2～5mm厚，10～14mm宽），每米4眼，穿22号铁丝卧牢。

（3）面层 刷水泥浆一道；铺1∶(1.25～2) 水泥石渣浆（稠度30～35mm），高出分格条1～2mm，木抹子搓平；滚子反复滚压至出浆，2h后再纵横向各压一遍，钢抹子抹平；24h后洒水养护。

（4）磨光

① 时间：一般在养护2～5d后采用机磨；人工磨为养护1～2d后进行。见表9-1。

表9-1 水磨石面层开磨参考时间表

平均温度/℃	开磨时间/d	
	机磨	人工磨
20～30	2～3	1～2
10～20	3～4	1.5～2.5
5～10	5～6	2～3

② 方法与要求：见表9-2。

表9-2 现制水磨石磨光方法与要求

遍次	磨块规格	要求	磨后处理
一(粗磨)	60～80号	石渣外露，见分格条	冲洗、擦同色浆、养护
二(中磨)	100～150号	表面光滑，不显磨纹	冲洗、擦同色浆、养护
三(细磨)	180～240号	表面光亮	冲洗、涂草酸
四(磨净)	280号	出白浆	冲净、晾干、擦净、打蜡

第三节 饰面工程

饰面工程是指将块料面层镶贴（或安装）在墙柱表面以形成装饰层。主要安装方法：铺贴（地面）；粘、钉、铆、挂、连等（墙面）。

一、饰面砖镶贴

饰面砖应镶贴在湿润、干净、平整的基层上。对基体进行相应的处理并抹底灰，其方法与要求同抹灰工程。

（一）内墙釉面砖

1. 施工工艺流程

基体处理→抹灰找平→排砖、弹线→浸水、阴干→镶贴→嵌缝及清理。

2. 施工要点

（1）抹灰　6mm 厚 1∶3 水泥砂浆打底并划毛（混凝土墙面先用掺胶水泥浆拉毛或涂界面处理剂），养护 1～2d。

（2）排砖　从阳角开始，同一墙面宜排≤2 行（列）非整砖，且在顶、底部或不显眼的阴角处。

（3）弹线　弹出横、竖控制线。

（4）贴饼　用混合砂浆和废瓷砖按黏结层厚度贴标志块，间距 1.5m，上下用靠尺找垂直，横向拉线找平，阳角处两面垂直。

（5）垫底尺　作为向上贴砖的依托。

（6）贴瓷砖　用 1∶2 水泥砂浆（可掺适量石灰膏）涂于砖背面，放在垫尺上，轻敲砖面，挤满灰浆，靠尺找平直；从阳角开始，由下往上进行。

9-7　4D 微课
瓷砖墙面施工

墙长时，门口及阳角处或长墙面每隔 2m 先竖贴一排瓷砖，再向两侧挂线铺贴。

（7）嵌缝　采用专用嵌缝材料或白水泥浆，嵌缝后用棉纱擦拭干净，做好养护。

（二）外墙面砖

1. 施工工艺流程

施工准备→基体处理→排砖→拉通线、找规矩、做标志→弹线分格→镶贴→起出分格条→勾缝→清洗。

2. 施工要点

（1）选砖　分色、套方。

（2）预排

① 排砖原则：墙体大面及阳角部位都应是整砖。

② 排砖形式：横排与竖排；直缝排列与错缝排列；密缝排列（缝宽 1～3mm）与疏缝排列（缝宽 10～20mm）。

（3）弹线、分格

① 在外墙阳角处将钢丝固定绷紧，作为找准基线。

② 每隔 1500～2000mm 做标志块，并保证阳角方正。

③ 在找平层上弹出分层水平线和垂直控制线。

④ 按皮数杆弹出砖缝水平线。

（4）镶贴

① 自上而下进行，以配合落地式脚手架拆除，但在每步架内可自下而上进行。

② 用 1∶2 水泥砂浆，砖背刮灰厚度 6～10mm。

③ 放分格条后贴上皮，砂浆终凝后取出。

④ 仰面镶贴加临时支撑，隔夜拆除。

⑤ 做好排水坡、滴水线处理。

（5）勾缝及表面清理　分两次进行：第一次用 1∶1 水泥砂浆；第二次用设计要求的彩色水泥浆。缝的凹入深度为 3mm 左右。密缝处用同色水泥浆擦缝。

（三）地面砖及石材楼地面铺设

地面砖、大理石或花岗岩面层是将其板材铺设在干硬性水泥砂浆（以手握成团落地开花为宜）结合层上。

1. 施工工艺流程

基层处理→找标高、弹线→试拼、试排→贴饼、铺设找平层→铺贴→灌缝、擦缝→养护。

2. 施工要点

（1）基层处理 清理基层，浇水湿润，管线固定。

（2）弹线 弹地面标高线，四边取中挂十字线。

（3）试排块材 两个相互垂直方向干铺板材，检查排水坡度和板块间隙（石材≤2mm、水磨石≤3mm）。

（4）铺设 由中间开始十字铺设，再向各角延伸，小房间从里向外铺设。

① 基层或垫层上扫水泥浆结合层；

② 铺 10～30mm 厚 1∶(2～3) 干硬性水泥砂浆（比石材宽 20～30mm，长≤1m）；

③ 试铺板材，锤平压实，对缝，合格后搬开，检查试件表面是否平整（反复进行）；

④ 板材背后刮 2～3mm 厚的水泥浆，正式铺板材，锤平（水平尺检查）；浅色石材用白水泥浆及白水泥砂浆铺设。

（5）养护与灌缝 24h 后洒水养护 3d，检查无空鼓后用 1∶1 细砂浆灌缝至 2/3 高度，再用同色水泥浆擦严。表面擦净，3d 内禁止上人。

9-8 4D 微课
大理石楼面施工

（6）踢脚线镶贴 先镶贴两端，再挂线镶贴中间。方法：粘贴法、灌浆法。

二、石材饰面板安装

小规格的饰面板，安装高度≤1m 时，常采用与釉面砖类似的粘贴方法安装。大规格饰面板则需要一定的连接件安装。

（一）湿挂法

1. 优缺点

此法是传统施工方法，施工简单，但速度慢，易产生空鼓和“泛碱”现象，使用范围受限制。

2. 施工工艺流程

基体处理→绑扎钢筋→预拼编号→固定绑丝→板块就位及临时固定→灌浆→清理及嵌缝。

为阻止水泥砂浆析出的氢氧化钙渗透到石材表面“泛碱”，石材在安装前须进行防碱背涂处理。

3. 施工要点

（1）先在结构表面固定Φ6mm 钢筋骨架（预埋件或膨胀螺栓）。

（2）拉线、垫底尺，从阳角处或中间开始绑扎安装板块，离墙 20mm。

（3）找垂直后，四周用石膏临时固定（较大者加支撑）。

（4）用纸或石膏堵侧、底缝，板后灌 1∶2.5 水泥砂浆，每层 20～300mm 高，灌浆接缝留在板顶下 50～100mm 处（白色石材白水泥）。

（5）次日，剔掉石膏块，清理后安装第二行。

（二）干挂法

1. 优点

受结构变形影响较小，抗震能力强，施工速度快，并可避免“泛碱”现象。

2. 应用

表面较平整的钢筋混凝土墙体采用直接干挂法；

表面不平整的混凝土墙体、非钢筋混凝土墙体或利用饰面板造型的墙体采用骨架干挂法。

3. 施工工艺流程

墙面修整→墙面刷防水涂料→弹线→打孔→固定连接件→安装板块→调整固定→嵌缝→清理。

4. 施工要点

(1) 板材打孔　在板材上下顶面钻孔或开槽，槽孔深度 21～25mm，孔径或槽宽 6mm，位置准确。

(2) 安装固定板材　用不锈钢连接件，调整垂直度、平整度和水平度。

近年来，背栓式挂件得到广泛应用，其方法是在石材背面用柱锥式钻头钻孔，安装背栓和挂插件（每块板四个点），然后安装到与次龙骨临时固定的连接件上。

三、木质地板安装

木质地板通常采用架铺方式安装。

1. 施工工艺流程

地面处理→弹线→钻孔、埋木楔→安装木搁栅、整平→铺设防潮纸→安装面板→安装踢脚线。

2. 施工要点

(1) 与厕浴间、厨房等潮湿场所相邻的木质底板面层的连接处应做防水（防潮）处理。

(2) 木质面层铺设在水泥类基层上，其基层表面应坚硬、平整、洁净、不起砂，表面含水率不应大于 8%。

(3) 木搁栅应垫实钉牢，与柱、墙之间留出 20mm 的缝隙，表面应平直，其间距不宜大于 300mm。

(4) 当在面层下铺设垫层地板时，垫层地板的髓心应向上，板间缝隙不应大于 3mm，与柱、墙之间应留 8～12mm 的空隙，表面应刨平。

(5) 铺设实木地板、实木集成地板、竹地板面层时，相邻板材接头位置应错开不小于 300mm 的距离；与柱、墙之间应留 8～12mm 的空隙。

(6) 采用实木制作的踢脚线，背面应抽槽并做防腐处理。

四、金属幕墙安装

1. 建筑幕墙

建筑幕墙是指由金属构件与各种板材组成的悬挂在主体结构上的围护结构。

2. 分类

按材质可分为金属幕墙、石材幕墙、玻璃幕墙等。其中玻璃幕墙又可分为明框、隐框、半隐、全玻璃、挂架式等。

3. 施工工艺流程

定位放线→框架立柱安装→框架横梁安装→幕墙构件安装→嵌缝及节点处理。

4. 施工要点

(1) 放线　测量放线应与主体结构测量放线相配合，水平标高要逐层从地面引上，以免误差积累。

(2) 立柱安装　立柱先连接好连接件，再将连接件点焊在主体结构的预埋钢板上，然后调整位置。立柱一般两层 1 根，上、下立柱之间应留有不小于 20mm 的缝隙，闭口型材可采用长度不小于

250mm 的芯柱连接，芯柱与立柱应紧密配合。

连接件与预埋件的连接，可采用螺栓连接和焊接。

【注意】 在立柱与连接件接触面之间一定要加防腐隔离垫片。

(3) 横梁安装 横竖杆件均是型钢时，可采用焊接，也可以采用螺栓连接。铝合金型材骨架，一般通过铝拉铆钉与连接件进行固定。连接件为角铝或角钢。

(4) 玻璃安装 玻璃的镀膜面朝向室内。玻璃不能与其他构件直接接触，下部应有定位垫块，宽度同槽口，长度不小于 100mm。

(5) 防火保温节点处理 防火保温材料的安装应严格按设计要求施工，防火材料宜采用整块岩棉，固定防火保温材料的防火封板采用厚度不应小于 1.5mm 的镀锌钢板锚固牢靠。幕墙四周与主体结构之间的缝隙，应采用防火保温材料堵塞。

第四节 门窗与吊顶工程

一、门窗安装工程

门窗按材料分为木门窗、钢门窗、铝合金门窗和塑钢门窗四大类。

门窗常用后塞口方法安装。

(一) 塑钢及铝合金门窗的安装

1. 施工工艺流程 (后塞口)

检查洞口尺寸、抹底灰→框上安装连接铁件→立樘子、校正→连接铁件与墙体固定→框边填塞弹性闭孔材料→做洞口饰面面层→注密封膏→安装玻璃→安装五金件→清理→撕下保护膜。

2. 施工准备

(1) 核对门窗的型号、规格、开启形式和方向。拆除包装，但不撕保护膜。

(2) 洞口的检查、处理。

① 结构留洞尺寸应比窗框大：清水墙为 10mm，一般抹灰为 15～20mm；贴面砖为 20～25mm；石材墙面为 40～50mm。

② 洞口周边抹 3～5mm 厚 1∶3 水泥砂浆，搓平、划毛。

(3) 弹门窗安装准线。

3. 安装要点

(1) 安装连接件

① 材料：厚≥1.5mm、宽度≥15mm 的镀锌钢板。

② 固定点位置：距角、中框 150～200mm；中距：≤600mm。

③ 安装方法：钻 ϕ3.2mm 孔，拧入 ϕ4mm×15mm 自攻螺钉。

(2) 立框与固定

① 按线就位，用木楔临时固定，校正其正、侧面垂直度、对角线和水平度。

② 最后固定：

a. 混凝土墙：射钉或膨胀螺栓；

b. 砖墙：塑料胀管螺钉或水泥钉，每个连接件≥2 钉，避开砖缝；

c. 预埋木砖：2 只木螺钉将连接件紧固在木砖上。

【注意】 固定点距结构边缘均不得小于 50mm。

(3) 填缝 洞口面层施工前，撤去木楔，填满泡沫塑料等闭孔弹性材料。

保温、隔声窗：抹灰面应包括部分窗框，在缝隙内挤入嵌缝膏。

（4）安装五金件　在框上钻孔，再拧入自攻螺钉。严禁锤击打入。

（5）安装玻璃　玻璃不得与槽壁直接接触。下部垫承重垫块（位置靠近门窗扇的承重点）；其他部位粘定位垫块（使用聚氯乙烯胶）。

4. 安装要求

门窗及附件质量应符合设计要求和有关标准的规定。门窗安装的位置、开启方向符合设计要求。预埋件的数量、位置、埋件连接方法必须符合要求，固定点及间距正确，框、扇安装牢固，推拉门窗扇有防脱落措施。门窗扇开关灵活、关闭严密，无倒翘。门窗与墙体间缝隙用闭孔材料填嵌饱满，表面密封胶黏结牢固、光滑、顺直、无裂纹。

9-11　4D 微课
塑钢窗安装施工

（二）钢质防火门的安装工程

防火门按耐火极限分为甲、乙、丙三级，耐火极限分别为 1.2h、0.9h、0.6h。按材质分为钢质防火门、复合玻璃防火门和木质防火门。钢质防火门应用最广。

钢质防火门是采用优质冷轧钢板作为门扇、门框的结构材料，经冷加工成型。门扇内部填充耐火材料。

1. 施工工艺流程

弹线→立框→临时固定、找正→固定门框→门框填缝→安装门扇→五金安装→检查清理。

2. 施工要点

（1）安装连接件

① 门洞两侧做好预埋铁件或钻孔安装 ϕ12mm 膨胀螺栓。

② 门框上安装 Z 形铁脚。

（2）安门框　弹门框位置线；拆门框下部的拉结板；门框埋入 20mm；临时固定、校正；将门框铁脚与预埋件焊牢；框内灌注 M10 水泥素浆，养护 21d。

（3）填缝　门框周边缝隙，用 1∶2 水泥砂浆嵌塞牢固，应保证与墙体黏结成整体。

（4）安装门扇及附件　抹灰干燥后安装门扇、五金件。门缝均匀平整，开启轻便，不得有过紧、过松和反弹现象。

二、吊顶工程

吊顶主要由吊杆、龙骨、罩面板三部分组成。吊顶有固定式、活动式、开敞式和金属板吊顶四种类型。

1. 施工条件

顶棚内的通风、空调、消防、电气线路等管线及设备已安装完毕。

2. 施工工艺流程

弹线→固定吊杆→安装主龙骨→按水平标高线调整主龙骨→主龙骨底部弹线→安装中、小龙骨→固定边龙骨→安装横撑龙骨→安装罩面板。

3. 施工要点

（1）弹线　根据吊顶的设计标高，在墙壁四周弹出龙骨的水平控制线。

（2）固定吊杆　可用钢筋制作，常用镀锌通丝吊杆。非上人吊顶吊杆直径 4～6mm，上人吊顶吊杆直径≥8mm。吊杆间距 900～1200mm，主龙骨距墙≤100mm，端部悬挑长度≤300mm。

（3）固定龙骨　较大房间，主龙骨应按短跨长度的 1/300～1/200 起拱。次龙骨间距 300～600mm。检修孔、上人孔、通风箅子等部位，应及时留孔并安装封边龙骨。

（4）安装罩面板　安装方法有搭装法、嵌入法、粘贴法、钉固法、卡固法。

4. 施工注意事项

（1）龙骨及罩面板在运输、储存及安装过程中应做好保护，防止变形、损伤、划痕。

（2）龙骨不得悬吊在设备、管线上。较大灯具处应做加强龙骨，重型灯具及吊扇等应单独悬挂。

（3）埋件、钢吊杆等应进行防锈处理；木质杆件须做防火处理。

（4）罩面板需在吊顶内的管线及设备调试及验收完成，且龙骨安装完毕并通过隐蔽验收后进行。

5. 吊顶工程隐蔽工程项目验收内容

（1）吊顶内管道、设备的安装及水管试压。

（2）木龙骨防火、防腐处理。

（3）预埋件或拉结筋。

（4）吊杆安装。

（5）龙骨安装。

（6）填充材料的设置。

第五节 涂饰与裱糊工程

一、涂饰工程

涂饰是将涂料涂敷于基体表面，且与基体很好地黏结，干燥后形成完整的装饰、保护膜层。具有施工方便、装饰效果较好、经久耐用、便于更新等优点。

按涂料分散介质（稀释剂）的不同可分为溶剂型涂料、乳液型涂料、水性涂料。

（一）施工条件

1. 基体含水率要求

① 混凝土或抹灰：溶剂型涂料≤8%，乳液型涂料≤10%。

② 木材制品：≤12%。

以免水分蒸发使涂膜起泡、形成针眼和黏结不牢。

2. 基体龄期要求

抹灰面≥14d；混凝土≥30d，以防发生化学反应。

3. 施工环境

清洁无灰尘，温度≥10℃，湿度≤60%。大风、雨、雪天气不宜在室外施工。

（二）涂饰施工

1. 基体处理

（1）表面干净、坚实，无酥松、脱皮、起壳、粉化等。

（2）处理要求：

① 混凝土或抹灰面：缺棱掉角用1∶3水泥砂浆（或聚合物砂浆）修补；表面麻面、缝隙及凹陷处用腻子填补修平。涂刷抗碱封闭底漆或清除疏松层并涂刷界面剂。

② 石膏板表面：嵌缝及粘纱布带、钉帽涂防锈漆两道，腻子修平。

③ 木料表面：石膏腻子修补缺陷、打底、砂纸磨光。

④ 金属表面：表面干燥，刷防锈漆。

2. 刮腻子与磨平

（1）腻子种类　取决于基体材料、所处环境及涂料种类。

① 室外墙面：水泥类腻子；

② 室内厨房、卫生间墙面：耐水腻子；

③ 木材表面：石膏类腻子；

④ 金属表面：专用金属面腻子。

（2）要求　刮腻子、打砂纸，一般 2～3 遍，总厚度一般≤5mm。

3. 涂饰方法与要求

涂饰溶剂型涂料，后一遍涂料必须在前一遍干燥后进行；乳液型和水溶性涂料，后一遍涂料必须在前一遍涂刷表面干燥后进行。

涂饰方法有刷涂、滚涂、喷涂、刮涂、弹涂、抹涂。

（1）刷涂

① 特点：简单方便、适应性广、不易污染；但费工费力。

② 要求：先左后右、先上后下、先难后易、先边后面。

（2）滚涂

① 特点：简单方便、工效高、对环境污染小，适于大面积施工。

② 要求：蘸料均匀、开始轻慢、厚薄均匀、不流不漏。

（3）喷涂

① 特点：厚度均匀、效果好、工效高，适于大面积施工。

② 要求：压力稳定、出口垂直涂面、涂层厚度均匀、色调一致。喷涂行走路线为 S 形。

（4）刮涂　用于地面厚层涂料施工（如聚合物厚质地面涂料及合成树脂厚质地面涂料）。

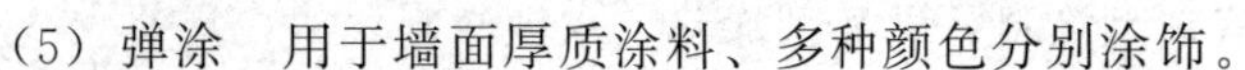

（5）弹涂　用于墙面厚质涂料、多种颜色分别涂饰。

（6）抹涂　用于纤维涂料涂饰，工艺要求较严格。

二、裱糊工程

采用粘贴的方法把可折卷的软质面材固定在墙、柱、顶棚上的施工称为裱糊工程。

1. 施工条件

（1）除地毯、活动家具及表面饰物外，其他均已完成。

（2）基体干燥（含水率：混凝土和抹灰≤8%；木制品≤12%）。

（3）环境温度≥10℃，无穿堂风。

（4）影响裱糊的设备或附件（如插座、开光面板等）临时拆除。

2. 施工工艺流程

基体处理→刮腻子→涂刷封底涂料→弹线→裁纸→润纸、刷胶、裱糊→清理修整。

3. 施工要点

（1）基体处理

① 基体表面清理干净，钉头刷防锈漆，坑洞用腻子填平，接缝加固。

② 混凝土或抹灰面应涂刷抗碱封闭底漆。

③ 腻子刮平并磨光，不少于 2 遍。

④ 涂刷封底涂料。

（2）裱糊要点

① 壁纸应适当润湿。如纸基、纸面、壁纸背面刷胶后闷 4～8min。

② 基层及纸背均涂胶（金属纸除外）。

③ 从阳角开始，从上而下对缝、对花，板刷舒展，挤出的胶用棉丝擦净。

④ 接缝距阳角≥20mm，阴角搭接≥3mm。

（3）要求

① 粘贴牢固、横平竖直、图案吻合、色泽一致。

② 无气泡、空鼓、翘边、褶皱、斑污、胶痕。

③ 正面 1.5m 处不显拼缝，斜视不见胶痕。

第六节　细部工程

1. 细部工程

细部工程包括橱柜制作与安装，窗帘盒、窗台板、散热器罩制作与安装，门、窗套制作与安装，护栏和扶手制作与安装，花饰制作与安装等五个分项工程。

2. 细部工程隐蔽验收内容

① 预埋件（或后置埋件）。

② 护栏与预埋件的连接节点。

3. 护栏、扶手的技术要点

（1）护栏　六层及以下住宅栏杆净高度不应低于 1.05m；七层及以上不应低于 1.10m。栏杆的垂直杆件间距不应大于 0.11m，并防止儿童攀爬。

（2）栏杆　楼梯栏杆垂直杆件间净距不应大于 0.11m。楼梯井净宽大于 0.11m 时，必须具备防止儿童攀滑设施。

（3）扶手　高度不应低于 0.90m。楼梯水平段栏杆长度大于 0.50m 时，扶手高度不应小于 1.05m。

第七节　墙体保温工程

一、外墙保温工程

（一）外墙保温的构造及特点

外墙保温按保温层的位置分为外墙内保温系统和外墙外保温系统两大类。

1. 外墙内保温的构造及特点

（1）外墙内保温系统的构造　由基层、保温层和饰面层构成。

（2）外墙内保温施工的特点

① 施工速度快，操作方便灵活。

② 施工技术成熟，检验标准较为完善。

③ 要占用室内使用面积，热桥问题不易解决，容易引起开裂，影响居民的二次装修，且内墙悬挂和固定物件也容易破坏内保温结构。

2. 外墙外保温系统的构造及特点

（1）外墙外保温系统的构造　由基层、保温层、抹面层、饰面层构成。

（2）外墙外保温系统的特点

① 节能；

② 牢固；

③ 防水；

④ 体轻；

⑤ 阻燃；

⑥ 易施工。

（二）外墙外保温工程的基本要求

1. 外墙外保温工程的基本规定

（1）外墙保温应能适应基层的正常变形而不产生裂缝或空鼓。

（2）应能长期承受自重而不产生有害的变形。

（3）遇地震发生时不应从基层上脱落。

（4）应能承受风荷载的作用而不产生破坏。

（5）应能耐受室外气候的长期反复作用而不产生破坏。

（6）高层建筑外墙外保温工程应采取防火构造措施。

（7）外墙外保温工程应具有防水渗透性能。

（8）在正确使用和正常维护的条件下，外墙外保温工程的使用年限不应少于 25 年。

2. 外墙保温系统施工的一般规定

（1）保温隔热材料的厚度必须符合设计要求。

（2）保温板材与基层及各构造层之间的黏结或连接必须牢固。

（3）黏结强度和连接方式应符合设计要求。

（4）保温板材与基层的黏结强度应做现场拉拔试验。

（5）保温浆料应分层施工。

（6）当采用保温浆料做外保温时，保温层与基层之间及各层之间的黏结必须牢固，不应脱层、空鼓和开裂。

（7）当墙体节能工程的保温层采用预埋或后置锚固件固定时，锚固件数量、位置、锚固深度和拉拔力应符合设计要求。

（8）后置锚固件应进行锚固力现场拉拔试验。

（9）基层应坚实、平整。保温层施工前，应进行基层处理。

（10）外保温工程的施工应具备施工方案，施工人员应经过培训并经考核合格。

二、外墙内保温施工

（一）增强石膏复合聚苯保温板外墙内保温施工

1. 施工工艺流程

墙面清理→排板、弹线→配板、修补→标出管卡、炉钩等埋件位置→墙面贴饼→稳接线盒，安管卡、埋件等→安装防水保温踢脚板复合板→安装复合板→板缝及阴、阳角处理→板面装修。

2. 施工要点

（1）墙面贴饼：1∶3 水泥砂浆贴饼、大小为 100mm 左右，厚度 20mm。

（2）稳接线盒，安管卡、埋件：安装电气接线盒。

（3）粘贴防水保温踢脚板：踢脚板内侧上下四处按 200～300mm 间距设黏结点，底面相邻侧面满刮胶黏剂。

（4）安装复合板：将接线盒、管卡、埋件的位置翻样到板面，开出洞口，按照从左至右的顺序安装；安装过程中随时检查平整度及垂直度，用橡皮锤调整。

（5）复合板安装 10d 后，板缝刮腻子，粘贴 50mm 宽玻纤网格布，表面再用腻子刮平。阳角粘贴 200mm 宽玻纤布。

（6）胶黏剂随配随用，一般应在 30min 内用完。

（二）胶粉聚苯颗粒保温浆料外墙内保温工程施工

1. 施工工艺流程

配制砂浆→基层墙体处理→涂刷界面砂浆→吊垂直、套方、弹控制线、贴灰饼充筋→抹第一遍聚苯颗粒保温浆料→抹第二遍聚苯颗粒保温浆料（24h后）→（晾干后）画分格线，开分格槽，粘贴分格条、滴水槽→保温层验收→抹抗裂砂浆、压入网格布→抗裂砂浆找平、压光→抗裂层验收→刮柔性抗裂腻子→验收。

2. 施工要点

（1）砂浆配制　配制界面剂、保温浆料、抗裂砂浆。

（2）基层墙体处理。

（3）涂刷界面砂浆。

（4）吊垂直、套方、弹控制线、贴灰饼充筋　灰饼间距1.2～1.5m，筋宽50～100mm。

（5）分两遍抹胶粉聚苯颗粒保温浆料。

（6）保温层验收　固化干燥后，检查平整度、阴阳角方正。

（7）抹抗裂砂浆，压入网格布　抗裂砂浆厚度为3～4mm，门窗洞口、洞口边应45°斜向加贴一道200mm×400mm网格布。

（8）抗裂层验收　抹完抗裂砂浆，检查垂直平整和阴阳角方正，对不符合要求的墙面进行修补。

（9）刮柔性抗裂腻子　抹完抗裂砂浆24h后刮柔性抗裂腻子，分2～3遍刮完。

三、外墙外保温系统施工

（一）聚苯乙烯（EPS）板薄抹灰外墙外保温系统施工

1. 构造

由EPS板保温层、薄抹面层和饰面层构成。EPS板用胶黏剂固定在基层上，当建筑物高度在20m以上时，宜用锚栓辅助固定。

2. 基层要求

（1）基层表面应光滑、坚固、干燥、无污染或其他有害材料。

（2）墙外的消防梯、落水管、防盗窗预埋件或其他预埋件、进口管线或其他预留洞口，应按设计图纸或施工验收规范要求提前施工并验收。

（3）墙面应进行墙体抹灰找平，墙面平整度用2m靠尺检测，其平整度误差≤3mm，局部不平整超限部位用1∶2水泥砂浆找平。

（4）阴角、阳角方正。

（5）抹找平层前，抹灰部位根据情况提前0.5h浇水。

3. 施工工艺流程

基面检查或处理→工具准备→阴阳角、门窗膀挂线→基层墙体湿润→配制聚合物砂浆，挑选EPS板→粘贴EPS板→EPS板塞缝→打磨、找平墙面→配制聚合物砂浆→EPS板面抹聚合物砂浆→门窗洞口处理→粘贴玻纤网→面层抹聚合物砂浆→找平修补，嵌密封膏→外饰面施工。

4. 粘贴EPS板施工要点

（1）配制聚合物砂浆必须有专人负责，以确保搅拌质量。

（2）EPS板薄抹灰的基层表面应清洁，无油污、脱模剂等妨碍黏结的附着物。

（3）粘贴EPS板时，应将胶黏剂涂在EPS板背面，涂胶黏剂面积不得小于EPS板面积的40%。墙角处EPS板应交错互锁。

（4）做好门窗洞口四角处EPS板接缝。

（5）应做好在檐口、勒脚处的包边处理。

（6）基层上粘贴的EPS板，板与板之间缝隙不得大于2mm。

（7）EPS板粘贴24h后方可进行打磨，打磨时要随磨随用2m靠尺检查平整度。

（8）网布必须在EPS板粘贴24h以后进行施工，应先安排朝阳面贴布工序。

（9）EPS板板边除有翻包网格布的可以在EPS板侧面涂抹聚合物砂浆。

（10）装饰分格条须在EPS板粘贴24h后用分隔线开槽器挖槽。

5. 粘贴玻纤网格布的施工方法和要点

（1）配制聚合物砂浆必须有专人负责。

（2）聚合物砂浆应随用随配，配好的聚合物砂浆最好在1h之内用光。

（3）在干净平整的地方预先按需要的长度、宽度从整卷玻纤网布上剪下网片，留出必要的搭接长度，下料必须准确，剪好的网布必须卷起来，不允许折叠、踩踏。

（4）在建筑物阳角处做加强层，加强层应贴在最内侧，每边150mm。

（5）涂抹第一遍聚合物砂浆时，应保持EPS板面干燥，并去除板面有害物质或杂质。

（6）在EPS板表面刮上一层聚合物砂浆。

（7）刮完聚合物砂浆后，应将网布置于其上，网布的弯曲面朝向墙，从中央向四周抹压平整，使网布嵌入聚合物砂浆中，网布不应皱折，不得外露，待表面干燥后，再在其上施抹一层聚合物砂浆。

（8）门窗周边应做加强层，加强层网格布贴在最内侧。

（9）门窗口四角处，在标准网施抹完后，再在门窗口四角加盖一块200mm×300mm标准网，与窗角平分线成90°角放置，贴在最外侧，用以加强。

（10）网布自上而下施抹，同步施工先施抹加强型网布，再做标准型网布。墙面粘贴的网格布应覆盖在翻包的网格布上。

（11）网布粘完后应防止雨水冲刷或撞击；容易碰撞的阳角、门窗应采取保护措施；上料口应采取防污染措施，发生表面损坏或污染必须立即处理。

（12）施工后保护层4h内不能被雨淋，保护层终凝后应及时喷水养护。养护时间：昼夜平均气温高于15℃时不得少于48h；低于15℃时不得少于72h。

（二）胶粉EPS颗粒保温浆料外墙外保温施工

1. 构造

胶粉EPS颗粒保温浆料外墙外保温由界面层、胶粉EPS颗粒保温浆料保温层、抗裂砂浆薄抹面层和饰面层组成。

2. 基层墙面处理施工要点

（1）外墙面的阳台栏杆、雨落管托架、外挂消防梯等处应安装完毕并验收合格，墙面的暗埋管线、线盒、预埋件、空调孔等应提前安装完毕并验收合格。

（2）外窗辅框应安装完毕并验收合格。

（3）墙面脚手架孔、模板穿墙孔及墙面缺损处用水泥砂浆修补完毕并验收合格。

（4）主体结构的变形缝、伸缩缝应提前做好处理。

（5）彻底清除基层墙体表面附尘、油污、隔离剂、空鼓、风化物等影响墙面施工的物质。墙体表面凸起物长度≥10mm时应剔除。

（6）各种材料的基层墙面均应用涂料滚刷、满刷界面砂浆。注意界面砂浆施工不宜过厚。

3. 吊垂直线、弹控制线、贴饼施工要点

（1）每层首先用2m杠尺检查墙面平整度，用2m托线板检查墙面垂直度。

（2）在距每层顶部约100mm处，同时距大墙阴、阳角约100mm处，根据大墙角已挂好的垂直控制线厚度，用界面砂浆粘贴50mm×50mm EPS板块作为标准贴饼。

(3) 待标准贴饼固定后，在两水平贴饼间拉水平控制线。

(4) 用线锤吊垂直线在距楼层底部约 100mm 处，大墙阴、阳角 100mm 处粘贴标准贴饼之后按间隔 1.5m 左右沿垂直方向粘贴标准贴饼。

(5) 每层贴饼施工作业完成后水平方向用 2～5m 小线拉线检查贴饼的一致性，垂直方向用 2m 托线板检查垂直度，并测量贴饼厚度，做好记录。

4. 保温层施工要点

(1) 保温浆料应分层作业施工完成，每次抹灰厚度宜控制在 20mm 左右，分层抹灰至设计保温层厚度，每层施工时间间隔 24h。

(2) 保温浆料底层抹灰顺序应按照从上至下、从左至右的顺序进行抹灰，在压实的基础上可尽量加大施工抹灰厚度，抹至距保温标准贴饼差 1mm 左右为宜。

(3) 保温浆料中层抹灰厚度要抹至与标准贴饼平齐。中层抹灰后，应用大杠在墙面上来回搓抹，去高补低，最后用铁抹子抹压一遍。使保温浆料层表面平整，厚度与标准贴饼一致。

(4) 保温浆料面层抹灰应在中层抹灰 4～6h 之后进行。施工前应用杠尺检查墙面平整度，偏差应控制在±2mm。保温面层抹灰时应以修补为主，对于凹陷处用稀浆料抹平，对于凸起处可用抹子立起来将其刮平，最后用抹子分遍擀压平整。

(5) 保温浆料施工时要注意清理落地浆料，落地浆料在 4h 内重新搅拌即可使用。

(6) 阴阳角找方应按下列步骤进行：

① 用木方尺检查基层墙角的直角度，用线锤吊垂直检查墙角的垂直度；

② 保温浆料的中层抹灰后应用木方尺压住墙角保温浆料层上下搓动，使墙角保温浆料基本达到垂直，然后用阴、阳角抹子压光；

③ 保温浆料面层大角抹灰时要用方尺、抹子反复测量抹压修补操作，确保垂直度偏差为±2mm，直角度偏差为±2mm。

(7) 门窗侧口的墙体与门窗边框连接处应预留出相应的保温层厚度，并对已做好的门窗边框表面进行成品保护。

(8) 门窗辅框安装验收合格后方可进行门窗口部位的保温抹灰施工，门窗口施工时应先抹门窗侧口、窗上口部分的保温层，再抹大墙面的保温层。窗台口部分应先抹大墙面的保温层，再抹窗台口部分的保温层。

(9) 做门、窗口滴水槽应在保温浆料施工完成后，在保温层上用壁纸刀沿线划开设定宽度的凹槽(槽深 15mm 左右)，先用抗裂砂浆填满凹槽，然后将滴水槽嵌入预先划好的凹槽中，并保证与抗裂砂浆黏结牢固，收去滴水槽两侧檐口浮浆。滴水槽应镶嵌牢固、水平。

(10) 保温浆料施工完成后应按检验批的要求做全面的质量检验，在自检合格的基础上，整理好施工质量记录和隐蔽工程检查验收记录。

5. 抗裂防护层和饰面层施工要点

(1) 涂料饰面施工要点

① 抗裂层施工前应先将耐碱涂塑玻纤网格布按楼层高度分段裁好。

② 按施工配合比要求配制搅拌抗裂砂浆，注意砂浆应随搅随用。抗裂砂浆厚度应控制在 3～5mm，抹完宽度、长度相当于网格布面积的抗裂砂浆后，应立即用铁抹子将网格布压入新抹的抗裂砂浆中。最后沿网格布纵向用铁抹子再压一遍收光，消除面层的抹子印。网格布压入程度以可见暗露网眼，但表面看不到裸露的网格布为宜。

③ 阴角处耐碱网格布要单面压槎，其宽度不小于 150mm；阳角处应双向包角压槎搭接，其宽度不小于 200mm。网格布施工时要注意顺槎顺水搭接。

④ 首层墙面应铺贴双层耐碱网格布。先铺贴第一层网格布，网格布之间应采用对接方法进行铺贴，第一层铺贴施工完成后，进行第二层网格布的铺贴，两层网格布之间的抗裂砂浆应饱满，严禁干贴。

⑤ 建筑物首层外保温应在阳角处双层网格布之间设专用金属护角，护角高度一般为2m。

⑥ 在第一层网格布铺贴好后，应放好金属护角，用抹子在护角孔处拍压出抗裂砂浆，抹第二遍抗裂砂浆压网格布，用网格布覆盖住护角，保证护角部位坚实牢固。

⑦ 大面积铺贴网格布之前应在门窗洞口处沿45°方向先粘贴一道网格布，尺寸宜为300mm×400mm。

⑧ 抗裂砂浆抹完后，严禁在面层上抹普通水泥砂浆腰线、套口线或刮涂刚性腻子等达不到柔性指标的外装饰材料。

⑨ 抗裂砂浆施工2h后刷弹性底涂，使其表面形成防水透气层。

⑩ 待抗裂砂浆基层干燥后，保温抗裂层验收合格后开始进行饰面层施工，对平整度达不到装饰要求的部位应刮涂柔性耐水腻子进行找补。

⑪ 刮涂柔性耐水腻子找平施工时，用靠尺对墙面及找平部位进行检验，对于局部不平整处，先用0号粗砂纸在柔性耐水腻子未干前进行打磨、刮涂、修复。大面积刮涂腻子应在局部修补后分两遍进行，两遍刮涂方向应相互垂直。

⑫ 浮雕涂料可直接在弹性底涂上进行喷涂，其他涂料在腻子层干燥后进行涂刷或喷涂。若干挂石材，则根据设计要求直接在保温层上进行干挂即可。

（2）面砖饰面施工要点

① 抗裂层施工前应先将热镀锌四角焊网按楼层高度用克丝钳子分段裁好，将热镀锌四角焊网裁成长度约3m左右的网片，并尽量将网片整平。

② 抹第一遍抗裂砂浆时，厚度控制在3mm左右，要求满抹，不得有漏抹之处。按楼层分层施工，第一层抗裂砂浆固化后，开始进行铺钉热镀锌四角焊网，要求第一层抗裂层的平整度不低于保温浆料层的平整度。

③ 铺钉热镀锌四角焊网应按从上而下、从左至右的顺序进行，注意控制膨胀螺栓密度为5～6个/m^2，锚固膨胀螺栓要钉入结构墙体，深度不小于25mm。铺钉热镀锌四角焊网要紧贴墙面确保平整度偏差为±2mm的要求。

④ 热镀锌四角焊网平整度检验合格后方可进行第二层抗裂砂浆的罩面施工，第二层抗裂砂浆抹灰层厚度应控制在5～7mm，热镀锌四角焊网要求全部被抗裂砂浆覆盖，抗裂砂浆面层平整度、垂直度偏差应控制在±2mm之内。

⑤ 抗裂砂浆抹灰2～3h之后可用木抹子在热镀锌四角焊网格上将抗裂砂浆面层搓毛，为下一层的连接提供理想的界面。

⑥ 抗裂砂浆施工完成后，应按检验批的要求对施工质量进行全面检查，在自检合格的基础上，整理施工质量记录和进行隐蔽检查验收。

⑦ 抗裂砂浆抹完后，严禁在面层上涂抹普通水泥砂浆腰线以及做水泥砂浆套口等。

⑧ 粘贴面砖按一般面砖粘贴施工工艺进行，应采用保温层专用面砖粘贴砂浆。其程序为弹线分格、排面砖、浸面砖、贴面砖、面砖勾缝等。

（三）EPS板现浇混凝土外墙外保温施工

1. 施工工艺流程

绑扎垫块、EPS板加工→安装EPS板→立内侧模板、穿穿墙螺栓→立外侧模板、紧固螺栓、调垂直→混凝土浇筑→拆除模板→EPS板面清理、配胶粉EPS颗粒保温浆料→抹胶粉EPS颗粒、找平→配抗裂砂浆、裁剪耐碱网格布、抹抗裂砂浆，压入耐碱网布→配弹性底涂、涂弹性底涂→配柔性腻子、刮涂柔性腻子→外墙饰面施工。

2. 施工要点

（1）EPS板加工

① 带企口EPS板加工。

② 带有凸凹形齿槽 EPS 板加工。

（2）模板与 EPS 板组合安装

① 按施工设计图做好 EPS 板的排板方案。

② 弹好墙身线。

③ 绑扎垫块。

④ 在外侧 EPS 板安装完毕后，安装门窗洞口模板，安装内模板之前要检查钢筋、各种水电预埋件位置是否正确，并清除模板内杂物。

⑤ 内模板按内墙身位置线找正之后，将外墙内侧向的大模板准确就位，调整好垂直度，立模的精度要符合标准要求，并固定牢固，使该模板成为基准模板。

⑥ 从内模板穿墙孔处插穿墙拉杆及塑料套管和管堵，并在穿墙拉杆的端部，套上一节镀锌铁皮圆桶。插入聚苯板但此时暂不穿透 EPS 板模板。

⑦ 组合外模板时首先将外模板放在三脚架上，按照大模板穿墙螺栓的间距，用电烙铁给 EPS 板开孔，使模板与 EPS 板的孔洞吻合，孔洞不宜太大，以免漏浆。

⑧ 穿墙螺栓穿透墙体后，将端头套的镀锌铁皮圆筒摘掉，然后完成相应的外模板的调整和紧固作业。

⑨ EPS 板在开孔或裁小块时，注意防止碎块掉进墙体内。

（3）混凝土浇筑

① 在外墙外侧安装 EPS 板时，将企口缝对齐，墙宽不合模数的用小块保温板补齐，门窗洞口处保温板可不开洞，待墙体拆模后再开洞。

② 在浇筑混凝土时，注意振动棒在插、拔过程中不要损坏保温层。

③ 在整理下层甩出的钢筋时，要特别注意下层保温板边槽口，以免受损。

④ 墙体混凝土浇筑完毕后，如槽口处有砂浆存在应立即清理。

⑤ 穿墙螺栓孔，应以干硬性砂浆捻实填补（厚度小于墙厚），随即用保温浆料填补至保温层表面。

⑥ 在常温条件下墙体混凝土浇筑完成，间隔 12h 后且混凝土强度不小于 1MPa 即可拆除墙体内、外侧面的大模板。

（4）找平及抗裂防护层和饰面层施工

需要找平时，用胶粉 EPS 颗粒保温浆料找平，并用胶粉 EPS 颗粒对浇筑的缺陷进行处理。

（四）EPS 钢丝网架板现浇混凝土外保温系统施工

1. 施工工艺流程

支模浇筑单面钢丝网架 EPS 板→拆除模板→配制抗裂砂浆或胶粉 EPS 颗粒→抹抗裂砂浆或胶粉 EPS 颗粒找平→裁剪耐碱网布、配制抗裂砂浆→抹抗裂砂浆压入耐碱网布（抹第一遍抗裂砂浆）→刷弹性底涂、配柔性腻子（固定热镀锌钢丝网）→刮柔性腻子（抹第二遍抗裂砂浆、配制面砖黏结砂浆）→外墙涂料施工（粘贴面砖并勾缝）。（注：括号中内容为面砖饰面施工流程。）

2. 施工要点

（1）安装外墙保温构件施工要点

① 单面钢丝网架 EPS 板在工厂加工成型，板面及钢丝网架均匀喷涂 EPS 板界面砂浆，注意不得有漏喷之处，厚度不小于 1mm。

② 内、外墙钢筋绑扎经验收合格后，方可进行保温构件安装。

③ 按照设计墙体厚度弹水平线及垂直线，以确定外墙厚度尺寸，同时在外墙钢筋外侧绑卡砂浆块控制保护层厚度，每块板内不少于 6 块。

④ 拼装保温构件。安装保温构件时，保温构件就位后，板之间用火烧丝绑扎，间距不大于 150mm，用电熨斗在 EPS 板上烫孔，将 L 形筋按位置穿过保温板，用火烧丝将其与墙体钢筋绑扎牢固。

⑤ 保温板外侧低碳钢丝网片均按楼层层高断开，互不连接。

(2) 模板安装施工要点　宜采用大模板。按保温板厚度确定模板配置尺寸、数量。

① 按弹出墙线位置安装模板。在底层混凝土强度不低于 7.5MPa 时，开始安装。安装上一层模板时，利用下一层外墙螺栓孔挂安全防护架。

② 安装外墙外侧模板。安装前须在现浇混凝土墙体的根部或保温板外侧采取可靠的定位措施，以防模板挤靠保温板。模板放在三角平台架上，将模板就位，穿螺栓紧固校正，连接必须严密、牢固，以防止出现错台和漏浆现象。

(3) 混凝土浇筑施工要点

① 混凝土坍落度应不小于 180mm。

② 墙体混凝土浇筑前保温板顶面应安装槽口保护套，宽度为保温板厚度加模板厚度。

③ 新旧混凝土接槎处应均匀浇筑 30～50mm 同等强度等级的去石混凝土。

④ 混凝土应分层浇筑，厚度控制在 500mm，一次浇筑高度不宜超过 1.0m。

⑤ 混凝土下料点应分散布置，连续进行，间隔时间不超过 2h。

⑥ 振捣棒振动间距一般应小于 500mm，每一振动点的延续时间以表面泛浆和不再下沉为度。

⑦ 洞口处浇筑混凝土时，应沿洞口两边同时下料，使两侧浇筑高度大体一致，振捣棒应距洞边 300mm 以上，以保证洞口下部混凝土密实。

⑧ 施工缝留置在门洞口过梁跨度 1/3 范围内，也可留在纵横墙的交接处。墙体混凝土浇筑完毕后，需整理上口甩出钢筋，并以木抹子抹平混凝土表面。

(4) 模板拆除的规定

① 在常温条件下，墙体混凝土强度不低于 1.0MPa、冬期施工墙体混凝土强度不低于 7.5MPa，方可拆除模板，拆模时应以同条件养护试块抗压强度为准。

② 先拆外墙外侧模板，再拆除外墙内侧模板。

③ 穿墙套管拆除后，混凝土墙部分孔洞应用干硬性砂浆捻塞密实，保温板部分孔洞应用保温材料补齐。

④ 拆模后保温板上的横向钢丝必须对准凹槽，钢丝距槽底不小于 8mm。

(5) 混凝土养护

① 常温施工时，模板拆除后 12h 内喷水或养护剂养护，不少于 7d。

② 养护次数以保持混凝土具有湿润状态为准。

③ 冬期施工时应有专人定点、定时测定混凝土养护温度，并做好记录。

(6) 外墙外保温板板面抹灰施工要点

① 抹灰前准备工作。

a. 若保温板表面有余浆、疏松、空鼓等均应清除干净，确保保温板表面干净，无灰尘、油渍和污垢。

b. 绑扎阴、阳角，窗口四角角网，角网尺寸应为 400mm×1200mm、200mm×1200mm，钢丝网架板拼缝处应用火烧丝绑扎，间距应不大于 150mm，窗口四角八字网尺寸应为 400mm×200mm 且呈 45°。

c. 保温板两层之间应断开，不得相连。

② 抹灰：钢丝网架可用胶粉 EPS 颗粒保温浆料进行找平，并用胶粉 EPS 颗粒对浇筑中出现的缺陷进行处理。

a. 板面上界面剂如有缺损，应在表面上补界面处理剂，要求均匀一致，不得露底。

b. 抹灰层之间及抹灰层与保温板之间必须黏结牢固，无脱层、空鼓现象。表面应光滑洁净，接槎平整，线角须垂直、清晰。

c. 抹灰分为底层和面层，底层抹灰凝结后可进行面层抹灰，每层抹完后应洒水养护。

d. 分格条宽度、深度要均匀一致，平整光滑，横平竖直，棱角整齐，滴水线槽流水坡度要准确，槽宽和深度不小于10mm。

e. 抹灰完成后，在常温下24h后表面平整无裂纹即可在面层抹4～5mm聚合物水泥砂浆玻纤网格布防护层，然后在表面做面砖装饰层。如做涂料宜采用弹性腻子和有机弹性涂料。

f. 施工时应避免大风天气，当气温低于5℃时，应停止施工。

（7）成品保护措施

① 抹完水泥砂浆面层后的保温墙体，不得随意开凿孔洞，如确需开洞，应在水泥砂浆达到设计强度后方可进行，并应及时修补完工后的洞口。

② 拆除架子时应防止撞击已装修好的墙面，门窗洞口、边、角、垛处应采取保护措施，其他作业不得污染墙面，严禁踩踏窗台。

（五）机械固定EPS钢丝网架板外墙外保温施工

1. 外墙外保温用EPS钢丝网架板（简称SB板）施工操作要点

（1）实心墙、多孔砖墙体内设置Φ6mm拉结筋，筋长320mm，预埋端设20mm弯钩，外露160mm，双向间距不应大于500mm。

（2）在圈梁或框架梁上预埋连接件，中距不大于1200mm，SB板承托角钢与预埋件焊接。

（3）SB板按设计裁板，拼装后安装就位。

（4）门窗洞口四角应铺“L”形SB板，并在门窗洞口四角SB板上附加45°斜铺400mm×200mm钢丝网。

（5）板与板之间挤紧，要保证保温层塞实严密。

（6）外墙阴阳角及门窗口、阳台底边处等须附加钢丝网。

（7）钢筋混凝土墙上复合SB板，可用ϕ6mm膨胀螺栓通过锚固件固定在墙体上。

（8）大墙面超过15m^{2}时，宜设置水平和垂直变形缝，变形缝两侧SB板应用U形钢丝网包边，砂浆抹平后缝宽20mm。

2. 抹灰施工要点

（1）抹灰前，在SB板面未涂刷界面剂的部分，均匀喷涂或刷涂一层界面处理剂。

（2）抹灰分底层、中层和罩面层三层。底层厚12～15mm，中层厚8～10mm，罩面层厚3～5mm，总厚度不小于25mm。山墙应在中层抹灰后，压入一层玻纤网格布，再抹罩面层灰。

（3）做涂料饰面时，应在罩面层上先刮一层专用罩面腻子，不平处应用砂纸磨平。做面砖饰面时，在罩面层上用专用黏结砂浆粘贴面砖，专用胶粉勾缝。

习题及解答

一、填空题

1. 装饰装修的作用是________、________、________和协调建筑结构与设备之间的关系。

2. 抹灰层一般由________、________及________组成。

3. 抹灰的底层主要起________作用，中层主要起________作用，面层主要起________作用。

9-13 填空题解答

4. 在混凝土基体上，黏结层应使用________砂浆或________砂浆。

5. 抹灰工程按装饰效果和使用要求可分为________、________和________三大类。

6. 一般抹灰按质量标准的不同，可分为________和________两个等级。

7. 高级抹灰一般由________个底层、________个中层和________个面层组成。

8. 抹灰时，对于整体表面凹凸明显的部位应事先________或用________补平。

9. 抹灰前，对不同材料的基体交接处应________，对混凝土基体表面应________或________。

10. 一般抹灰施工中，内墙抹灰层的平均总厚度：普通抹灰不得大于________mm，高级抹灰不得大于________mm。

11. 为保证墙面抹灰的垂直度和平整度，大面积抹灰前需做________和________。

12. 当抹灰层为非水泥砂浆时，对墙柱面的阳角应先________，其高度不小于________。

13. 对大面积室外墙面抹灰，为了不显接槎和防止开裂，必须设置________。

14. 水泥砂浆楼地面抹灰宜采用________水泥，所用砂应为________。

15. 为保证水泥砂浆楼地面的强度和耐磨性，减少开裂，砂浆的稠度应控制在________以内。

16. 楼地面砂浆铺抹后，压光至少________遍，养护时间不得少于________。

17. 水刷石面层施工应在中层________后进行，其第一道工序是________。

18. 水刷石施工时，先在已硬化的中层上刮________一道，随后即抹________面层。

19. 水刷石面层经抹压拍实后，当水泥石渣浆________时，可以进行刷掉面层的水泥浆的作业。

20. 干粘石适用于________的外墙面，要求石渣压入黏结层的深度不少于________。

21. 水磨石面层施工时，设置分格条的目的是________和________。

22. 水磨石地面的分格条安装固定后，需养护________d方可铺设水泥石渣浆面层。

23. 水磨石地面的磨光一般分________、________和________三遍完成。

24. 斩假石是在________浆面层达到一定强度，经________而成的装饰抹灰做法。

25. 瓷砖镶贴前，除应进行挑选、套方外，还应进行________和________处理。

26. 为了保证瓷砖外墙的墙面不出现非整砖，排砖时需用________大小来调整。

27. 墙面石材的安装方法有________、________和________。

28. 为了避免粘贴和灌浆法安装的石材墙面产生“泛碱”现象，在安装前需对石材进行________处理。

29. 干挂法是将石材通过________固定于结构表面的安装方法。

30. 干挂法安装石材的流向从________向________进行。

31. 常用的幕墙种类包括________、________和________。

32. 玻璃幕墙的骨架是由________和________用相应的连接件组装而成的承力结构。

33. 铺贴浅色石材楼地面，黏结水泥浆应采用________调制。

34. 走廊、过道铺设条形木地板时，地板的长度方向应________的方向铺设。

35. 涂料施涂时，混凝土或抹灰基体的含水率，涂刷溶剂型涂料者不得大于________%，涂刷乳液型涂料者不得大于________%。

36. 在木质基体上施涂涂料时，其含水率不得大于________%。

37. 在正常温度气候条件下，抹灰面的龄期不得少于________，混凝土龄期不得少于________，方可涂饰建筑涂料，以防粉化或色泽不均。

38. 涂料施涂的常用方法有________、________、________。

39. 壁纸施工时，混凝土或抹灰基体的含水率不得大于________%，木质基体的含水率不得大于________%，环境温度不得低于________℃。

40. 壁纸施工前，对外露于基体表面的钢筋、铁丝及其他铁件均应清除、打磨并________；对混凝土或抹灰面应涂刷________。

41. 壁纸裱糊前，对已干燥磨平的腻子表面应________。

42. 由于壁纸吸水膨胀量均大于干燥收缩量，因此在裱糊前，均应采取相应的________工序，以达到绷紧、平整的目的，同时还具有________作用。

43. 壁纸需在阳角附近接缝时，接缝位置距阳角不得少于________mm，在阴角接缝时应采用________形式。

44. 装饰抹灰与一般抹灰的区别在于两者有不同的________。

45. 石灰的熟化时间在常温下不得少于________d，用于罩面时，不得少于________d。

46. 镶贴墙的釉面砖时，应自________而________逐行进行，每行镶贴宜从________开始，把非整砖留在________处。

47. 在底层灰六七成干时，涂抹罩面灰，分两遍抹灰压实，其厚度不大于________。

48. 木门窗的安装方法有________、________。

49. 吊顶主要由________、________、________三个部分组成。

50. 幕墙立柱接头应有一定间隙，采用________连接法。

51. 吊顶的吊杆间距一般为________mm，并保证主龙骨距墙不大于________mm，端部的悬挑部分不大于________mm。

52. 吊顶罩面板常用的安装方法有________、________、________、钉固法、卡固法。

53. 一般抹灰所用的砂浆中各组成材料的用量常用________表示。

9-14 单项选择题解析

二、单项选择题

1. 在抹灰工程中，下列各层次中起找平作用的是（　　）。

A. 基层　　B. 中层

C. 底层　　D. 面层

2. 某现浇混凝土结构住宅，施工时采用胶合板模板作为楼板模板，其顶棚宜（　　）。

A. 抹水泥砂浆　　B. 抹麻刀灰　　C. 刮腻子后做涂饰　　D. 直接喷涂

3. 某现浇混凝土结构住宅，施工时采用大模板作为墙体模板，其内墙宜（　　）。

A. 抹水泥砂浆　　B. 抹麻刀灰　　C. 刮腻子后做涂饰　　D. 直接喷涂

4. 以下做法中，不属于装饰抹灰的是（　　）。

A. 水磨石　　B. 干挂石　　C. 斩假石　　D. 水刷石

5. 在下列各种抹灰中，属于一般抹灰的是（　　）。

A. 拉毛灰　　B. 防水砂浆抹灰　　C. 麻刀灰　　D. 水磨石

6. 在对抹灰材料的要求中，不正确的是（　　）。

A. 水泥和石膏应不过期　　B. 砂子、石粒应坚硬、洁净

C. 石灰膏熟化期不得少于15d　　D. 颜料应采用有机颜料

7. 罩面用的磨细石灰粉的熟化期不得少于（　　）。

A. 3d　　B. 12d　　C. 15d　　D. 30d

8. 墙面抹灰用的砂最好是（　　）。

A. 细砂　　B. 粗砂　　C. 中砂　　D. 特细砂

9. 一般抹灰中，内墙高级抹灰的总厚度为（　　）。

A. ≤18mm　　B. ≤20mm　　C. ≥20mm　　D. ≤25mm

10. 一般抹灰中，外墙墙面抹灰的总厚度最多不得大于（　　）。

A. 18mm　　B. 20mm　　C. 25mm　　D. 30mm

11. 检查墙面平整度的工具是（　　）。

A. 水平仪　　B. 垂直检查尺　　C. 靠尺和塞尺　　D. 水平尺和塞尺

12. 装饰抹灰和一般抹灰的区别在于（　　）。

A. 面层不同　　B. 基层不同　　C. 底层不同　　D. 中层不同

13. 为使墙面抹灰垂直平整，找平层需按标筋刮平，标筋的间距一般不得大于（　　）。

A. 1m　　B. 1.5m　　C. 2m　　D. 2.5m

14. 石灰砂浆墙面与水泥砂浆墙裙相交接处，施工时应（　　）。

A. 先抹墙面　　B. 先抹墙裙　　C. 分层交叉进行　　D. 随意进行

15. 铺抹楼、地面用的水泥砂浆，其稠度应控制在（　　）。

A. 35mm 以下　B. 40～55mm　C. 60～75mm　D. 80mm

16. 在水泥砂浆楼地面施工中，不正确的做法是（　）。

A. 基层应密实、平整、不积水、不起砂　B. 铺抹水泥砂浆前，先涂抹水泥浆黏结层

C. 水泥砂浆初凝前完成抹平和压光　D. 地漏周围做出不小于 1%的泛水坡度

17. 水泥砂浆楼地面抹完后，养护时间不得少于（　）。

A. 3d　B. 5d　C. 7d　D. 10d

18. 水刷石面层施工应在中层抹灰（　）。

A. 抹完后立即进行　B. 初凝后进行

C. 终凝后进行　D. 达到设计强度后进行

19. 为防止水刷石面层开裂，需设置（　）。

A. 施工缝　B. 分格缝　C. 沉降缝　D. 伸缩缝

20. 水磨石楼地面磨光施工时，擦同色水泥浆应（　）。

A. 仅在粗磨后进行　B. 仅在中磨后进行

C. 在中磨和细磨后均需进行　D. 在粗磨和中磨后均需进行

21. 关于水刷石面层的外观质量要求，以下说法不正确的是（　）。

A. 表面平整光滑　B. 石粒显露均匀

C. 无砂眼、磨纹和漏磨处　D. 分格条数量无误，大部分露出

22. 下列材料中不适合粘贴面砖的是（　）。

A. 石灰膏　B. 水泥砂浆

C. 掺胶的水泥浆　D. 掺石灰膏的水泥混合砂浆

23. 适用于室内墙面安装小规格饰面石材的方法是（　）。

A. 粘贴法　B. 干挂法　C. 挂钩法　D. 挂装灌浆法

24. 用湿作业法安装白色大理石饰面板时，其背后灌浆宜采用（　）。

A. 石灰砂浆　B. 一般水泥砂浆　C. 白石屑白水泥砂浆　D. 石灰膏

25. 在下列施工做法中，必须进行防碱背涂处理的是（　）。

A. 外墙面砖粘贴　B. 用间接干挂法安装石材

C. 用直接干挂法安装石材　D. 用湿作业灌浆法安装石材

26. 石材墙面的直接干挂法可以用于（　）。

A. 表面较平整的钢筋混凝土墙体　B. 表面较平整的砖墙砌体

C. 轻质砌块墙体　D. 饰面板造型的墙体

27. 墙面石材直接干挂法所用的挂件，其制作材料宜为（　）。

A. 钢材　B. 塑料　C. 铝合金　D. 不锈钢

28. 玻璃幕墙竖向龙骨的接长需使用（　）。

A. 螺栓和连接板固定　B. 焊接连接　C. 芯柱套接　D. 搭接连接

29. 金属幕墙安装时，首先安装的是（　）。

A. 竖向龙骨　B. 横向龙骨　C. 金属板　D. 幕墙玻璃

30. 地面大理石或花岗石板材间的缝隙宽度偏差应控制在（　）。

A. 1mm 以内　B. 1.5mm 以内　C. 2mm 以内　D. 3mm 以内

31. 地面大理石或花岗岩石材施工中，不正确的做法是（　）。

A. 先铺若干条干线作标筋　B. 板材浸水湿润，阴干或擦干备用

C. 四角同时下落，皮锤敲击平实　D. 随铺随灌缝擦缝

32. 对于塑料门窗的安装，下列要求错误的是（　）。

A. 必须采用“后塞口”法施工

B. 在砖砌体上安装门窗应采用射钉固定

C. 固定位置应距门窗角 150～200mm，固定点间距不大于 600mm

D. 门窗框与墙体间的缝隙应采用闭孔弹性材料嵌填，表面用密封胶密封

33. 关于吊顶工程，下列表述不完全符合规范规定的是（ ）。

A. 重型灯具、重型设备严禁安装在吊顶龙骨上

B. 电扇、轻型灯具应吊在主龙骨或附加龙骨上

C. 安装双重石膏板时，面层板与基层板的接缝应错开，并不得在同一龙骨上接缝

D. 预埋件、吊杆等铁件均应进行防锈处理

34. 在涂料施涂时，木制品的含水率不得大于（ ）。

A. 8%　B. 10%　C. 12%　D. 20%

35. 裱糊工程施工时，其混凝土基层的含水率不得大于（ ）。

A. 5%　B. 8%　C. 10%　D. 12%

36. 裱糊工程施工时，做法正确的是（ ）。

A. 裱糊从阳角开始　B. 阳角处壁纸搭接

C. 阳角处壁纸对接　D. 阴角处壁纸搭接

37. 吊杆距主龙骨端部距离不得大于（ ）mm。

A. 100　B. 200　C. 300　D. 400

38. 吊杆间距通常为（ ）mm。

A. 500～800　B. 900～1200　C. 1300～1500　D. 1600～2000

39. 当吊杆长度大于 1.5m 时应（ ）。

A. 设反向支撑　B. 加粗吊杆　C. 减小吊杆间距　D. 增大吊杆间距

40. 石膏板吊顶面积大于（ ）m^2，纵横方向每 15m 距离处宜做伸缩缝处理。

A. 50　B. 100　C. 150　D. 200

41. 不上人的吊顶，吊杆长度小于 1000mm，可以采用 ϕ（ ）mm 的吊杆。

A. 6　B. 8　C. 10　D. 12

42. 面积大于 300m^2 的吊杆，宜在主龙骨上每隔（ ）m 加一道大龙骨，并垂直龙骨焊接牢固。

A. 10　B. 15　C. 20　D. 25

43. 室内装饰工程每个检验批应至少抽查（ ）%，并不得少于 3 间；不足 3 间时应全数检查。

A. 5　B. 10　C. 15　D. 20

44. 严禁在隔墙两侧同一部位开槽、开洞，其间距应错开（ ）mm 以上。

A. 50　B. 100　C. 150　D. 200

45. 普通石膏板条板隔墙及其他有防水要求的条板隔墙用于潮湿环境时，下端应做混凝土条形墙垫，墙垫高度不应小于（ ）mm。

A. 50　B. 100　C. 150　D. 200

46. 骨架隔墙固定沿顶和沿地龙骨，固定点间距不应大于（ ）mm。

A. 600　B. 800　C. 1000　D. 1200

47. 石膏板应采用自攻螺钉固定，周边螺钉间距不应大于（ ）mm。

A. 50　B. 100　C. 150　D. 200

48. 石膏板应采用自攻螺钉固定，中间部分螺钉间距不应大于（ ）mm。

A. 100　B. 200　C. 300　D. 400

49. 双层石膏板安装时两层板的接缝不应在（ ）龙骨上。

A. 同一根　B. 同两根　C. 同三根　D. 同四根

50. 安装板材隔墙所用的金属件应进行（ ）处理。

A. 防潮　B. 防火　C. 防腐　D. 防酸

51. 轻质隔墙与顶棚和其他墙体的交接处应采取防开裂措施，设计无要求时，板缝处粘贴 50～

60mm 宽的嵌缝带，阴阳角处粘贴（ ）mm 宽纤维布。

A. 50　　B. 100　　C. 200　　D. 250

52. 玻璃板隔墙框架安装后，将其槽口清理干净，垫好防振（ ）垫块，再安装玻璃。

A. 木材　　B. 橡胶　　C. 塑料　　D. 金属

53. 天然石材地面铺贴前，石材应进行（ ）处理。

A. 防腐　　B. 防酸　　C. 防碱背涂　　D. 防锈

54. 地面工程施工中水泥混凝土垫层的厚度不应小于（ ）mm。

A. 20　　B. 40　　C. 60　　D. 80

55. 地面工程施工中水泥砂浆面层的厚度应符合设计要求，且不应小于（ ）mm。

A. 10　　B. 20　　C. 30　　D. 40

56. 室内地面的水泥混凝土垫层，纵向缩缝间距不得大于（ ）m。

A. 2　　B. 4　　C. 6　　D. 8

57. 室内地面的水泥混凝土垫层，横向缩缝间距不得大于（ ）m。

A. 6　　B. 8　　C. 10　　D. 12

58. 实木复合地板面层铺设时，相邻板材接头位置应错开不小于（ ）mm 的距离。

A. 50　　B. 100　　C. 200　　D. 300

59. 实木复合地板面层铺设时，与墙之间应留不小于（ ）mm 的空隙。

A. 4　　B. 6　　C. 8　　D. 10

60. 厕浴间和有防水要求的建筑地面必须设置防水隔离层。楼层结构必须采用现浇混凝土或整块预制混凝土板，混凝土强度等级不应小于（ ）。

A. C10　　B. C15　　C. C20　　D. C25

61. 采用传统的湿作业铺设天然石材，由于水泥砂浆在水化时析出大量的氢氧化钙，透过石材空隙泛到石材表面，产生不规则的花斑，俗称（ ）现象。

A. 泛碱　　B. 泛酸　　C. 泛盐　　D. 返白

62. 整体面层施工后，养护时间不应小于（ ）d；抗压强度应达到 5MPa 后，方准上人行走。

A. 1　　B. 3　　C. 5　　D. 7

63. 石材湿贴灌注砂浆宜用 1∶2.5 水泥砂浆，灌注时应分层进行，每层灌注高度宜为（ ）mm，且不超过板高的 1/3，应插捣密实。

A. 50～100　　B. 150～200　　C. 250～300　　D. 350～400

64. 墙、柱面砖粘贴前应进行挑选，并应浸水（ ）h 以上，晾干表面水分。

A. 1　　B. 1.5　　C. 2　　D. 2.5

65. 每面墙不宜有两列（行）以上非整砖，非整砖宽度不宜小于整砖的（ ）。

A. 1/2　　B. 1/3　　C. 1/4　　D. 1/5

66. 墙、柱面砖粘贴，结合层砂浆宜采用 1∶2 水泥砂浆，砂浆厚度宜为（ ）mm。

A. 3～5　　B. 6～10　　C. 12～15　　D. 16～20

67. 室内饰面板（砖）工程每（ ）间（大面积房间和走廊按施工面 30m^2 为一间）应划分为一个检验批，不足（ ）间也应划分为一个检验批。

A. 30，30　　B. 40，40　　C. 50，50　　D. 60，60

68. 室外饰面板（砖）工程每（ ）m^2 应划分为一个检验批，不足（ ）m^2 也应划分为一个检验批。

A. 100～400，100　　B. 500～1000，500

C. 1100～1500，1100　　D. 1600～2000，1600

69. 为保证预埋件与主体结构连接的可靠性，连接部位的主体结构混凝土强度等级不应低于（ ），轻质填充墙不应作为幕墙的支撑结构。

A. C15　B. C20　C. C25　D. C30

70. 凡是两种不同金属的接触面之间，除不锈钢外，都应加（　），以防止产生双金属腐蚀。

A. 防腐隔离柔性垫片　B. 弹簧垫片　C. 不锈钢垫片　D. 胶木垫片

71. 石材幕墙的石材，厚度不应小于（　）mm。

A. 15　B. 20　C. 25　D. 30

72. 干挂石材幕墙采用不锈钢挂件的厚度不宜小于（　）mm。

A. 1　B. 2　C. 3　D. 4

73. 金属门窗的固定方法应符合设计要求，在砌体上安装金属门窗严禁用（　）固定。

A. 射钉　B. 钉子　C. 螺钉　D. 膨胀螺栓

74. 推拉门窗在门窗框安装固定后，推拉扇开关力应不大于（　）N。

A. 40　B. 60　C. 80　D. 100

75. 塑料门窗固定片之间的间距应符合设计要求，并不得大于（　）mm。

A. 400　B. 500　C. 600　D. 700

76. 厨房、卫生间墙面必须使用（　）。

A. 普通腻子　B. 耐水腻子　C. 水性腻子　D. 油性腻子

77. 溶剂性涂料对抹灰基层的要求，含水率不得大于（　）。

A. 3%　B. 5%　C. 8%　D. 15%

78. 下列暗龙骨吊顶工序的排序中，正确的是（　）。

①安装主龙骨　②安装副龙骨　③安装水电管线　④安装压条　⑤安装罩面板

A. ①③②④⑤　B. ①②③④⑤　C. ③①②⑤④　D. ③②①④⑤

79. 下列板材内隔墙施工工艺顺序中，正确的是（　）。

A. 基层处理→放线→安装卡件→安装隔墙板→板缝处理

B. 放线→基层处理→安装卡件→安装隔墙板→板缝处理

C. 基层处理→放线→安装隔墙板→安装卡件→板缝处理

D. 放线→基层处理→安装隔墙板→安装卡件→板缝处理

三、多项选择题

9-15 多项选择题解析

1. 室外砖墙面的底层砂浆宜采用（　）。

A. 水泥砂浆　B. 石灰膏　C. 水泥混合砂浆

D. 麻刀灰　E. 石灰砂浆

2. 在混凝土基体上不能抹石灰砂浆的原因有（　）。

A. 两者强度相差过大　B. 收缩性能相差悬殊

C. 易开裂和脱落　D. 易破坏基层　E. 不容易找平

3. 木板条或钢丝网基体的底层抹灰宜用（　）。

A. 水泥砂浆　B. 纸筋砂浆　C. 水泥混合砂浆　D. 麻刀砂浆　E. 石灰砂浆

4. 下列属于装饰抹灰的是（　）。

A. 水刷石　B. 麻刀灰　C. 水磨石

D. 斩假石　E. 弹涂聚合物砂浆

5. 以下抹灰属于特种抹灰的是（　）。

A. 防辐射砂浆　B. 聚合物砂浆　C. 防水砂浆　D. 保温砂浆　E. 抗渗砂浆

6. 一般抹灰中，对普通抹灰的外观质量要求包括（　）。

A. 表面光滑洁净　B. 颜色均匀　C. 接槎平整　D. 分格缝清晰　E. 无抹纹

7. 室外墙面面层抹灰一般均需设置分格缝，其目的是（　）。

A. 满足设计要求　B. 防止空鼓脱落　C. 避免显露接槎

D. 防止墙面开裂　E. 提高表面强度

8. 对于一般抹灰、室外墙面抹灰不同于室内墙面抹灰的主要方面是（　　）。

A. 面层常用于水泥砂浆　　B. 找平层需设置标筋　　C. 面层需设置分格缝

D. 需做滴水槽等泛水　　E. 需分层抹压

9. 楼地面水泥砂浆抹灰施工正确的是（　　）。

A. 优先采用普通硅酸盐水泥拌制砂浆　　B. 砂浆的配合比为1∶3

C. 控制砂浆稠度不大于35mm　　D. 标筋凝结后铺抹砂浆

E. 压光不少于2遍

10. 下列有关水刷石的质量要求，正确的是（　　）。

A. 石粒微露　　B. 分布均匀　　C. 紧密平整

D. 色泽一致　　E. 无掉粒和接槎痕迹

11. 下列有关干粘石的质量要求，正确的是（　　）。

A. 石粒黏结牢固　　B. 分布均匀　　C. 紧密平整

D. 颜色一致　　E. 阳角无明显黑边

12. 水磨石面层的分格条常用的有（　　）。

A. 玻璃条　　B. 软质塑料条　　C. 铁条　　D. 铜条　　E. 木条

13. 现制水磨石地面施工正确的是（　　）。

A. 分格条安装后需养护3～5d方可填面层水泥石粒浆

B. 对有图案的地面，水泥石粒浆的铺填顺序是先浅色后深色

C. 水泥石粒浆经初步抹平压实，待收水后应用滚筒反复滚压密实

D. 粗磨和中磨之后均需涂刮同色水泥浆

E. 每次磨光前均需有2～5d的养护时间

14. 斩假石施工时，做法正确的是（　　）。

A. 先在硬化的水泥砂浆找平层上弹线粘分格条

B. 分格后直接在找平层上铺抹水泥石粒浆

C. 强度达到60%～70%后可进行试剁

D. 剁纹方向应交叉

E. 剁纹深度应不小于1/2石粒粒径

15. 内墙镶贴釉面砖不应使用的嵌缝材料是（　　）。

A. 石灰膏　　B. 水泥浆　　C. 嵌缝剂　　D. 滑石粉　　E. 大白粉

16. 镶贴外墙面砖时，其嵌缝材料应使用（　　）。

A. 石灰膏　　B. 水泥浆　　C. 1∶1水泥砂浆

D. 麻刀灰　　E. 1∶3水泥砂浆

17. 下列外墙面砖施工，做法正确的是（　　）。

A. 采用水泥砂浆粘贴　　B. 墙面有一列非整砖

C. 仰面贴砖后加设临时支撑　　D. 窗台立面砖下伸3～5mm

E. 勾缝后有3mm深凹槽

18. 有关饰面砖的镶贴，下列说法正确的是（　　）。

A. 基层上如有突出器具支承物，应采用整砖套割吻合

B. 应按弹线和标志进行　　C. 内墙釉面砖应自上而下粘贴

D. 室外面砖接缝应用水泥浆或水泥砂浆勾缝　　E. 面砖应挂线镶贴

19. 天然石材饰面板中常用的有（　　）。

A. 大理石　　B. 花岗岩　　C. 水磨石　　D. 水刷石　　E. 斩假石

20. 大规格石材饰面板的安装方法通常有（　　）。

A. 镶贴法　　B. 挂钩法　　C. 湿作业安装法　　D. 胶黏法　　E. 干挂法

21. 有关大规格石材饰面板湿挂安装法的叙述正确的是（ ）。

A. 对石材须先进行防碱背涂处理

B. 应从最下一层两边开始向中间对称安装

C. 饰面板与钢筋网的连接应使用不锈钢丝或铜丝

D. 饰面板后的灌浆一次灌满

E. 浅色石材后灌注白水泥白石屑浆

22. 采用直接干挂安装法安装石材饰面板的优点是（ ）。

A. 可缩短工期 B. 抗震性能强 C. 减轻结构自重

D. 适用各种基体 E. 可避免“泛碱”现象

23. 铺装楼地面石材时，以下做法正确的是（ ）。

A. 找平层使用干硬性水泥砂浆 B. 水泥砂浆找平层硬结后再铺石材

C. 先铺纵横标筋，再分段分区后退铺贴 D. 铺石材后立即进行灌浆处理

E. 浅色石材使用白水泥做黏结层

24. 在建筑涂饰工程中，基层处理正确的是（ ）。

A. 基层表面清扫干净 B. 缺棱掉角及较大凹坑处用腻子修补

C. 旧墙面清理后涂刷界面剂 D. 表面的麻面、缝隙应用水泥砂浆填补修平

E. 新建筑物的混凝土或抹灰基层涂刷抗碱封底漆

25. 裱糊工程施工时，做法正确的是（ ）。

A. 裱糊从阳角处开始 B. 裱糊从阴角处开始 C. 阳角处壁纸对接

D. 阴角处壁纸对接 E. 阴角处壁纸搭接

26. 某裱糊工程验收检查时有如下特征，符合质量要求是（ ）。

A. 粘贴牢固 B. 表面平整、无波纹起伏

C. 各幅拼接横平竖直 D. 拼接处花纹、图案吻合

E. 距离 2m 处正视不显拼缝

27. 建筑室内地面应做防水处理的房间有（ ）。

A. 厕浴间 B. 厨房 C. 卧室

D. 有排水要求 E. 其他液体渗漏

28. 当门窗与墙体固定时，固定方法错误的有（ ）。

A. 混凝土墙洞口采用射钉或膨胀螺钉固定

B. 砖墙洞口应用射钉或膨胀螺钉固定，不得固定在砖缝处

C. 轻质砌块或加气混凝土洞口可用射钉或膨胀螺钉固定

D. 设有预埋铁件的洞口应采用焊接的方法固定

E. 窗下框与墙体也采用固定片固定

29. 关于涂饰工程基层的说法，正确的有（ ）。

A. 混凝土或抹灰基层涂刷溶剂型涂料时，含水率不得大于 8%，涂刷乳液型涂料时，含水率不得大于 10%

B. 木材基层的含水率不得大于 10%

C. 厨房、卫生间墙面必须使用耐水腻子

D. 旧墙面在涂饰涂料前应清除疏松的旧装修层

E. 新建筑物的混凝土或抹灰基层在涂饰涂料前应涂刷抗碱封闭底漆

30. 涂饰工程的基层腻子应（ ）。

A. 平整 B. 坚实 C. 牢固

D. 粉花 E. 无起皮和裂缝

31. 混凝土及抹灰面涂饰方法一般采用（ ）等方法。

A. 喷涂　　B. 滚涂　　C. 刷涂　　D. 弹涂　　E. 压涂

32. 关于裱糊施工技术要求的说法，正确的有（　　）。

A. 裱糊前，应按壁纸、墙布的品种、花色、规格进行选配、拼花、裁切、编号，裱糊时应按编号顺序粘贴

B. 裱糊使用的胶黏剂应按壁纸或墙布的品种选配，应具备防霉、耐久等性能

C. 各幅拼接应横平竖直，拼接处花纹、图案应吻合，不离缝，不搭接，不显拼缝

D. 裱糊时，阴阳角处应无接缝，应包角压实

E. 壁纸、墙布应粘贴牢固，不得有漏贴、脱层、空鼓和翘边

四、术语解释

1. 装饰装修
2. 抹灰
3. 灰饼
4. 墙面标筋
5. 湿作业安装法
6. 干挂法
7. 润纸
8. 裱糊
9. 建筑幕墙
10. 涂饰

9-16 术语解释解答

五、问答题

1. 抹灰分为哪几类？一般抹灰分几级，具体要求如何？
2. 抹灰的基体表面应做哪些处理？
3. 对抹灰所用材料有何要求？
4. 试述楼地面抹灰的施工工艺及要点。
5. 试述水刷石的施工工艺及要点。
6. 试述水磨石的施工工艺及要点。
7. 试述斩假石的施工工艺及要点。
8. 试述石材干挂法安装的优点及对不同结构体所用的安装方法。
9. 建筑涂料施工时，对混凝土及砂浆基层应做哪些处理？
10. 涂料施工的作业条件有哪些？
11. 裱糊施工的作业条件有哪些？
12. 简述壁纸裱糊的工艺要点。
13. 简述塑料及铝合金窗安装的质量要求。
14. 简述内墙釉面砖的施工工艺流程。
15. 简述地面砖施工前对基层应如何处理。
16. 简述塑料及铝合金门窗的施工工艺流程。

9-17 问答题解答

六、案例分析

1. 某工程公司承建某大学新建校史展览馆，总建筑面积2140m^2，总造价408万元，工期10个月。部分陈列室采用木龙骨石膏板吊顶。

施工过程中发生以下事件：

吊顶石膏面板大面积安装完成，施工单位请监理工程师通过预留未安装面板部位对吊顶工程进行隐蔽验收，被监理工程师拒绝。

9-18 案例分析参考答案

【问题】

该事件中监理工程师的做法是否正确？并说明理由。木龙骨石膏板吊顶工程应对哪些项目进行隐蔽验收？

2. 某建设单位新建办公楼，与甲施工单位签订施工总承包合同。该工程门厅大堂内墙设计做法为干挂石材，多功能厅隔墙设计做法为石膏板骨架隔墙。

施工过程中发生以下事件：

施工单位上报了石膏板骨架隔墙施工方案。其中石膏板安装方法为：隔墙面板横向铺设，两侧对

称，分层由下至上逐步安装；填充隔声防火材料随面层安装逐层跟进，直至全部封闭；石膏板用自攻螺钉固定，先固定板四边，后固定板中部，钉头略埋入板内，钉眼用石膏腻子抹平。监理工程师认为施工方法存在错误，责令修改后重新报审。

【问题】

针对该事件，应如何修改石膏板骨架隔墙施工方案?

3. 某写字楼工程，地下1层，地上10层，当主体结构已基本完成时，施工企业根据工程实际情况，调整了装修施工组织设计文件，编制了装饰工程施工进度网络计划，经总监理工程师审核批准后组织实施。

在施工过程中发生了以下事件：

一层大厅轻钢龙骨石膏板吊顶，一盏大型水晶灯（重100kg）安装在吊顶工程的主龙骨上。

【问题】

该工程灯的安装是否正确?说明理由。

4. 某医院门诊楼，位于市中心区域，建筑面积28326m^2，地下1层，地上10层，檐高33.7m。框架剪力墙结构，筏板基础，基础埋深7.8m，底板厚度1100mm，混凝土强度等级C30，抗渗等级P8。室内地面铺设实木地板，工程精装修交工。

在室内地面面层施工时，对木搁栅采用沥青防腐处理，木搁栅和毛地板与墙面之间未留空隙，面层木地板与墙面之间留置了10mm缝隙。

【问题】

指出木地板施工的不妥之处，并写出正确的做法。

5. 某办公楼工程，建筑面积45000m^2，钢筋混凝土框架—剪力墙结构，地下1层，地上12层，层高5m，抗震等级一级，内墙装饰面层为油漆、涂料。

监理工程师对三层油漆和涂料施工质量检查中，发现部分房间有流坠、刷纹、透底等质量通病，下达了整改通知单。

【问题】

涂饰工程还有哪些质量通病?

第十章 脚手架工程

学习要点

第一节 概 述

一、脚手架的分类

1. 按用途分

(1) 结构脚手架 施工荷载标准值 3kN/m²。

(2) 装修脚手架 施工荷载标准值 2kN/m²。

2. 按支固方式分

(1) 落地式（简称落地架）。

(2) 悬挑式（简称挑架）。

(3) 附墙悬挂式（简称外挂架）。

(4) 悬吊式（吊架）。

(5) 附着升降式（爬架）。

(6) 水平移动式。

3. 按设置形式分

(1) 单排架。

(2) 双排架。

(3) 多排架。

(4) 满堂脚手架。

4. 按杆件的连接方式分

(1) 承插式。

(2) 扣接式。

(3) 盘销式。

二、脚手架的搭设要求

1. 对脚手架的基本要求

(1) 宽度及步距应满足使用要求。

（2）具有足够的承载力、刚度和稳定性，能可靠地承受施工过程中的各类荷载。

（3）架体构造简单、搭拆方便。

（4）材料能多次周转使用，以降低工程费用。

2. 搭设一般要求

（1）搭设前编制专项施工方案，并进行技术交底。

（2）对构配件提前进行质量检验。

（3）做好脚手架的地基与基础处理。

（4）与施工进度同步搭设、分层分段检查验收。

（5）脚手架使用中不得超载。

（6）严禁擅自拆除架体结构杆件，严禁在脚手架基础及邻近处进行挖掘作业。

（7）不得设置脚手眼的情况如下。

① 120mm 厚墙、清水墙、料石墙和独立柱。

② 过梁上与过梁成 60°角的三角形范围及过梁净跨度 1/2 的高度范围内。

③ 宽度小于 1m 的窗间墙。

④ 砌体门窗洞口两侧 200mm（石砌体 300mm）和转角处 450mm（石砌体 600mm）范围内。

⑤ 梁或梁垫下及其左右 500mm 范围内。

⑥ 轻质墙体。

⑦ 夹心复合墙体外叶墙。

⑧ 设计不允许设置脚手眼的部位。

3. 拆除要求

（1）按专项方案拆除。

（2）由上而下逐层拆除，严禁上下同时作业，连墙件随脚手架应逐层拆除、严禁先拆。

（3）设专人指挥。

（4）严禁抛掷构配件。

第二节 扣件式及碗扣式钢管脚手架

一、扣件式钢管脚手架

1. 适用范围

$H \leqslant 24$m 设单排，$H \leqslant 50$m 设双排；超过 50m 的双排脚手架应采取分段卸载等措施，并计算复核，且 24m 以下应为双立杆。

2. 材料

（1）钢管　外径 ϕ48.3mm×3.6mm，单根最大长度≤6.5m。

（2）扣件　直角、旋转、对接；拧紧力矩达 65N·m 时不得破坏。

（3）底座　固定型和可调型。木垫板长度≥2 跨，厚度 50mm，宽度≥200mm。

3. 搭设构造与要求

（1）立杆

① 间距：横距 0.9～1.5m、纵距 1.2～2.0m；里立杆距离墙面 0.35～0.5m。立杆底部设底座或垫板；设纵、横向扫地杆，用直角扣件固定在距钢管底部≤200mm 的立杆上，横向扫地杆在下。

② 接头：错开≥500mm，相邻立杆接头不得在同步。

（2）大横杆　步距 1.5～1.8m。相邻接头不在同跨或同步对接，接头错开≥500mm。接头距主节点≤1/3 纵距。

(3) 小横杆　双排架挑向墙面 400～500mm，杆端距墙 50～150mm。

(4) 剪刀撑　高度≤24m，转角必设，中间≤15m，剪刀撑宽度≥4 跨和 6m，与地面成 45°～60°夹角。

(5) 连墙件　刚性连接：穿墙夹固、扣梁、抱柱、埋件焊接。

10-1　4D 微课
落地式钢管脚手架

(6) 栏杆、挡脚板　高度≥1.2m，挂立网。挡脚板≥180mm。

二、碗扣式钢管脚手架

1. 特点和组成

(1) 特点　组装简便，稳定性和承载力强，适用于重载支撑架。

(2) 立杆　长度有 3m 和 1.8m 两种规格。

(3) 横杆　两端焊接接头，有 2.4m，1.8m，1.5m，1.2m，0.9m，0.6m，0.3m 等 7 种规格。

(4) 斜杆　增强稳定性，钢管两端铆接斜杆接头。

2. 搭设要求

10-2　4D 微课
碗扣式模板脚手架施工

碗扣式双排脚手架高度≤24m 可按构造要求搭设，高度超过 24m 的双排碗扣式脚手架应进行结构设计和计算。

第三节　盘扣式及门式钢管脚手架

一、盘扣式钢管脚手架

1. 组成和特点

(1) 组成　由立杆、水平杆、斜杆、可调底座及可调托架等配件组成。立杆上焊有连接盘。水平杆和斜杆的杆端接头卡入连接盘，并楔紧插销紧固。

(2) 特点

① 安全可靠。

② 适应性强。

③ 承载力大。

④ 安装快捷。

⑤ 材料强度高，耐久性好。Q345 钢材。

⑥ 综合性能好。

2. 搭设要求

(1) 双排脚手架高度≤24m，步距 2m，纵距 1.5m，横距 0.9m 或 1.2m。

(2) 相邻立杆接头位置错开≥500mm，底部配可调底座。

(3) 斜杆、剪刀撑应每 5 跨每层设。

(4) 每 5 跨设置水平斜杆。

(5) 连墙件水平间距≤3 跨，与外墙距离≤300mm。

(6) 作业层满铺脚手板、设置防护栏杆。

二、门式钢管脚手架

1. 构成及特点

由门架、交叉支撑、连接棒、挂扣式脚手架、锁臂、底座等构配件组成。具有装拆简单，移动方便，使用可靠的特点。

2. 搭设要求

(1) 外脚手架

① 门架之间满设交叉支撑。

② 临时拆除交叉内杆时，先加设大横杆，再拆除交叉拉杆，最后重新装上交叉内杆。

③ 大横杆：前3层各层均设置，2层以上隔3～5层设一道。

④ 间隔3～5个架设置剪刀撑，与地面夹角为45°～60°。

⑤ 使用连墙管或连墙器与结构紧密连接。

(2) 里脚手架　只需搭设一层，高度1.7m；大于3.3m时可加设可调底座。

① 门架组装自一端向另一端延伸，自下而上按步架设，逐层改变搭设方向。

10-3　4D微课
门式钢管脚手架

② 门架下端设置离地不大于200mm的纵横扫地杆。

③ 脚手架搭设应与施工进度同步。

④ 作业层满铺配套的脚手板。

第四节　悬挑式及附着式脚手架

一、悬挑式脚手架

1. 适用范围

分段搭设高度≤20m。

2. 搭设要求

(1) 悬挑梁的纵距为立杆纵距的整数倍。

(2) 悬挑架上搭设的脚手架宽度≤1.05m。

(3) 钢梁截面高度≥160mm，锚固段长度≥1.25倍悬挑长度，尾端至少两点固定在钢筋混凝土梁板结构上。

(4) 锚固环或锚固螺栓采用HPB300级钢筋，直径≥16mm冷弯成型。梁板混凝土强度≥C20，厚度≥120mm。

(5) 立杆插入钢管底座内。

二、附着升降式脚手架

1. 附着支撑方式

(1) 套框式。

(2) 导轨式。

(3) 导座式。

(4) 挑轨式。

(5) 套轨式。

(6) 吊套式。

(7) 吊轨式。

2. 升降方式

(1) 单跨升降。

(2) 互爬升降。

（3）整体升降。

3. 提升设备

主要有手动葫芦、电动葫芦、卷扬机和液压设备。

4. 搭设要求

（1）架体必须在附着支撑部位沿全高设置定型加强的竖向框架。

（2）架体水平梁架应满足承载和与其余架体整体作用的要求。

（3）沿全高设置剪刀撑，跨度≤6 跨，水平夹角为 45°～60°。

（4）悬挑端应以竖向主框架为中心成对设置对称斜拉杆，水平夹角应不小于 45°。

（5）单片式架体必须采用直线形架体。

（6）架体内部应设置必要的竖向斜杆及水平斜杆，确保架体结构的整体稳定性。

习题及解答

一、填空题

10-4 填空题解答

1. 脚手架按照设置形式可以分为________、________、________和________。

2. 脚手架杆件的连接方式有________、________和________。

3. 高层脚手架宜采用厚度不小于________的 C15 混凝土基础。

4. 单排脚手架的搭设高度不宜超过________，双排脚手架的搭设高度不宜超过________。

5. 高度超过 50m 的双排脚手架应采取分段卸载等措施，通过计算复核，且________以下应为双立杆。

6. 扣件脚手架的扣件质量应该严格控制，在螺栓拧紧力矩达到________N・m 时不得发生破坏。

7. 常见扣件的形式有________、________和________。

8. 扣件式钢管脚手架主要由钢管、________、________和________等构配件组成。

9. 扣件式脚手架相邻立杆的接头位置应错开布置在不同的步距内，同步内隔一根立杆的接头在高度上错开不少于________，且各接头中心节点的距离不大于步距的________。

10. 高层脚手架应在外侧________连续设置剪刀撑，高度在 24m 以下的脚手架在两端、转角必须设置，中间间隔不超过________。

11. 在铺脚手板的操作层处必须设________道护栏和高度不小于________的挡脚板。

12. 脚手板的探头长度不得大于________。

13. 碗扣式钢管脚手架的立杆与水平横杆是依靠特制的________来连接的。

14. 碗扣式钢管双排脚手架按________、________、________、________的顺序逐层搭设，每次上升的高度不大于________，且与建筑同步上升，并应高出即将施工作业面________。

15. 盘销式脚手架由________、________、________、________及________等配件构成。

16. 脚手架首层立杆宜采用________的立杆交错布置，错开立杆竖向距离不应小于________。

17. 盘销式双排架沿架体外侧纵向每________跨每层应设置一根竖向斜杆，或每________跨间设置钢管剪刀撑；端跨的横向每层应设置________。

18. ________是门式脚手架的主要构件，其受力杆件为焊接钢管，由立杆、横杆及加强杆等相互焊接组成。

19. 门架之间必须满设________，并且整片脚手架必须适量设置水平________和剪刀撑。

20. 门架组装应自一端向另一端延伸，________按步架设，并应逐层改变________方向。

21. 门式脚手架一次搭设高度不宜超过最上层连墙件________，且自由高度不大于________。

22. 悬挑式脚手架的搭设高度（或分段搭设高度）一般不宜超过________。

23. 悬挑式脚手架按支承结构形式主要有________和________两种形式。

24. 悬挑式脚手架的宽度一般不宜大于________。

25. 支撑悬挑式脚手架梁板混凝土强度不得低于________，厚度不得小于________。

26. 悬挑钢梁截面高度不应小于________，悬挑尾端至少________固定在钢筋混凝土梁板结构上。

27. 悬挑架斜撑长度超过________时应在斜撑中部加设约束杆件。

28. 悬挑脚手架立杆应插入钢管底座内，底座与纵梁应用________或________固定。

29. 整体式附着升降脚手架的架体高度不应大于________倍楼层高，架体每步步高宜取________。

30. 附着升降脚手架体外立面必须沿全高设置剪刀撑，剪刀撑跨度不得大于________。

31. 附着升降脚手架架体结构内侧与工程结构之间的距离不宜超过________，超过时应对支承结构予以加强。

32. 在砌筑清水墙时，不应使用________排脚手架。

33. 结构和装修脚手架架面设计施工荷载标准值分别为________ kN/m^2和________ kN/m^2。

34. 脚手架应具有足够的________、________、________，能可靠地承受施工过程的各类荷载。

35. 脚手架作业层及以下每隔________ m设一道水平安全网；外挂________安全网封闭。

二、单项选择题

10-5 单项选择题解析

1. 砌体工程中，下列墙体或部位中可以留设脚手眼的是（　　）。

A. 120mm厚砖墙、空斗墙和砖柱

B. 宽度1.5m的窗间墙

C. 门洞窗口两侧200mm和距转角450mm的范围内

D. 梁和梁垫下及其左右500mm范围内

2. 碗扣式脚手架杆件，作为脚手架垂直承力杆的是（　　）。

A. 横杆　　B. 斜杆　　C. 顶杆　　D. 立杆

3. 为了防止整片脚手架在风荷载作用下外倾，脚手架还需设置（　　），将脚手架与建筑物主体结构相连。

A. 连墙杆　　B. 小横杆　　C. 大横杆　　D. 剪刀撑

4. 单排脚手架的小横杆一端支承在墙上，另一端与（　　）连接。

A. 连墙杆　　B. 大横杆　　C. 斜杆　　D. 立杆

5. 钢管脚手架的钢管一般采用（　　）的焊接钢管。

A. ϕ30mm×3mm　　B. ϕ40mm×3.5mm　　C. ϕ48.3mm×3.6mm　　D. ϕ60mm×4mm

6. 纵向扫地杆应用直角扣件固定在距钢管底端不大于（　　）mm处的立杆上。

A. 200　　B. 300　　C. 400　　D. 250

7. 高度在24m以下的脚手架在两端转角必须设置剪刀撑，中间间隔不超过（　　）m。

A. 10　　B. 15　　C. 20　　D. 25

8. 连墙件应靠近主节点设置，这是为了（　　）。

A. 便于施工　　B. 便于设置连墙件

C. 便于立杆接长　　D. 保证连墙件对脚手架起到约束作用

9. 当双排脚手架的搭设高度在40m左右，连墙件必须按两步三跨进行设置，每道连墙件的覆盖面积不应超过（　　）m^2。

A. 20　　B. 24　　C. 25　　D. 27

10. 开始搭设立杆时应遵守下列规定（　　）。

A. 每隔6跨设置一根抛撑，直至连墙件安装稳定后，方可拆除

B. 搭设立杆时不必设抛撑，可以一搭到顶

C. 相邻立杆的对接扣件应不在同一水平面，错开 200mm

D. 立杆的绝对偏差应在 200mm 以内

11. 脚手架的拆除必须是（　　）。

A. 由上而下逐层进行，严禁上下同时作业　　B. 可以上下同时拆除

C. 由下自上逐层拆除　　D. 对不需要的部分可以随时拆除

12. 连墙件与架体连接处应靠近主节点，偏离不得多于（　　）mm。

A. 150　　B. 200　　C. 250　　D. 300

13. 剪刀撑的设置宽度（　　）。

A. 不应小于 4 跨，且不应小于 6m　　B. 不应小于 3 跨，且不应小于 6m

C. 不应小于 4 跨，且不应小于 5m　　D. 不应小于 4 跨，且不应大于 6m

14. 脚手架垫板常采用木垫板，其长度和厚度的要求是（　　）。

A. 不应小于 3 跨和不小于 50mm　　B. 不应小于 2 跨和不小于 50mm

C. 不应小于 2 跨和不小于 60mm　　D. 不应小于 3 跨和不小于 60mm

15. 护栏和挡脚板的设置要求是（　　）。

A. 2 道护栏和高度不小于 150mm 的挡脚板　　B. 2 道护栏和高度不小于 180mm 的挡脚板

C. 1 道护栏和高度不小于 200mm 的挡脚板　　D. 1 道护栏和高度不小于 150mm 的挡脚板

16. 脚手板探头的长度一般不大于（　　）mm。

A. 150　　B. 200　　C. 250　　D. 300

17. 对高度 24m 以上的脚手架，应采用（　　）与建筑物连接。

A. 刚性连墙件　　B. 柔性连墙件

C. A 和 B 均可　　D. 拉筋和顶撑相配合的连墙件

18. 单、双排脚手架底层步距均不应大于（　　）m。

A. 1　　B. 1.5　　C. 2　　D. 2.5

19. 关于大横杆的设置，正确的是（　　）。

A. 大横杆安装在立杆外侧　　B. 相邻大横杆接头可设置在同步或同跨内

C. 相邻接头在水平方向错开的距离不应小于 200mm　　D. 双立杆必须都与同一根大横杆扣紧

20. 关于小横杆的设置，正确的是（　　）。

A. 小横杆搭于立杆上并用直角扣件扣紧

B. 在每个立杆与大横杆的相交处（主节点）必须设置小横杆

C. 主节点处的小横杆可以根据实际情况拆除，方便施工

D. 在操作层小横杆的数量也应该与其他层的数量保持一致

21. 关于横向斜撑的设置，正确的是（　　）。

A. 设置了剪刀撑，不需要再设置横向斜撑

B. 对高度在 24m 以上的封闭型脚手架，中间应每隔 3 跨设置一道横向斜撑

C. 对高度在 24m 以上的封闭型脚手架，只需每隔 6 跨距在中间设置一道横向斜撑

D. 对开口型双排脚手架的两端均必须设置横向斜撑

22. 关于里脚手架和满堂脚手架说法错误的是（　　）。

A. 里脚手架按作业要求和场地条件搭设，可采用双排架或单排架

B. 高度在 4.0m 以上的里脚手架应参照外脚手架的要求搭设

C. 大面积楼板模板的支撑架采用满堂架，承受的是模板和楼板自重及其上施工荷载

D. 满堂架横、纵向各超过 3 排立杆，刚度较好，不需要再设置剪刀撑

23. 碗扣式钢管脚手架高度≤24m 时，每隔（　　）跨设置一组竖向通高斜杆。

A. 2　　B. 3　　C. 4　　D. 5

24. 当碗扣式钢管脚手架高度大于24m时，每隔（ ）跨设置一组竖向通高斜杆。

A. 2 B. 3 C. 4 D. 5

25. 关于碗扣式脚手架的搭设，错误的是（ ）。

A. 对于一字形及开口形脚手架，应在两端横向框架内沿全高连续设置节点斜杆

B. 高度在24m以上的脚手架，应每隔5～6跨设置一道沿全高连续的廊道斜杆

C. 高度在24m以上的高层脚手架，应沿脚手架外侧以及全高方向连续设置剪刀撑

D. 首层立杆采用不同长度交错布置，底层扫地杆距地面高度不大于200mm

26. 关于盘销式脚手架的搭设，错误的是（ ）。

A. 搭设双排脚手架时高度不宜大于50m

B. 每步水平杆层，当无挂扣式钢脚手板时，应每5跨设置水平斜杆

C. 连墙件水平间距不应大于3跨，与主体结构外侧面距离不宜大于300mm

D. 双排架沿架体外侧纵向每5跨每层应设置一根竖向斜杆，或每5跨间设置剪刀撑

27. 门架之间必须满设（ ）。

A. 大横杆 B. 小横杆 C. 交叉支撑 D. 脚手板

28. 关于门架的构造要求，正确的是（ ）。

A. 门架立杆离墙面净距离不宜大于150mm

B. 当架高≤45m时，应至少每三步设一道水平架

C. 整片脚手架必须适量设置水平加固杆（即大横杆），前5层宜隔层设置

D. 连墙点的最大间距，在垂直方向为8m，在水平方向为8m

29. 门架一次搭设高度不宜超过最上层连墙件两步，且自由高度不大于（ ）m。

A. 2 B. 3 C. 4 D. 5

30. 在底层门架下端设置纵、横向通长扫地杆，扫地杆距门架立杆底部不大于（ ）mm。

A. 100 B. 150 C. 200 D. 250

31. 门架部件之间的连接方式是（ ）。

A. 螺栓 B. 焊接 C. 扣件连接 D. 自锚

32. 当门架基底处于较深的填土或者架高超过40m时，应加做厚度不小于400mm的灰土层或厚度不小于（ ）mm的钢筋混凝土基础梁，其上再加设垫板或垫木。

A. 100 B. 150 C. 200 D. 250

33. 门架在转角部位的处理，正确的是（ ）。

A. 直接铺上脚手板 B. 用安全网封死

C. 用扣件把竖管扣接起来 D. 可不做处理

34. 悬挑式脚手架的搭设高度（或分段搭设高度）一般不宜超过（ ）m。

A. 20 B. 24 C. 40 D. 50

35. 悬挑架上搭设的脚手架，应符合落地式脚手架有关规定，但宽度一般不宜大于（ ）m。

A. 0.90 B. 1.05 C. 1.50 D. 1.20

36. 型钢挑梁宜采用工字钢等双轴截面对称的型钢，钢梁截面高度不应小于（ ）mm。

A. 100 B. 150 C. 160 D. 200

37. 型钢挑梁的锚固环或锚固螺栓应采用HPB300级钢筋，直径不小于（ ）mm。

A. 12 B. 14 C. 16 D. 20

38. 支撑悬挑架的梁板混凝土强度不得低于（ ），厚度不得小于120mm。

A. C20 B. C30 C. C40 D. C25

39. 悬挑架斜撑长度超过（ ）m时应在斜撑中部加设约束杆件。

A. 3 B. 4 C. 5 D. 6

40. 整体式附着升降脚手架的架体高度不应大于（　　）倍楼层高。

A. 3　　B. 4　　C. 4.5　　D. 5

41. 整体式附着升降脚手架架体全高与支撑跨度的乘积不应大于（　　）m^2。

A. 100　　B. 110　　C. 120　　D. 150

42. 架体外立面必须沿全高设置剪刀撑，剪刀撑跨度不得大于（　　）m，其水平夹角为45°～60°，并应将竖向主框架、架体水平梁架和构架连成一体。

A. 4　　B. 5　　C. 6　　D. 6.5

43. 单片式附着升降脚手架必须采用（　　）架体。

A. 直线形　　B. 曲线形　　C. 折线形

D. 与建筑立面相符的任意形状

44. 爬架架体结构内侧与工程结构之间的距离不宜超过（　　）m，超过时应对支撑结构予以加强。

A. 0.2　　B. 0.3　　C. 0.4　　D. 0.5

45. 当脚手架基础下有设备基础，在脚手架使用过程中（　　）。

A. 严禁开挖　　B. 可以开挖，否则进度跟不上

C. 可以开挖，不需要进行加固　　D. 开挖后，基础可以悬空

46. 采用扣件式钢管作高大模板支架的立杆时，立杆顶部应插入可调托座，可调托座距顶部水平杆的高度不应大于（　　）mm。

A. 200　　B. 400　　C. 600　　D. 800

47. 采用扣件式钢管作高大模板支架的立杆时，立杆的纵、横向间距应满足设计要求，立杆的步距不应大于（　　）m，顶层立杆步距应适当减少，且不应大于1.5m。

A. 1.4　　B. 1.6　　C. 1.8　　D. 2.0

48. 采用扣件式钢管作高大模板支架的立杆时，在立杆底部的水平方向上应按（　　）的次序设置扫地杆。

A. 纵上横下　　B. 纵下横上　　C. 纵左横右　　D. 纵右横左

49. 采用扣件式钢管作高大模板支架的立杆时，承受模板荷载的水平杆与支架立杆连接的扣件，其拧紧力矩不应小于（　　）N·m，且不应大于65N·m。

A. 20　　B. 40　　C. 50　　D. 60

三、多项选择题

10-6 多项选择题解析

1. 多立杆式脚手架，根据连接方式的不同，可以分为（　　）。

A. 折叠式脚手架　　B. 钢管扣件式脚手架　　C. 支柱式脚手架

D. 门式脚手架　　E. 钢管碗扣式脚手架

2. 门框式脚手架的组成部件有（　　）。

A. 门式框架　　B. 剪刀撑　　C. 水平梁架

D. 脚手板　　E. 水平斜拉杆

3. 下列部件中属于扣件式钢管脚手架的是（　　）。

A. 钢管　　B. 吊环　　C. 扣件　　D. 底座　　E. 脚手板

4. 在下列脚手架中，能够用于楼层上砌筑和装修的是（　　）。

A. 门架式脚手架　　B. 支柱式脚手架　　C. 角钢折叠式脚手架

D. 钢筋折叠式脚手架　　E. 悬挑式脚手架

5. 钢管脚手架按搭设材料可分为（　　）。

A. 扣件式脚手架　　B. 工具式脚手架　　C. 碗扣式脚手架

D. 落地式脚手架　　E. 悬挑式脚手架

6. 下列脚手架按功能类型进行划分的是（ ）。

A. 结构工程作业脚手架 B. 装修工程作业脚手架

C. 碗扣式脚手架 D. 模板支撑脚手架 E. 悬挑式脚手架

7. 脚手架的拆除说法正确的是（ ）。

A. 根据检查结果补充完善脚手架专项方案中的拆除顺序和措施，经审批后方可实施

B. 单、双排脚手架拆除作业必须由上而下逐层进行，严禁上下同时作业

C. 卸料时各构配件严禁抛掷至地面

D. 严禁擅自拆除架体结构杆件

E. 连墙件必须随脚手架逐层拆除，对于影响拆除的个别连墙件可以先拆

8. 砌体工程中，下列墙体或部位中不得留设脚手眼的是（ ）。

A. 厚度大于或等于120mm的清水墙 B. 宽度小于1m的窗间墙

C. 门窗洞口两侧200mm和转角处450mm范围内

D. 轻质墙体 E. 过梁净跨度的高度范围内

9. 下面关于扣件式脚手架立杆的搭设说法正确的有（ ）。

A. 立杆横距为0.9～1.5m（高层架子不大于1.2m），纵距为1.2～2.0m

B. 相邻立杆的接头位置应错开布置在不同的步距内

C. 同步内隔一根立杆的接头在高度上错开不少于500mm，且各接头中心至主节点的距离不大于步距的1/2

D. 立杆的垂直度偏差应不大于架高的1/300，绝对偏差值不大于100mm

E. 立杆与大横杆必须用直角扣件扣紧，不得隔步设置或遗漏

10. 下面关于扣件式脚手架横杆的搭设说法正确的有（ ）。

A. 大横杆安装在立杆里侧，上下间距为1.5～1.8m

B. 相邻大横杆接头不得设置在同步或同跨内

C. 不同步或不同跨相邻接头在水平方向错开的距离不应小于500mm，且各接头中心至主节点的距离不大于纵距的1/2

D. 同跨内两根纵向水平杆高低差不应超过15mm，同一根大横杆两端的高差不大于20mm

E. 在操作层，应根据脚手板铺设的需要，每跨内加设1根或2根小横杆

11. 关于剪刀撑和连墙件的设置，说法正确的有（ ）。

A. 高层脚手架应在外侧全立面连续设置剪刀撑

B. 高度在24m以下的脚手架在两端、转角处必须设置剪刀撑，中间间隔不超过15m

C. 剪刀撑的斜杆除两端用旋转扣件与脚手架的立杆或小横杆伸出端扣紧外，在其中间应增加2～4个扣结点

D. 对高度24～40m的脚手架，可以采用柔性连墙件与建筑物连接

E. 连墙点应采用菱形布置，连墙杆应水平设置

12. 刚性连墙件的构造主要包括（ ）。

A. 双股钢丝与预埋件拉紧连接 B. 穿墙加固 C. 扣梁

D. 抱柱 E. 埋件焊接

13. 下列关于连墙件的设置，说法正确的有（ ）。

A. 高度小于50m的双排落地架，竖向间距不大于3步距，横向不大于3跨距

B. 高度小于50m的双排悬挑架，竖向间距不大于3步距，横向不大于3跨距

C. 高度小于24m的单排架，竖向间距不大于3步距，横向不大于3跨距

D. 单排架每根连墙件覆盖的面积不小于$40m^2$

E. 连墙件与架体连接处应靠近主节点，偏离不得多于300mm

14. 关于里脚手架和满堂脚手架的搭设，正确的有（ ）。

A. 里脚手架按作业要求和场地条件搭设，常为一字形的分段脚手架，可采用双排或单排架

B. 用于高大厂房和厅堂的高度在5.0m以上的里脚手架应参照外脚手架的要求搭设

C. 用于一般层高墙体的砌筑作业架，亦应设置必要的抛撑

D. 用于大面积楼板模板的支撑架多采用满堂架形式，但承受的是模板和楼板自重及其上施工荷载，对构架有更高的要求

E. 满堂脚手架不需要设置剪刀撑或斜杆

15. 碗扣式脚手架的斜杆和连墙件设置正确的是（ ）。

A. 脚手架高度>24m时，每隔4跨设置一组竖向通高斜杆

B. 当脚手架高度≤24m时，每隔5跨设置一组竖向通高斜杆

C. 对于一字形及开口形脚手架，应在两端横向框架内沿全高连续设置节点斜杆

D. 连墙杆应尽量连接在横杆层碗扣接头内，同脚手架、墙体保持垂直

E. 高度在24m以下的脚手架，可4跨3步设置一个连墙件

16. 关于碗扣式脚手架的搭设，说法错误的是（ ）。

A. 脚手架高度在24m及以下时，可按构造要求搭设

B. 脚手架按立杆、横杆、斜杆、连墙件的顺序逐层搭设，每次上升的高度不大于2m

C. 首层立杆采用不同长度交错布置，底层扫地杆距地面高度不大于350mm

D. 脚手架内立杆与建筑的距离不大于200mm

E. 脚手架全高的垂直度偏差应小于$L/500$，最大允许偏差应小于100mm

17. 盘销式脚手架的优点包括（ ）。

A. 安全可靠　　B. 材料强度高　　C. 适应性强　　D. 价格高　　E. 使用广泛

18. 关于盘销式脚手架的搭设，说法正确的是（ ）。

A. 可根据使用要求选择架体几何尺寸，步距宜为1m，立杆纵距宜为1.5m或1.8m，立杆横距宜为0.9m或1.2m

B. 脚手架首层立杆宜采用不同长度的立杆交错布置，错开距离不应小于500mm

C. 双排架沿架体外侧纵向每5跨每层应设置一根竖向斜杆

D. 连墙件水平间距不应大于3跨，与主体结构外侧面距离不宜大于200mm

E. 双排脚手架下部设置人行通道时，应在通道下部架设支撑横梁

19. 关于门架的特点叙述正确的有（ ）。

A. 是国际上采用最为普遍的脚手架

B. 常用的门架纵向间距为1.8m，宽度为0.8～1.2m

C. 架部件之间的连接基本不用螺栓结构，而是采用方便可靠的自锚结构，主要形式包括制动片式、滑动片式、弹片式和偏重片式

D. 门架是门式脚手架的主要构件，其受力杆件为焊接钢管，由立杆、横杆及加强杆等相互焊接组成

E. 门架的横向刚度较大，一般不需要设置剪刀撑

20. 关于门架的搭设，错误的是（ ）。

A. 门架之间必须满设交叉支撑

B. 前三层宜每层设置水平加固杆（即大横杆），二层以上则每隔2～3层设置一道

C. 在架子外侧面设置剪刀撑，其高度和宽度为2～3个步距，间隔4～5个架距设一道

D. 连墙点的最大间距，在垂直方向为6m，在水平方向为8m

E. 作为砌筑里脚手架，一般只需搭设一层

21. 关于门架的搭设说法正确的是（ ）。

A. 基底必须严格夯实抄平
B. 门架组装应自一端向另一端延伸，自下而上按步架设，并应逐层改变搭设方向
C. 在底层门架下端设置纵、横向通长扫地杆，扫地杆距门架立杆底部不大 300mm
D. 一次搭设高度不宜超过最上层连墙件一步，且自由高度不大于 4m
E. 作业层应连续满铺与门架配套的挂扣式脚手板

22. 关于悬挑脚手架叙述，正确的是（　　）。
A. 按支承结构形式主要有型钢挑梁和悬挑三脚桁架两种形式
B. 型钢挑梁的间距宜取立杆纵距的整倍数
C. 悬挑钢梁截面高度不应小于 160mm，悬挑尾端至少两点固定在钢筋混凝土梁板结构上
D. 锚固环或锚固螺栓应采用 HPB300 级钢筋，直径不小于 18mm，采用冷弯成型
E. 脚手架立杆应插入钢管底座内，底座与纵梁应用焊接或螺栓连接固定

23. 关于爬架叙述正确的是（　　）。
A. 架体全高与支撑跨度的乘积不应大于 $110m^2$
B. 架体结构内侧与工程结构之间的距离不宜超过 0.4m，否则应对支承结构予以加强
C. 单片式附着升降脚手架必须采用直线形架体
D. 架体外立面必须沿全高设置剪刀撑，剪刀撑跨度不得大于 15m
E. 竖向主框架与附着支承结构之间的导向构造可采用钢管扣件、碗扣或其他普通脚手架连接方式

24. 关于安全栏杆和挡脚板的叙述，正确的是（　　）。
A. 安全栏杆和挡脚板都应设在立杆内侧
B. 安全栏杆应设置两道，上道栏杆高度 1.2m，下道栏杆居中设置
C. 作业层外侧周边设置 180mm 高的挡脚板
D. 凡作业层、通道、斜道都应设置安全栏杆和挡脚板
E. 封闭型脚手架的作业层可不设安全栏杆

25. 关于脚手架的拆除原则，正确的是（　　）。
A. 先搭的后拆，后搭的先拆　　B. 先拆上部，后拆下部
C. 主要杆件先拆，次要杆件后拆　　D. 先拆外面，后拆里面
E. 一步一清，层层拆除

四、术语解释

1. 连墙件
2. 剪刀撑
3. 满堂脚手架
4. 悬挑式脚手架
5. 爬架
6. 扫地杆
7. 抛撑
8. 脚手架的步距
9. 脚手架的纵距
10. 门架

10-7 术语解释解答

五、问答题

1. 脚手架搭设的基本要求有哪些？
2. 简述双排扣件脚手架立杆、大横杆、小横杆和剪刀撑各自的搭设要求。
3. 连墙件有哪些作用？设置要求和连墙方法有哪些？
4. 碗扣式脚手架的搭设要求各有哪些？
5. 盘销式脚手架的优点有哪些？
6. 简述门式脚手架的搭设要求。
7. 简述悬挑脚手架的搭设要求。
8. 脚手架的拆除有哪些要求？
9. 安全网按位置的不同分为哪几种？各有哪些搭设要求？

10-8 问答题解答

六、案例分析

10-9 案例分析参考答案

某医院门诊楼，位于市中心区域，建筑面积 $27000m^2$，地下 1 层，地上 10 层，檐高 33.7m。2020 年 3 月 15 日开工，外墙结构及装修施工均采用钢管扣件式双排落地脚手架。

工程施工至结构四层时，该地区发生了持续 2h 的暴雨，并伴有短时 6～7 级大风。风雨过后，施工方项目负责人组织有关人员对现场脚手架进行检查验收，排除隐患后恢复了施工生产。

【问题】

请问上述事件中是否应对脚手架进行验收？并说明理由。还有哪些阶段应对脚手架及其地基基础进行检查验收？

附 录 模拟试题

试 题 一

一、名词解释（3 分）

1. 抹灰

二、单项选择题（每题 1 分，共计 16 分）

1. 某基坑采用轻型井点降水，基坑开挖深度 4.5m，要求水位降至基底中心下 0.5m，环形井点管所围的面积为 20m×30m，则井点管计算埋置深度为（ ）。

A. 5m　　B. 5.5m　　C. 6m　　D. 6.5m

2. 只有当所有的检验数 λ_{ij}（ ）时，该土方调配方案方为最优方案。

A. ≤0　　B. <0　　C. >0　　D. ≥0

3. 某工程灌注桩采用泥浆护壁法施工，灌注混凝土前，有 4 根桩孔底沉渣厚度如下所列，其中，不符合要求的是（ ）。

A. 端承桩 50mm　　B. 端承桩 80mm　　C. 摩擦桩 80mm　　D. 摩擦桩 100mm

4. 某蒸压加气混凝土砌块填充墙高 3.2m，在正常施工条件下至少应分（ ）d 砌筑完成。

A. 2　　B. 1　　C. 3　　D. 无规定

5. 砌筑蒸压加气混凝土砌块时，应错缝搭砌。搭砌长度不小于砌块长度的（ ）。

A. 1/2　　B. 1/3　　C. 1/4　　D. 1/5

6. 某梁共有 6 根Φ 25mm 的纵向受力钢筋，采用闪光对焊连接。在一个连接区段内（875mm），允许有接头的最多根数是（ ）。

A. 1　　B. 2　　C. 3　　D. 6

7. 用 ϕ50mm 的插入式振捣器（棒长约 400mm）振捣混凝土时，混凝土每层的浇筑厚度最多不得超过（ ）。

A. 300mm　　B. 600mm　　C. 500mm　　D. 200mm

8. 某预应力板采用先张法施工，混凝土设计强度等级为 C60，则预应力筋放张，其强度不应低于（ ）MPa。

A. 42　　B. 45　　C. 60　　D. 30

9. 在施工工艺方面，无黏结预应力与后张法有黏结预应力不同的地方是（ ）。

A. 孔道留设　　B. 张拉力　　C. 张拉程序　　D. 张拉伸长值校核

10. 单层工业厂房结构吊装中关于分件吊装法的特点，叙述正确的是（　　）。

A. 起重机开行路线长　　B. 索具更换频繁

C. 现场构件平面布置拥挤　　D. 起重机停机次数少

11. 当钢筋混凝土构件按最小配筋率配筋时，其钢筋代换的原则是（　　）代换。

A. 等面积　　B. 等数量　　C. 等刚度　　D. 等强度

12. 涂膜防水屋面施工时，其胎体增强材料长边、短边搭接宽度分别不得小于（　　）。

A. 50mm；50mm　　B. 50mm；70mm　　C. 70mm；50mm　　D. 70mm；70mm

13. 为使墙面抹灰垂直平整，找平层需按标筋刮平，标筋的间距一般不得大于（　　）。

A. 1m　　B. 1.5m　　C. 2m　　D. 2.5m

14. 玻璃幕墙竖向龙骨的接长需使用（　　）。

A. 螺栓和连接板固定　　B. 焊接连接　　C. 芯柱套接　　D. 搭接连接

15. 反铲挖土机外形是（　　）。

A. 　　B.

C. 　　D.

16. 下列（　　）段砖墙采用的是三顺一丁砌筑方式。

A. 　　B. 　　C. 　　D.

三、多选题（每题 2 分，共计 10 分）

1. 土方填筑时，常用的压实方法有（　　）。

A. 堆载法　　B. 碾压法　　C. 夯实法　　D. 水灌法　　E. 振动压实法

2. 沉井的施工过程包括（　　）。

A. 修筑导墙　　B. 井筒制作　　C. 开挖下沉　　D. 振动沉管　　E. 混凝土封底

3. 加气混凝土砌块不宜用在（　　）。

A. 建筑物外墙部分±0.00 以下　　B. 长期浸水的部位　　C. 建筑物外墙

D. 经常处在 80℃以上的高温环境　　E. 易受冻融部位

4. 模板的拆除顺序一般是（　　）。

A. 先支先拆　　B. 先支后拆　　C. 后支先拆

D. 后支后拆　　E. 先拆梁底模后拆侧模

5. 相对于外贴法，地下工程卷材防水的内贴法的特点是（　　）。

A. 施工期长　　B. 节约地下外墙模板

C. 防水层易受结构沉降的影响　　D. 要求基坑肥槽宽　　E. 易修补

四、简答题（5 题，共计 35 分）

1. 试述流砂现象发生的原因及主要防治方法。（本题 6 分）

2. 如何确定打桩顺序？（本题 8 分）

3. 施工缝留设方法及处理要求。（本题 6 分）

4. 简述后张法预应力孔道灌浆施工过程。（本题 5 分）

5. 简述热拌沥青混合料摊铺时应注意的问题有哪些。（本题 10 分）

五、作图题（计 10 分）

画出 240mm×240mm 构造柱的砖墙马牙槎示意图（需要标注出马牙槎的尺寸、拉结筋的位置及埋入墙体的长度等）。

六、计算题（2 题，共计 26 分）

1.（本题 14 分）某场地方格网（$a=20\text{m}$）及各方格角点地面标高如试题图 1-1 所示。设计地面为单向排水，泄水坡度 $i_x=2‰$，不考虑边坡、土的可松性影响。根据挖填平衡原则，试：

（1）计算场地平整设计标高 H_0。（5 分）

（2）计算方格角点 1、2、4、5 的施工高度。（6 分）

（3）计算方格Ⅰ的土方量。（3 分）

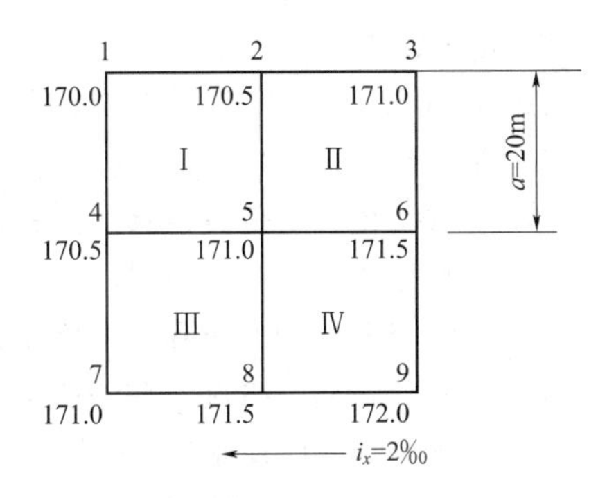

试题图 1-1

2.（本题 12 分）某厂金工车间柱距 6m，已知吊车梁高度为 0.8m，长度为 6m，重 30kN，索具重 2kN，索具绑扎点距梁两端均为 1m，吊索与水平面的夹角为 45°；牛腿高为 7.8m；屋面板厚 0.24m，起重机底铰距停机面的高度 $E=2.1\text{m}$。结构吊装时，停机面场地相对标高为 −0.3m，吊装所需安装间隙均为 0.3m。如试题图 1-2 所示。

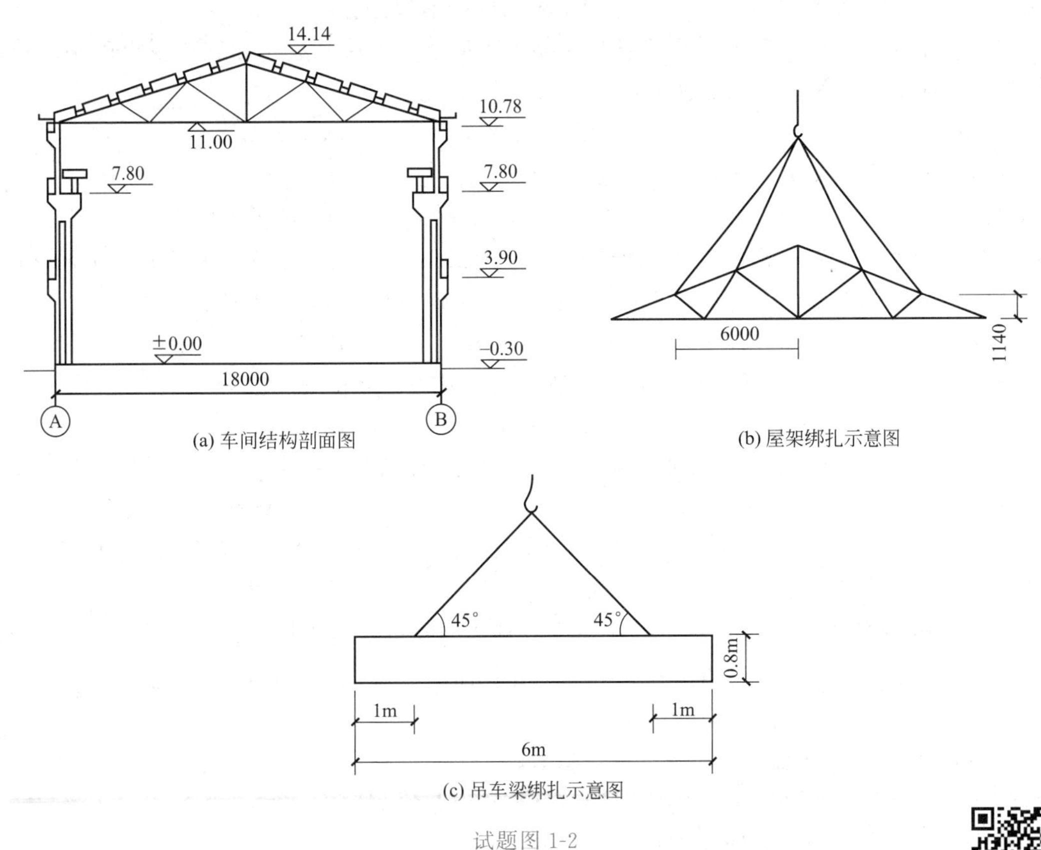

(a) 车间结构剖面图

(b) 屋架绑扎示意图

(c) 吊车梁绑扎示意图

试题图 1-2

试求：

（1）吊装吊车梁的起重量及起重高度。（5 分）

（2）数解法计算吊装跨中屋面板所需的最小起重臂长度。（7 分）

试题一参考答案

试 题 二

一、名词解释（每题 3 分，共计 6 分）

1. 静力压桩 2. 沥青表面处治

二、单项选择题（每题 1 分，共计 16 分）

1. 某土方工程的挖方量（天然状态下）为 2000m³，已知该土的 $K_s=1.25$，$K_s'=1.05$，则实际需运走的土方量是（ ）。

A. 1600m³ B. 1905m³ C. 2500m³ D. 2100m³

2. 进行施工验槽时，其内容不包括（ ）。

A. 基坑（槽）的位置、尺寸、标高是否符合设计要求

B. 降水方法与效益

C. 基坑（槽）的土质和地下水情况

D. 空穴、古墓、古井、防空掩体及地下埋设物的位置、深度、形状

3. 某预应力管桩直径为 450mm，群桩桩距为 1600mm，则打桩的顺序应为（ ）。

A. 从一侧向另一侧顺序进行 B. 从中间向两侧对称进行

C. 按施工方便的顺序进行 D. 从四周向中间环绕进行

4. “百格网”可用于检查（ ）。

A. 砌墙砂浆的饱满程度 B. 屋面刚性防水层的平整度

C. 墙面抹灰砂浆的平整度 D. 贴大理石有无空鼓

5. 在厨房、卫生间、浴室等处采用轻骨料混凝土小型空心砌块、蒸压加气混凝土砌块砌筑墙体时，墙底部宜现浇混凝土坎台等，其高度宜为（ ）。

A. 120mm B. 130mm C. 140mm D. 150mm

6. 钢筋进场时需抽样复验，复验内容不包括（ ）。

A. 外观 B. 力学性质 C. 化学成分 D. 单位长度重量

7. 已知某钢筋混凝土单向板中受力钢筋的直径 $d=8$mm，外包尺寸为 3300mm，钢筋两端弯钩的增长值各为 $6.25d$，钢筋因弯折引起的量度差总值为 36mm，则此钢筋的下料长度为（ ）。

A. 3236mm B. 3314mm C. 3364mm D. 3386mm

8. 某梁的跨度为 8m，采用钢模板、钢支柱支模时，其跨中起拱高度应为（ ）。

A. 3mm B. 4mm C. 6mm D. 8mm

9. 某跨度为 12m、强度为 C30 的现浇混凝土梁，当混凝土强度达到（ ）时方可拆除底模。

A. 15MPa B. 21MPa C. 22.5MPa D. 30MPa

10. 某大体积混凝土体积 1200m³，则至少需要制作（ ）组标准养护的抗压试块。

A. 6 B. 11 C. 12 D. 3

11. 采用埋管法留设孔道的预应力混凝土梁，其预应力筋可一端张拉的是（ ）。

A. 27m 长曲线孔道 B. 32m 长直线孔道 C. 23m 长曲线孔道 D. 38m 长直线孔道

12. 单层工业厂房屋架的吊装工艺顺序是（ ）。

A. 绑扎→起吊→对位→临时固定→校正→最后固定

B. 绑扎→翻身扶直→起吊→对位与临时固定→校正→最后固定

C. 绑扎→对位→起吊→校正→临时固定→最后固定

D. 绑扎→对位→校正→起吊→临时固定→最后固定

13. 施工时所用的小砌块的产品龄期不应小于（ ）d。

A. 7 B. 14 C. 28 D. 36

14. 当屋面坡度（ ）时，防水卷材应采取固定措施。

A. 小于 3%　　B. 在 3%～15%之间　　C. 大于 15%　　D. 大于 25%

15. 在抹灰工程中，下列各层次中起找平作用的是（　　）。

A. 基层　　B. 中层　　C. 底层　　D. 面层

16. 在扣件式脚手架中，落地单排脚手架、落地双排脚手架、型钢一次悬挑脚手架的适用高度分别为（　　）。

A. 不宜超过 20m、不应超过 24m、不宜超过 50m

B. 不宜超过 50m、不宜超过 20m、不应超过 24m

C. 不应超过 24m、不宜超过 50m、不宜超过 20m

D. 不应超过 24m、不宜超过 20m、不宜超过 50m

三、多选题（每题 2 分，共计 12 分）

1. 正铲挖土机的开挖方式有（　　）。

A. 定位开挖　　B. 正向挖土，侧向卸土

C. 正向挖土，后方卸土　　D. 沟端开挖　　E. 沟侧开挖

2. 泥浆护壁成孔灌注桩常用的钻孔机械有（　　）。

A. 旋挖钻　　B. 冲击钻　　C. 回转钻　　D. 多头钻　　E. 潜水钻

3. 砖墙砌筑的工序包括（　　）。

A. 抄平　　B. 放线　　C. 立皮数杆　　D. 砌砖　　E. 灌缝

4. 采用闪光对焊的接头检查，符合质量要求的是（　　）。

A. 接头表面无横向裂纹　　B. 钢筋轴线偏移为 1mm

C. 拉伸试验 3 个接头中有 2 个合格　　D. 接头处弯折为 4°

E. 与电极接触处的表面无明显烧伤

5. 后张法施工考虑预应力松弛损失时，预应力张拉程序正确的是（　　）。

A. $0\rightarrow\sigma_{con}$锚固　　B. $0\rightarrow1.03\sigma_{con}$锚固

C. $0\rightarrow1.03\sigma_{con}\rightarrow\sigma_{con}$锚固　　D. $0\rightarrow1.05\sigma_{con}$锚固

E. $0\rightarrow1.05\sigma_{con}$（持荷 2min）$\rightarrow\sigma_{con}$锚固

6. 履带式起重机的技术性能参数主要包括（　　）。

A. 起重力矩　　B. 起重半径　　C. 臂长　　D. 起重量　　E. 起重高度

四、简答题（5 题，共计 31 分）

1. 简述对脚手架的基本要求。（本题 8 分）

2. 简述传统钻孔灌注桩的施工工艺顺序。（本题 6 分）

3. 简述钢筋工程隐蔽验收的主要内容。（本题 6 分）

4. 简述施加预应力的目的。（本题 5 分）

5. 简述地下室外墙留缝及接缝要点。（本题 6 分）

五、作图题（本题 10 分）

某单层工业厂房跨度 18m，柱距 6m，如试题图 2-1 所示。所有的柱（包括抗风柱）已全部吊装完

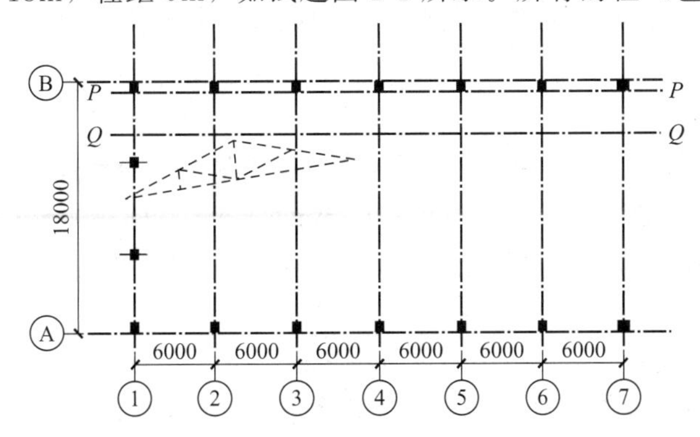

试题图 2-1

毕。已知起重机吊装屋架的回转半径为16m，屋架堆放范围在 $P—P$、$Q—Q$ 线内。

试画出：(1) 起重机的开行路线及停机点；(6分)

(2) 轴线②屋架在吊装前的斜向堆放图。(4分)

六、计算题（2题，共计25分）

1.（本题14分）某基坑坑底长为30m、宽为15m，坑深5.0m，四边均按1∶0.5的坡度进行放坡，土的可松性系数 $K_s=1.2$，$K'_s=1.08$，基坑内混凝土箱形基础的体积为1000m³。

试求：

(1) 基坑开挖的土方量。(8分)

(2) 需预留回填土的松散体积（计算结果取整数）。(6分)

2.（本题11分）某工程有按C30配合比浇筑的混凝土试块9组，其强度分别为31.0MPa、32.5MPa、33.0MPa、33.5MPa、34.0MPa、34.5MPa、35.0MPa、35.5MPa、36.0MPa。

试按下列要求进行求解：

(1) 对该混凝土强度进行检验评定（合格评定）($f_{cu平均值} \geqslant 1.15 f_{cu,k}$，$f_{cu,min} \geqslant 0.95 f_{cu,k}$)。(9分)

(2) 如该工程共有C30混凝土350m³，则应该留置标准养护试块多少组？(2分)

试题二参考答案

试　题　三

一、名词解释（每题3题，共计6分）

1. 充盈系数　2. 松铺系数

二、单项选择题（每题1分，共计16分）

1. 某土方工程的挖方量（天然状态下）为1000m³，已知该土的 $K_s=1.25$，$K'_s=1.05$，则实际需运走的土方量是（　　）。

A. 800m³　　B. 952m³　　C. 1250m³　　D. 1050m³

2. 只有当所有的检验数 λ_{ij}（　　）时，该土方调配方案方为最优方案。

A. ≤0　　B. <0　　C. >0　　D. ≥0

3. 某工程灌注桩采用泥浆护壁法施工，灌注混凝土前，有4根桩孔底沉渣厚度分别如下，其中，不符合要求的是（　　）。

A. 端承桩50mm　　B. 端承桩80mm　　C. 摩擦桩100mm　　D. 摩擦桩120mm

4. 某蒸压加气混凝土砌块填充墙高4.2m，在正常施工条件下至少应分（　　）d砌筑完成。

A. 2　　B. 1　　C. 3　　D. 没有什么规定

5. 砌筑蒸压加气混凝土砌块时，应错缝搭砌。搭砌长度不小于砌块长度的（　　）。

A. 1/2　　B. 1/3　　C. 1/4　　D. 1/5

6. 某梁共有12根Φ25mm的纵向受力钢筋，采用闪光对焊连接。在一个连接区段内（875mm），允许有接头的最多根数是（　　）。

A. 12　　B. 3　　C. 6　　D. 9

7. 用平板振捣器振捣混凝土时，混凝土每层的浇筑厚度最多不得超过（　　）。

A. 300mm　　B. 600mm　　C. 500mm　　D. 200mm

8. 某预应力板采用先张法施工，混凝土设计强度等级为C60，则预应力筋放张，其强度不应低于（　　）MPa。

A. 42　　B. 45　　C. 60　　D. 30

9. 在施工工艺方面，无黏结预应力与后张法有黏结预应力不同的地方是（　　）。

A. 孔道留设　　B. 张拉力　　C. 张拉程序　　D. 张拉伸长值校核

10. 单层工业厂房结构吊装中关于分件吊装法的特点，叙述正确的是（　　）。

A. 起重机开行路线长　　B. 索具更换频繁

C. 现场构件平面布置拥挤　　D. 起重机停机次数少

11. 当钢筋混凝土构件按最小配筋率配筋时，其钢筋代换的原则是（　　）代换。

A. 等面积　　B. 等数量　　C. 等刚度　　D. 等强度

12. 涂膜防水屋面施工时，其胎体增强材料长边、短边搭接宽度分别不得小于（　　）。

A. 50mm；50mm　　B. 50mm；70mm　　C. 70mm；50mm　　D. 70mm；70mm

13. 为使墙面抹灰垂直平整，找平层需按标筋刮平，标筋的间距一般不得大于（　　）。

A. 1m　　B. 1.5m　　C. 2m　　D. 2.5m

14. 玻璃幕墙竖向龙骨的接长需使用（　　）。

A. 螺栓和连接板固定　　B. 焊接连接　　C. 芯柱套接　　D. 搭接连接

15. 正铲挖土机适用于挖掘（　　）的土壤。

A. 停机面以上　　B. 停机面以下　　C. A 和 B 都可以　　D. A 和 B 都不行

16. 下列哪段砖墙采用的是一顺一丁砌筑方式（　　）。

A.　　B.　　C.　　D.

三、多选题（每题 2 分，共计 10 分）

1. 土方填筑时，常用的压实方法有（　　）。

A. 堆载法　　B. 碾压法　　C. 夯实法

D. 水灌法　　E. 振动压实法

2. 沉井的施工过程包括（　　）。

A. 修筑导墙　　B. 井筒制作　　C. 开挖下沉

D. 振动沉管　　E. 混凝土封底

3. 加气混凝土砌块不宜用在（　　）。

A. 建筑物外墙部分±0.00 以下　　B. 长期浸水的部位　C. 建筑物外墙

D. 经常处在 80℃以上的高温环境　　E. 易受冻融部位

4. 模板的拆除顺序一般是（　　）。

A. 先支先拆　　B. 先支后拆　　C. 后支先拆

D. 后支后拆　　E. 先拆梁底模后拆侧模

5. 相对于外贴法，地下工程卷材防水的内贴法的特点有（　　）。

A. 施工期长　　B. 节约地下外墙模板　　C. 防水层易受结构沉降的影响

D. 要求基坑肥槽宽　E. 易修补

四、简答题（5 题，共计 33 分）

1. 简述人工成孔墩式基础的施工工艺过程。(本题 7 分)

2. 简述砌体结构构造柱马牙槎的施工方法。(本题 5 分)

3. 简述无黏结预应力混凝土的特点。(本题 4 分)

4. 简述卷材防水屋面找平层的施工要求。(本题 10 分)

5. 试述石材干挂法安装的优点及不同结构体所用的安装方法。(本题 7 分)

五、作图题（计 10 分）

试绘出下列构件的施工缝位置：

(1) 有梁楼盖（试题图 3-1）混凝土浇筑方向及施工缝的留置范围。(浇筑方向 2 分，施工缝范围 4 分)

（2）柱（试题图 3-2）的施工缝。（4 分）

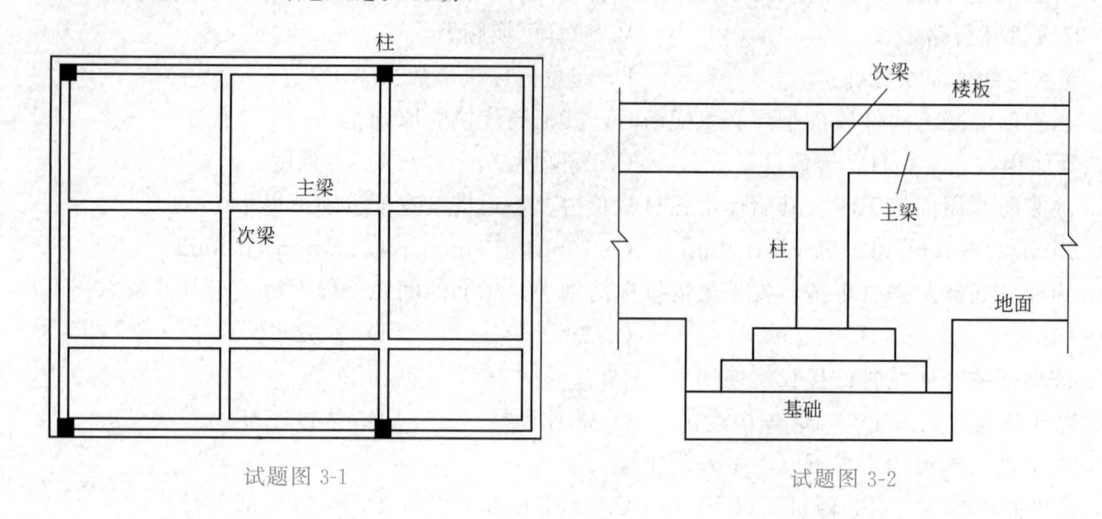

试题图 3-1　　试题图 3-2

六、计算题（2 题，共计 25 分）

1.（本题 13 分）某工程地下室，基坑底平面尺寸为 40m×16m，底面标高 −5.0m（地面标高为 ±0.00m）。已知地下水位面为 −3.0m，土层渗透系数 K=18m/d，−14.0m 以下为不透水层，基坑边坡坡度为 1∶0.5。拟用射流泵轻型井点降水，其井管长度为 6m，滤管长度 1m，管径为 38mm。试确定：

（1）轻型井点类型及平面布置（井点管距离基坑上口的尺寸）；（2 分）

（2）轻型井点高程布置（其中水力坡度为 0.1）。（11 分）

2.（本题 12 分）某厂金工车间柱距 6m，屋架索具绑扎点如试题图 3-3(b) 所示（外、内侧吊索与水平面的夹角分别为 45°和 60°），已知屋架重 60kN，索具重 5kN，临时加固材料重 3kN；柱顶标高为 11.0m；屋面板厚 0.24m，起重机底铰距停机面的高度 E=2.1m。结构吊装时，停机面场地相对标高为 −0.3m，吊装所需安装间隙均为 0.3m。具体信息如试题图 3-3(a)、(c) 所示。

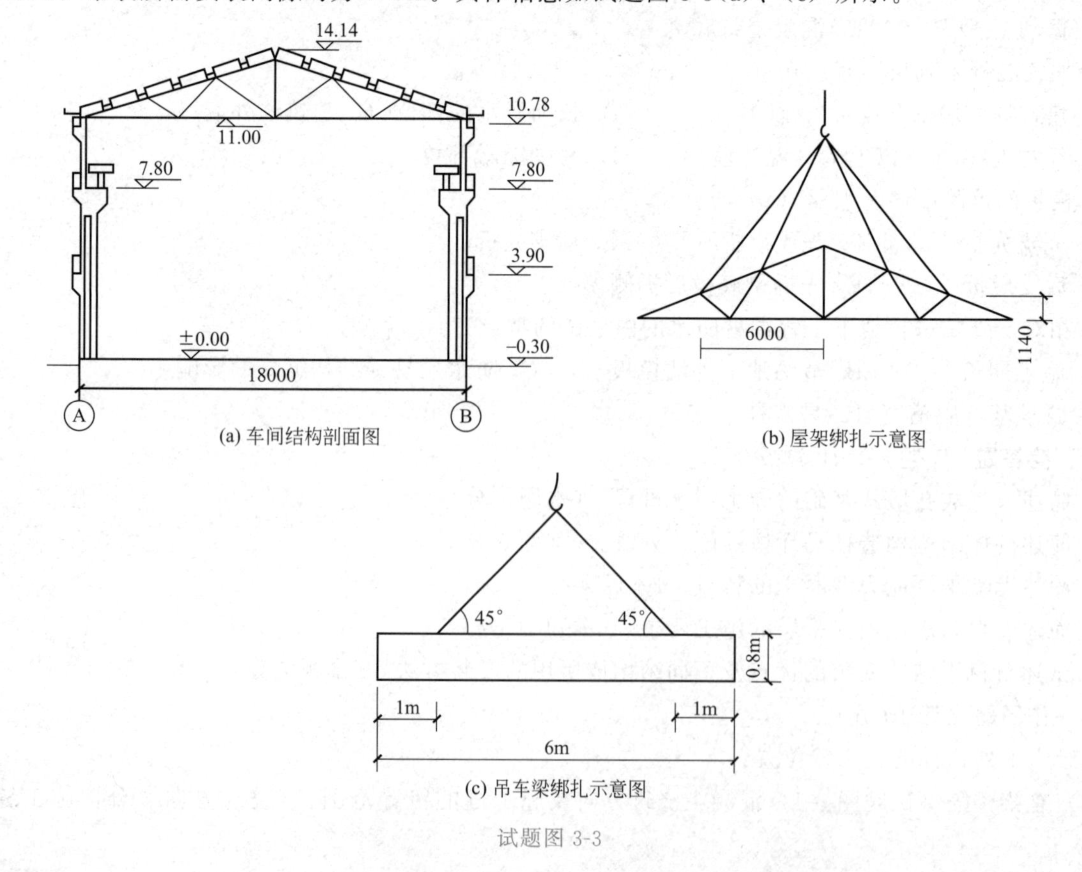

(a) 车间结构剖面图　　(b) 屋架绑扎示意图

(c) 吊车梁绑扎示意图

试题图 3-3

试求：

(1) 吊装屋架的起重量及起重高度；(5 分)

(2) 用数解法计算吊装跨中屋面板所需的最小起重臂长度。(7 分)

试题三参考答案

试 题 四

一、名词解释（每题 3 分，共计 6 分）

1. 静力压桩 2. 先张法施工

二、单项选择题（每题 1 分，共计 14 分）

1. 验槽时，应重点观察的是（　　）。

A. 基坑中心点　B. 基坑边角处　C. 受力较大的部位　D. 最后开挖的部位

2. 当桩的密度较大时，打桩的顺序应为（　　）。

A. 从一侧向另一侧顺序进行　B. 从中间向两端对称进行

C. 按施工方便的顺序进行　D. 从四周向中间环绕进行

3. 用于检查灰缝砂浆饱满度的工具是（　　）。

A. 百格网　B. 楔形塞尺　C. 靠尺　D. 托线板

4. 在厨房、卫生间、浴室等处采用轻骨料混凝土小型空心砌块、蒸压加气混凝土砌块砌筑墙体时，墙底部宜现浇混凝土坎台等，其高度宜为（　　）。

A. 120mm　B. 130mm　C. 140mm　D. 150mm

5. 当发现钢筋脆断、焊接性能不良或力学性能显著不正常等现象时，应停止使用该批钢筋，并对该批钢筋进行（　　）检验或其他专项检验。

A. 化学成分　B. 物理成分　C. 力学成分　D. 强度

6. 某梁的跨度为 7m，采用钢模板、钢支柱支模时，其跨中起拱高度应为（　　）。

A. 3mm　B. 4mm　C. 6mm　D. 12mm

7. 某悬挑梁是跨度为 2m、强度为 C30 的现浇混凝土梁，当混凝土强度达到（　　）时方可拆除底模。

A. 15MPa　B. 21MPa　C. 22.5MPa　D. 30MPa

8. 某大体积混凝土体积 $1300m^3$，则至少需要制作（　　）组标准养护的抗压试块。

A. 7　B. 13　C. 12　D. 3

9. 采用埋管法留设孔道的预应力混凝土梁，其预应力筋可一端张拉的是（　　）。

A. 27m 长曲线孔道　B. 32m 长直线孔道

C. 23m 长曲线孔道　D. 38m 长直线孔道

10. 单层工业厂房屋架的吊装工艺顺序是（　　）。

A. 绑扎→起吊→对位→临时固定→校正→最后固定

B. 绑扎→翻身扶直→起吊→对位与临时固定→校正→最后固定

C. 绑扎→对位→起吊→校正→临时固定→最后固定

D. 绑扎→对位→校正→起吊→临时固定→最后固定

11. 在砖墙上留置临时洞口时，其侧边离交接处墙面不应小于（　　）mm。

A. 200　B. 300　C. 500　D. 1000

12. 当屋面坡度（　　）时，防水卷材应采取固定措施。

A. 小于 3%　B. 在 3%～15%之间　C. 大于 15%　D. 大于 25%

13. 在抹灰工程中，下列各层次中起黏结作用的是（　　）。

A. 基层　　B. 中层　　C. 底层　　D. 面层

14. 采用扣件式钢管作高大模板支架的立杆时，承受模板荷载的水平杆与支架立杆连接的扣件，其拧紧力矩不应小于（　　）N•m，且不应大于65N•m。

A. 20　　B. 50　　C. 40　　D. 60

三、多选题（每题2分，共计10分）

1. 填方压实时，对黏性土宜采用（　　）。

A. 碾压法　　B. 夯实法　　C. 振动法

D. 水冲法　　E. 堆载加压法

2. 在沉管灌注桩施工中，为了防止桩缩径可采取的措施有（　　）。

A. 保持桩管内混凝土有足够高度　　B. 增强混凝土和易性

C. 拔管速度适当加快　　D. 拔管时加强振动

E. 跳打施工

3. 砌砖的常用方法有（　　）。

A. 干摆法　　B. 铺浆法　　C. “三一”砌筑法

D. 全顺砌筑法　　E. 灌浆法

4. 某现浇钢筋混凝土楼板，长为6m，宽2.1m，施工缝可留在（　　）位置。

A. 距短边一侧3m且平行于短边　　B. 距短边一侧1m且平行于短边

C. 距长边一侧1m且平行于长边　　D. 距长边一侧1.5m且平行于长边

E. 距短边一侧2m且平行于短边

5. 关于屋面防水卷材铺贴时采用搭接法连接的说法，正确的是（　　）。

A. 上下层卷材的搭接缝应对正　　B. 上下层卷材的铺贴方向应垂直

C. 相邻两幅卷材的搭接缝应错开　　D. 平行于屋脊的搭接缝应顺流水方向搭接

E. 垂直于屋脊的搭接缝应顺年最大频率风向搭接

四、简答题（4题，共计34分）

1. 试述降低地下水位对周围环境的影响及预防措施。（本题8分）

2.《砌体结构工程施工质量验收规范》（GB 50203—2011）规定当施工中或验收时出现哪些情况，可采用现场检验方法对砂浆或砌体强度进行实体检测，并判定其强度？（本题8分）

3. 简述水泥混凝土面板的施工程序。（本题10分）

4. 简述卷材防水层施工基本要求。（本题8分）

五、作图题（本题10分）

请绘出用普通黏土砖砌筑的“一顺一丁”“梅花丁”两种组砌方式的立面图（高度至少4皮砖、长度为8块砖长）。

六、计算题（2题，共计26分）

1.（本题14分）计算如试题图4-1所示梁中①、②、③号钢筋下料长度（抗震结构）。已知钢筋保护层厚度为20mm。90°量度差值$2d$，45°量度差值为$0.5d$，$\sqrt{2}$取1.414。

2.（本题12分）有一钢丝绳为6×19＋1，主要数据见试题表4-1。其极限抗拉强度为1.7kN/mm^2，直径D＝20mm。

（1）请说明“6×19＋1”的含义？（4分）

（2）用以吊装构件（安全系数为6，受力不均匀系数为0.85），试计算其允许拉力。（4分）

（3）若重物为60kN，至少应选用多大直径的钢丝绳？（4分）

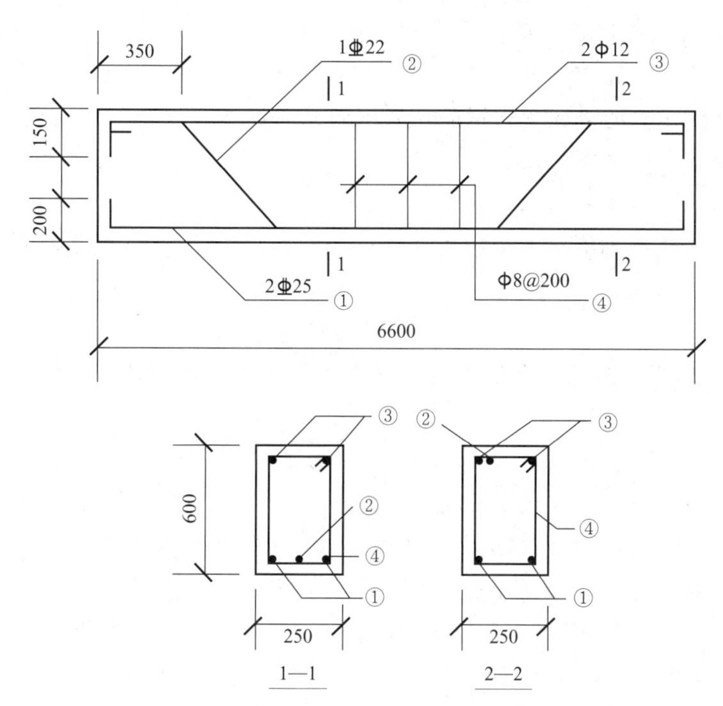

试题图 4-1

试题表 4-1 6×19+1 钢丝绳的主要数据

直径/mm		钢丝绳总断面积/mm²	钢丝绳破断拉力总和 R/N
钢丝绳	钢丝		
20	1.3	151.24	257000
21.5	1.4	175.40	298000
23	1.5	201.35	342000
24.5	1.6	229.09	389000
26	1.7	258.63	439500
28	1.8	289.95	492500

试题四参考答案

试 题 五

一、名词解释（每题 3 分，共计 6 分）

1. 零线 2. 一次投料法

二、单项选择题（每题 1 分，共计 16 分）

1. 某轻型井点采用环状布置，井管埋设面距基坑底的垂直距离为 4m，井点管至基坑中心线的水平距离为 10m，则井点管的埋设深度（不包括滤管长）至少应为（　　）。

A. 5m　　B. 5.5m　　C. 6m　　D. 6.5m

2. 在施工中按（　　），可将土石分为八类。

A. 粒径大小　　B. 承载能力　　C. 开挖的难易程度　　D. 孔隙率

3. 某端承灌注桩的桩孔底沉渣厚度分别如下，其中，符合要求的是（　　）。

A. 50mm　　B. 110mm　　C. 150mm　　D. 100mm

4. 隔墙或填充墙的顶面与上层结构的接触处，宜（　　）。

A. 用砂浆塞紧　　B. 埋筋拉结　　C. 用砖斜砌顶紧　　D. 用现浇混凝土连接

5. 小砌块墙体应对孔错缝搭砌，搭接长度不应小于（　　）。

A. 60mm　　B. 70mm　　C. 80mm　　D. 90mm

6. 某梁共有 8 根Φ20mm 的纵向受力钢筋，采用闪光对焊连接。在一个连接区段内（700mm），允许有接头的最多根数是（　　）。

A. 1　　B. 2　　C. 4　　D. 6

7. 用 ϕ50mm 的插入式振捣器（棒长约 400mm）振捣混凝土时，混凝土每层的浇筑厚度最多不得超过（　　）。

A. 300mm　　B. 600mm　　C. 500mm　　D. 200mm

8. 某预应力板采用先张法施工，混凝土设计强度等级为 C40，则预应力筋放张，其强度不应低于（　　）MPa。

A. 28　　B. 30　　C. 24　　D. 20

9. 关于预应力工程施工的方法，正确的是（　　）。

A. 都使用台座　　B. 都预留预应力孔道　　C. 都采用放张工艺　　D. 都使用张拉设备

10. 吊装中小型单层工业厂房的结构时，宜使用（　　）。

A. 履带式起重机　　B. 附着式塔式起重机　　C. 人字拔杆式起重机　　D. 轨道式塔式起重机

11. 构件按最小配筋率配筋，其钢筋代换前后（　　）相等的原则进行。

A. 面积　　B. 承载力　　C. 重量　　D. 间距

12. 当屋面坡度达到（　　）%时，卷材必须采用满粘和钉压固定措施。

A. 3　　B. 10　　C. 15　　D. 25

13. 一般抹灰中，内墙高级抹灰的总厚度为（　　）。

A. ≤18mm　　B. ≤20mm　　C. ≥20mm　　D. ≤25mm

14. 当吊杆长度大于 1.5m 时应（　　）。

A. 减小吊杆间距　　B. 加粗吊杆　　C. 设反向支撑　　D. 增大吊杆间距

15. 建筑工程中最常用的挖土机是（　　）。

A. 正铲挖土机　　B. 反铲挖土机　　C. 抓铲挖土机　　D. 拉铲挖土机

16. 下列哪段砖墙采用的是梅花丁砌筑方式（　　）。

A.　　B.　　C.　　D.

三、多选题（每题 2 分，共计 12 分）

1. 填方土料应符合设计要求，一般不能选用的有（　　）。

A. 砂土　　B. 淤泥质土　　C. 膨胀土

D. 有机质含量大于 8%的土　　E. 碎石土

2. 在泥浆护壁成孔灌注桩施工中，正确的做法是（　　）。

A. 钻机就位时，回转中心对准护筒中心

B. 护筒中心应高出地下水位 1～1.5m 以上

C. 清孔后，保证孔底沉渣不超过 150mm

D. 混凝土灌注完成后方可提升导管

E. 每根桩灌注混凝土最终高程应略低于设计桩顶标高

3. 皮数杆的作用是控制（　　）。

A. 灰缝厚度　　B. 预埋件标高　　C. 门窗洞口位置　　D. 楼板标高　　E. 过梁标高

4. 采用闪光对焊的接头检查，符合质量要求的是（　　）。

A. 接头表面无横向裂纹　　B. 钢筋轴线偏移为 2mm

C. 拉伸试验3个接头中有2个合格　　D. 接头处弯折为4°

E. 与电极接触处的表面无明显烧伤

5. 后张法施工中常用孔道留设的方法有（　　）。

A. 钢管抽芯法　　B. 预埋套管法　　C. 胶管抽芯法　　D. 预埋波纹管法　　E. 钻孔法

6. 关于高强度螺栓连接施工的说法，错误的有（　　）。

A. 在施工前对连接副实物和摩擦面进行检验和复验

B. 把高强度螺栓作为螺栓使用

C. 高强度螺栓的安装可采用自由穿入和强行穿入两种

D. 高强度螺栓连接中连接钢板的孔必须采用钻孔成型的方法

E. 高强度螺栓不能作为临时螺栓使用

四、简答题（5题，共计32分）

1. 简述土方优化的步骤。（本题8分）

2. 简述锤击沉管灌注桩的施工工艺。（本题5分）

3. 预制构件吊装前的质量检查内容包括哪些？（本题6分）

4. 简述涂膜防水屋面的施工顺序及涂膜层的施工方法。（本题8分）

5. 简述塑料及铝合金窗安装质量要求。（本题5分）

五、作图题（计10分）

已知某沟槽长度15m，宽度5m，要求降水深度为3m，地下水流方向如试题图5-1所示。试在试题图5-1中直接绘出轻型井点平面布置图，并注明相关尺寸。

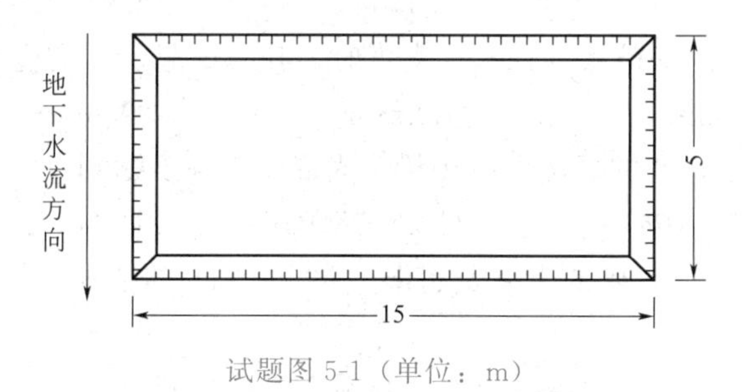

试题图5-1（单位：m）

六、计算题（2题，共计24分）

1.（本题12分）某工程电梯间钢筋混凝土墙体高3.9m，采用混凝土坍落度为180mm（坍落度影响修正系数β取1.0）的普通混凝土（重力密度γ_c为24kN/m^3），浇筑速度V为2m/h，浇筑时入模温度为25℃。已知荷载基本组合效应设计值$S=1.35\times0.9\times S_{Gk}+1.4\times1\times S_{Qk}$，其中采用泵送时混凝土下料产生的水平荷载$Q$为2kN/m^2。（竖档间距按0.6m考虑，按简支梁计算）

试计算：

（1）新浇筑混凝土对模板的侧压力及侧压力的有效高度；（9分）

（2）模板的荷载组合效应设计值。（3分）

试题五参考答案

2.（本题12分）某高校教学楼为5层框架结构，填充墙采用M10的水泥混合砂浆，共有砂浆试块10组，其28d的抗压强度分别为11MPa、12MPa、13MPa、12MPa、9MPa、10MPa、12MPa、13MPa、10MPa、13MPa。请完成以下内容：

（1）试通过计算判定该检验批砂浆强度是否合格。（9分）

（2）简述普通砌筑砂浆试块应如何留置。（3分）

试　题　六

一、名词解释（每题3分，共计6分）

1. 土的干密度　2. 永久性模板

二、单项选择题（每题 1 分，共计 16 分）

1. 某土方工程的挖方量（天然状态下）为 $2000m^3$，已知该土的 $K_s=1.20$，$K'_s=1.05$，则实际需运走的土方量是（　　）。

A. $1667m^3$　　B. $1905m^3$　　C. $2400m^3$　　D. $2100m^3$

2. 当基坑开挖深度不大，地质条件和周围环境允许时，最适宜的开挖方式的是（　　）。

A. 逆作法挖土　　B. 中心岛式挖土　　C. 盆式挖土　　D. 放坡挖土

3. 在下列措施中不能预防沉桩对周围环境的影响的是（　　）。

A. 采取预钻孔沉桩　　B. 设置防震沟

C. 采取由远到近的沉桩顺序　　D. 控制沉桩速率

4. 砖砌体结构的水平灰缝厚度和竖缝宽度一般规定为（　　）。

A. 8～12mm　　B. 6～8mm　　C. 8mm　　D. 12mm

5. 填充墙砌体砌筑，应待承重主体结构检验批验收合格后进行。填充墙与承重主体结构间的空（缝）隙部位施工，应在填充墙砌筑（　　）后进行。

A. 14d　　B. 7d　　C. 28d　　D. 3d

6. 现浇钢筋混凝土框架柱的纵向钢筋的焊接应采用（　　）。

A. 闪光对焊　　B. 坡口立焊　　C. 电渣压力焊　　D. 电弧焊

7. 已知某钢筋外包尺寸为 4500mm，钢筋两端弯钩增加值共为 200mm，钢筋中间部位弯折的量度差值为 32mm，其下料长度为（　　）mm。

A. 4268　　B. 4332　　C. 4668　　D. 4732

8. 某梁的跨度为 7m，采用钢模板、钢支柱支模时，其跨中起拱高度应为（　　）。

A. 3mm　　B. 4mm　　C. 6mm　　D. 8mm

9. 某跨度为 7m、强度为 C30 的现浇混凝土梁，当混凝土强度达到（　　）时方可拆除底模。

A. 15MPa　　B. 21MPa　　C. 22.5MPa　　D. 30MPa

10. 某大体积混凝土 $1300m^3$，则至少需要制作（　　）组标准养护的抗压试块。

A. 6　　B. 7　　C. 12　　D. 3

11. 采用埋管法留设孔道的预应力混凝土梁，其预应力筋可一端张拉的是（　　）。

A. 30m 长曲线孔道　B. 25m 长直线孔道　C. 21m 长曲线孔道　D. 25m 长直线孔道

12. 下列有关高强度螺栓安装方法不对的是（　　）。

A. 高强度螺栓接头应采用冲钉和临时螺栓连接

B. 对错位的螺栓孔应用铰刀或粗锉刀进行处理规整，不得采用气割扩孔

C. 螺栓应自由垂直穿入螺栓和冲钉的螺孔，穿入方向应该一致

D. 每个螺栓的一端可垫 2 个及以上的垫圈

13. 为确保小砌块砌体的砌筑质量，其砌筑要求可简单归纳为（　　）。

A. 错孔、对缝、反砌　　B. 对孔、错缝、正砌

C. 对孔、错缝、反砌　　D. 错孔、对缝、正砌

14. 有淋浴设施的厕浴间墙面防水层高度不应小于（　　）m，并与楼地面防水层交圈。

A. 1.0　　B. 1.5　　C. 1.8　　D. 2.0

15. 在抹灰工程中，下列各层次中起装饰作用的是（　　）。

A. 基层　　B. 中层　　C. 底层　　D. 面层

16. 型钢挑梁宜采用工字钢等双轴截面对称的型钢，钢梁截面高度不应小于（　　）mm。

A. 100　　B. 150　　C. 160　　D. 200

三、多选题（每题 2 分，共计 10 分）

1. 反铲挖土机的开挖方式有（　　）。

A. 定位开挖　　B. 正向挖土，侧向卸土

C. 正向挖土，后方卸土　　　　　　D. 沟端开挖

E. 沟侧开挖

2. 打桩质量控制指标主要包括（　　）。

A. 贯入度　　B. 桩端标高　　C. 桩锤落距　　D. 桩位偏差　　E. 接桩质量

3. 关于砌筑施工临时性施工洞口的留设，说法正确的是（　　）。

A. 洞口侧边距丁字相交的墙角不小于 200mm

B. 洞口净宽度不应超过 1m

C. 洞口顶宜设置过梁

D. 洞口侧边设置拉结筋

E. 在抗震设防烈度 9 度的地区，必须与设计方协商

4. 多层现浇混凝土框架柱，钢筋为 HRB335 级，直径 25mm，其竖向钢筋接头的方法有（　　）。

A. 闪光对焊　　B. 冷挤压连接　　C. 电渣压力焊　　D. 电阻点焊　　E. 直螺纹连接

5. 塔式起重机按固定方式进行分类可分为（　　）。

A. 伸缩式　　B. 轨道式　　C. 附墙式

D. 内爬式　　E. 自升式

四、简答题（5 题，共计 35 分）

1. 简述边坡稳定的条件及影响土方边坡稳定的主要因素。（本题 8 分）

2. 试述芯柱混凝土的浇筑方法。（本题 8 分）

3. 简述对混凝土运输的基本要求。（本题 5 分）

4. 简述装配式建筑结构吊装的施工顺序。（本题 6 分）

5. 简述地下室卷材外防内贴法施工工艺流程。（本题 8 分）

五、作图题（计 10 分）

请绘制多孔砖留置直槎的示意图（注明拉结筋的长度、间距等）。

六、计算题（2 题，共计 23 分）

1. （本题 13 分）某 C20 混凝土的实验配比为 1：2.25：4.50，水胶比 0.60，胶凝材料用量（水泥＋粉煤灰）为 280kg/m^3，现场实测砂、石含水率分别为 4%和 2%。拟用装料容量为 560L 的搅拌机拌制（出料系数 0.625）。

试确定：

（1）施工配合比（保留至小数后 2 位）。（8 分）

（2）搅拌机每次配料，需要配置水泥、砂、石、水各多少（用袋装水泥）？（5 分）

2. （本题 10 分）某预应力构件采用有黏结后张法施工，其预应力孔道为抛物线，孔道水平长度为 24.3m，孔道抛物线后张法矢高 1.2m，采用钢绞线束作为预应力筋，利用 YCQ100 型千斤顶两端张拉，其外形尺寸为 ϕ258mm×440mm（穿心式千斤顶长度为 440mm），其夹片式工具锚厚度为 60mm，工作锚厚度为 70mm。

试题六参考答案

请计算：

（1）抛物线形孔道长度；（5 分）

（2）钢绞线束下料长度（精确至 mm）。（5 分）

试　题　七

一、名词解释（每题 3 分，共计 6 分）

1. 灌注桩　2. 皮数杆

二、单项选择题（每题1分，共计15分）

1. 井点降水的作用有（　　）。

Ⅰ. 防止地下水涌入坑内　　Ⅱ. 防止边坡由于地下水的渗流而引起的塌方

Ⅲ. 防止基坑发生管涌、流砂等渗流破坏　　Ⅳ. 减少基坑支护侧压力

Ⅴ. 使基坑内保持干燥，方便施工　　Ⅵ. 提高地基承载力

A. Ⅰ、Ⅱ、Ⅲ、Ⅳ、Ⅴ、Ⅵ　　B. Ⅰ、Ⅱ、Ⅲ、Ⅳ、Ⅴ

C. Ⅰ、Ⅱ、Ⅲ、Ⅴ、Ⅵ　　D. Ⅰ、Ⅱ、Ⅲ、Ⅳ、Ⅵ

2. 可进行场地平整、基坑开挖、填平沟坑、松土等作业的机械是（　　）。

A. 平地机　　B. 铲运机　　C. 推土机　　D. 摊铺机

3. 某工程灌注桩采用泥浆护壁法施工，灌注混凝土前，有4根桩孔底沉渣厚度分别如下，其中，符合要求的是（　　）。

A. 端承桩150mm　　B. 端承桩120mm　　C. 摩擦桩160mm　　D. 摩擦桩100mm

4. 某多孔砖填充墙高4.1m，在正常施工条件下至少应分（　　）d砌筑完成。

A. 2　　B. 1　　C. 3　　D. 没有什么规定

5. 小砌块墙体应对孔错缝搭砌，搭接长度不应小于（　　）。

A. 60mm　　B. 70mm　　C. 80mm　　D. 90mm

6. 某梁共有8根Φ25mm的纵向受力钢筋，采用机械连接。在一个连接区段内（875mm），允许有接头的最多根数是（　　）。

A. 1　　B. 2　　C. 4　　D. 6

7. 用ϕ50mm的插入式振捣器（棒长约500mm）振捣混凝土时，混凝土每层的浇筑厚度最多不得超过（　　）。

A. 300mm　　B. 600mm　　C. 900mm　　D. 200mm

8. 先张法施工时，当混凝土强度至少达到设计强度标准值的（　　）时，方可放张。

A. 50%　　B. 75%　　C. 85%　　D. 100%

9. 有黏结预应力混凝土的施工流程是（　　）。

A. 孔道灌浆→张拉钢筋→浇筑混凝土　　B. 张拉钢筋→浇筑混凝土→孔道灌浆

C. 浇筑混凝土→张拉钢筋→孔道灌浆　　D. 浇筑混凝土→孔道灌浆→张拉钢筋

10. 吊装单层工业厂房吊车梁，必须待柱基础杯口二次灌注的混凝土达到设计强度的（　　）以上时方可进行。

A. 30%　　B. 50%　　C. 60%　　D. 75%

11. 将6根Φ10钢筋代换成Φ6钢筋应为（　　）。

A. 10根Φ6　　B. 13根Φ6　　C. 17根Φ6　　D. 21根Φ6

12. 防水卷材施工中，当铺贴连续多跨和有高低跨的屋面卷材，应按（　　）的次序。

A. 先高跨后低跨，先远后近　　B. 先低跨后高跨，先近后远

C. 先屋脊后屋檐，先远后近　　D. 先屋檐后屋脊，先近后远

13. 采用传统的湿作业铺设天然石材，由于水泥砂浆在水化时析出大量的氢氧化钙，透过石材空隙泛到石材表面，产生不规则的花斑，俗称（　　）现象。

A. 泛碱　　B. 泛酸　　C. 泛盐　　D. 返白

14. 石材幕墙的石材，厚度不应小于（　　）mm。

A. 15　　B. 20　　C. 25　　D. 30

15. 有抗震要求的钢筋混凝土框架结构，其楼梯的施工缝宜留置在（　　）。

A. 任意部位　　B. 梯段板跨度中部的1/3范围内

C. 梯段与休息平台板的连接处　　D. 梯段板跨度端部的1/3范围内

三、多选题（每题2分，共计10分）

1. 对土方填筑与压实施工的要求有（　　）。

A. 填方必须采用同类土填筑

B. 应在基础两侧或四周同时进行回填压实

C. 从最低处开始，由下向上按整个宽度分层填压

D. 填方由下向上一层完成

E. 当天填土，必须在当天压实

2. 关于成桩深度的说法，正确的有（　　）。

A. 摩擦桩应以设计桩长控制成孔深度

B. 摩擦桩采用锤击沉管法成孔时，桩管入土深度控制应以贯入度为主，以标高控制为辅

C. 端承型桩采用钻（冲）、挖掘成孔时，应以设计桩长控制成孔深度

D. 端承型桩采用锤击沉管法成孔时，桩管入土深度控制应以贯入度为主，以标高控制为辅

E. 端承摩擦桩必须保证设计桩长及桩端进入持力层深度

3. 对于混凝土小型空心砌块砌体所用的材料，除其强度满足要求外，还应符合的要求包括（　　）。

A. 承重墙体严禁使用断裂的砌块

B. 施工时砌块的产品龄期不应小于14d

C. 对室内地面以下的砌体，应采用普通混凝土空心砌块和不低于M5的水泥砂浆

D. 宜选用专用的砌筑砂浆

E. 正常情况下，普通混凝土小型空心砌块不宜浇水

4. 多层现浇混凝土框架结构，某梁钢筋为HRB400级，直径25mm，其钢筋接头的方法有（　　）。

A. 闪光对焊　　B. 冷挤压连接　　C. 电渣压力焊　　D. 电阻点焊　　E. 直螺纹连接

5. 地下工程防水卷材的铺贴方式可分为“外防外贴法”和“外防内贴法”，外贴法与内贴法相比较，其主要特点有（　　）。

A. 容易检查混凝土质量　　B. 浇筑混凝土时，容易碰撞保护墙和防水层

C. 不能利用保护墙作模板　　D. 工期较长

E. 土方开挖量大，且易产生塌方现象

四、简答题（5题，共计34分）

1. 试述保证填土压实质量的主要方法。（本题8分）

2. 怎样减少和预防锤击沉桩对周围环境的不利影响？（本题4分）

3. 对模板及支架的基本要求有哪些？（本题10分）

4. 简述分件吊装法的优缺点。（本题5分）

5. 简述半刚性基层的施工要求。（本题7分）

五、作图题（计10分）

（本题10分）请绘出用普通黏土砖砌筑的“三顺一丁”“梅花丁”2种组砌方式的立面图（高度至少4皮砖、长度为8块砖长）。

六、计算题（2题，共计25分）

1. （本题12分）某混凝土设备基础长15m，宽4m，高3m，要求整体连续浇筑，拟采用全面水平分层浇筑方案。现有3台搅拌机，每台生产率为$6m^3/h$，若混凝土的初凝时间为3h，运输时间为0.5h，每层浇筑厚度为500mm，试确定：

（1）此方案是否可行；（7分）

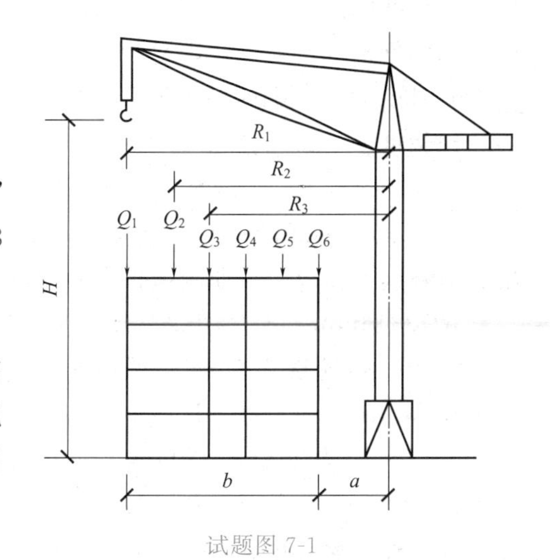

试题图7-1

（2）搅拌机最少应开启几台；（1 分）

（3）该设备基础浇筑的可能最短时间与允许的最长时间。（4 分）

2.（本题 13 分）某装配式建筑物总高度 17.5m，拟采用 QT40 型塔式起重机施工。该塔式起重机最大幅度吊钩高度 23m，最小幅度吊钩高度 34m，臂长为 30m，最大起重力矩为 450kN·m。预计施工时所吊重物重量最大值分别为 $Q_1=19$kN，$Q_2=23$kN，$Q_3=26$kN，各自距塔吊轨道中心线的距离分别为 $R_1=21$m，$R_2=18$m，$R_3=15$m，如试题图 7-1 所示（其中跨越人员或设备的距离为 $h_2=2.5$m，吊装顶层柱时吊索高出柱顶 2m）。

试题七参考答案

试验算该起重机是否满足使用要求。（提示：需验算幅度、高度、起重力矩。）

试　题　八

一、名词解释（每题 2 分，共计 4 分）

1. 先张法施工　2. 综合吊装法

二、单项选择题（每题 1 分，共计 16 分）

1. 对于同一种土，最初可松性系数 K_s 与最后可松性系数 K'_s 的关系（　　）。

A. $K_s>K'_s>1$　　B. $K_s<K'_s<1$　　C. $K'_s>K_s>1$　　D. $K'_s<K_s<1$

2. 基坑（槽）的土方开挖时，以下说法不正确的是（　　）。

A. 土体含水量大且不稳定时，应采取加固措施

B. 一般应采用“分层开挖，先撑后挖”的开挖原则

C. 开挖时如有超挖应立即整平

D. 在地下水位以下的土，应采取降水措施后开挖

3. 以下对锤击沉桩打桩顺序要求有误的有（　　）。

A. 对于密集桩群，自中间向两个方向或四周对称施打

B. 当一侧毗邻建筑物时，由毗邻建筑物处向另一方向施打

C. 根据基础的设计标高，宜先深后浅

D. 根据桩的规格，宜先小后大、先长后短

4. 用于检查灰缝砂浆饱满度的工具是（　　）。

A. 楔形塞尺　　B. 百格网　　C. 靠尺　　D. 托线板

5. 在厨房、卫生间、浴室等处采用轻骨料混凝土小型空心砌块、蒸压加气混凝土砌块砌筑墙体时，墙底部宜现浇混凝土坎台等，其高度宜为（　　）。

A. 120mm　　B. 130mm　　C. 140mm　　D. 150mm

6. 水泥进场复验时同一生产厂家、同一品种、同一等级且连续进场的水泥袋装重量不超过（　　）t 为一检验批。

A. 100　　B. 200　　C. 300　　D. 500

7. 已知某钢筋混凝土单向板中受力钢筋的直径 $d=10$mm，外包尺寸为 3300mm，钢筋两端弯钩的增长值各为 $6.25d$，钢筋因弯折引起的量度差总值为 40mm，则此钢筋的下料长度为（　　）。

A. 3345mm　　B. 3322mm　　C. 3385mm　　D. 3465mm

8. 某梁的跨度为 5m，采用钢模板、钢支柱支模时，其跨中起拱高度应为（　　）。

A. 3mm　　B. 4mm　　C. 6mm　　D. 16mm

9. 某跨度为 1.8m、强度为 C30 的现浇混凝土板，当混凝土强度达到（　　）时方可拆除底模。

A. 15MPa　　B. 21MPa　　C. 22.5MPa　　D. 30MPa

10. 某大体积混凝土体积 $1200m^3$，则至少需要制作（　　）组标准养护的抗渗试块。

A. 6　　B. 11　　C. 12　　D. 3

11. 采用埋管法留设孔道的预应力混凝土梁，其预应力筋可一端张拉的是（　　）。

A. 27m 长曲线孔道　　B. 32m 长直线孔道

C. 23m 长曲线孔道　　D. 38m 长直线孔道

12. 装配式框架结构的安装顺序一般为（　　）。

A. 柱→主梁→次梁→楼板　　B. 柱→次梁→主梁→楼板

C. 柱→楼板→次梁→主梁　　D. 柱→楼板→主梁→次梁

13. 填充墙砌至接近梁、板底时，应留一定空隙，待填充墙砌筑完并应至少间隔（　　）后，再将其补砌挤紧。

A. 1d　　B. 7d　　C. 14d　　D. 28d

14. 当屋面坡度（　　）时，防水卷材应采取固定措施。

A. 小于 3%　　B. 在 3%～15%之间

C. 大于 15%　　D. 大于 25%

15. 在抹灰工程中，下列各层次中起黏结和初步找平作用的是（　　）。

A. 基层　　B. 中层　　C. 底层　　D. 面层

16. 悬挑脚手架的搭设高度（或分段搭设高度）一般不宜超过（　　）。

A. 20m　　B. 24m　　C. 40m　　D. 50m

三、多选题（每题 2 分，共计 12 分）

1. 反铲挖土机的开挖方式有（　　）。

A. 定位开挖　　B. 正向挖土，侧向卸土

C. 正向挖土，后方卸土　　D. 沟端开挖

E. 沟侧开挖

2. 对于泥浆护壁成孔施工中，护筒的埋设应做到（　　）。

A. 护筒中心与桩位中心偏差小于 100mm

B. 在黏土层埋入深度应大于等于 1m

C. 护筒与护壁之间用黏土填实

D. 护筒内径应大于钻头直径 100mm

E. 护筒内泥浆面高出地下水位面不低于 1～1.5m

3. 砌筑工程质量的基本要求是（　　）。

A. 横平竖直　　B. 砂浆饱满　　C. 上下错缝　　D. 内外搭接　　E. 砖强度高

4. 某 C40 混凝土柱子主筋为直径 28mm 的 HRB400 级钢筋，其现场连接时宜采用（　　）。

A. 绑扎　　B. 电渣压力焊　　C. 套管挤压　　D. 直螺纹　　E. 电阻点焊

5. 无黏结预应力的工艺特点是（　　）。

A. 无须留设孔道与灌浆　　B. 施工简便

C. 对锚具要求低　　D. 预应力筋易弯曲成所需形状

E. 摩擦阻力损失小

6. 塔式起重机的技术性能参数包括（　　）。

A. 起重力矩　　B. 幅度　　C. 臂长　　D. 起重量　　E. 起重高度

四、简答题（5 题，共计 33 分）

1. 简述确定场地设计标高应考虑的因素（应遵循的原则）。（本题 8 分）

2. 长螺旋钻孔压灌混凝土后插钢筋笼灌注桩工艺较之传统钻孔灌注桩有何优点。（本题 5 分）

3. 简述盘销式钢管脚手架的特点。（本题 5 分）

4. 简述模板及支架设计的主要内容。（本题 10 分）

5. 简述层铺法沥青表面处治的施工工序。（本题 5 分）

五、作图题（计 10 分）

某单层工业厂房车间跨度 18m，柱距 6m，如试题图 8-1 所示，共 4 个节点，吊柱时起重机沿跨内开行，起重半径为 9m，开行路线距柱轴线 8m。已知柱长 11.8m，牛腿下绑扎点距柱底 7m。试按旋转法画出柱子⑤吊装施工时的平面布置图。

六、计算题（2 题，共计 25 分）

1.（本题 13 分）某工程混凝土承台：南北长 30m，东西宽 14m，厚 2m，为 C30P8 混凝土，要求整体连续浇筑，拟采用混凝土泵车从南向北浇筑，泵车的实际输送能力为 $40m^3/h$。拟采取斜面分层浇筑方案，斜面坡度为 1∶6，每层厚度 0.5m，方案示意如试题图 8-2 所示。所用混凝土的初凝时间为 4.5h，混凝土运输时间为 0.5h（包括装、运、卸）。试确定：

（1）通过计算判断此方案是否可行。（9 分）

（2）在正常施工情况下，该承台浇筑的时间是多少？（2 分）

（3）该承台混凝土在不出现冷缝的前提下，允许的最长浇筑时间是多少？（2 分）

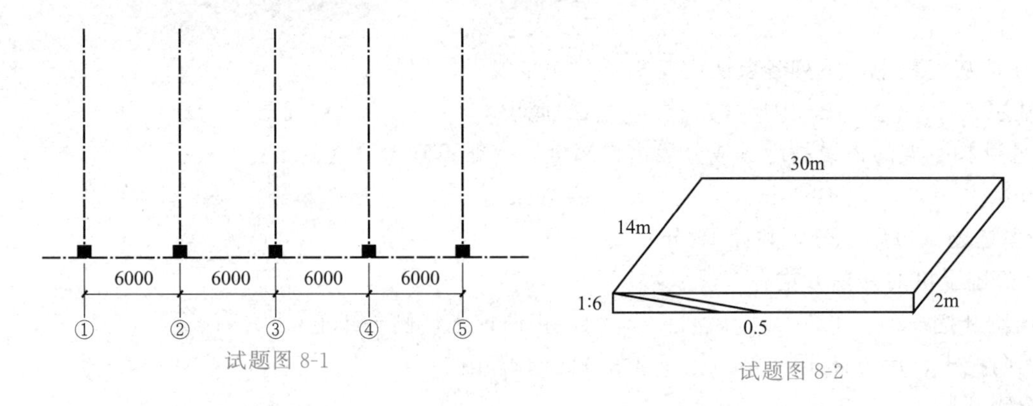

试题图 8-1

试题图 8-2

2.（本题 12 分）某工程屋架重 7t，要求起吊至 18m，现有 W_1-100 型履带式起重机，臂长 13m，23m，27m，30m 四种可供选用，起重特性见试题表 8-1。

试计算：

（1）履带式起重机的臂长。（7 分）

（2）吊装屋架时的 R_{max} 为多少？（5 分）

试题八参考答案

试题表 8-1　W_1-100 型履带式起重机起重特性

R/m	臂长 13m		臂长 23m		臂长 27m		臂长 30m	
	Q/t	H/m	Q/t	H/m	Q/t	H/m	Q/t	H/m
4.5	15.0	11						
5	13.0	11						
6	10.0	11						
6.5	9.0	10.9	8.0	19				
7	8.0	10.8	7.2	19				
8	6.5	10.4	6.0	19	5.0	23		
9	5.5	9.6	4.9	19	3.8	23	3.6	26
10	4.8	2.2	4.2	18.9	3.1	22.9	2.9	25.9
11	4.0	7.8	3.7	18.6	2.5	22.6	2.4	25.7
12	3.7	6.5	3.2	18.2	2.2	22.2	1.9	25.4
13			2.9	17.8	1.9	22	1.4	25
14			2.4	17.5	1.5	21.6	1.1	24.5
15			2.2	17	1.4	21	0.9	23.8
17			1.7	16				

试　题　九

一、名词解释（每题3分，共计6分）

1. 压实系数　2. 充盈系数

二、单项选择题（每题1分，共计15分）

1. 某基坑采用轻型井点降水，基坑开挖深度4.5m，要求水位降至基底中心下0.5m，环形井点管所围的面积为20m×30m，则井点管计算埋置深度为（　　）。

A. 5m　　B. 5.5m　　C. 6m　　D. 6.5m

2. 根据土的坚硬程度，可将土石分为八类，其中前四类土由软到硬的排列顺序为（　　）。

A. 松软土、普通土、坚土、砂砾坚土　　B. 普通土、松软土、坚土、砂砾坚土

C. 松软土、普通土、砂砾坚土、坚土　　D. 坚土、砂砾坚土、松软土、普通土

3. 某工程灌注桩采用泥浆护壁法施工，灌注混凝土前，有4根桩孔底沉渣厚度分别如下，其中，不符合要求的是（　　）。

A. 端承桩40mm　　B. 端承桩90mm　　C. 摩擦桩80mm　　D. 摩擦桩100mm

4. 某砖墙高2.6m，雨天砌筑时至少应分（　　）d砌筑完成。

A. 2　　B. 1　　C. 3　　D. 没有什么规定

5. 普通砖砖砌体的砖块之间要错缝搭接，错缝长度一般不应小于（　　）。

A. 30mm　　B. 60mm　　C. 120mm　　D. 180mm

6. 某梁纵向受力钢筋为8根相同钢筋，采用搭接连接。在一个连接区段内（长度为搭接长度的1.3倍)，允许有接头的最多根数是（　　）。

A. 1　　B. 2　　C. 4　　D. 6

7. 用平板振捣器振捣混凝土时，混凝土每层的浇筑厚度最多不得超过（　　）。

A. 300mm　　B. 600mm　　C. 500mm　　D. 200mm

8. 某预应力板采用后张法施工，混凝土设计强度等级为C40，则预应力筋张拉时，其强度不应低于（　　）MPa。

A. 28　　B. 30　　C. 24　　D. 20

9. 单层工业厂房吊装柱时，其校正的主要内容是（　　）。

A. 平面位置　　B. 垂直度　　C. 柱顶标高　　D. 牛腿标高

10. 当需要进行钢筋代换时，应办理（　　）变更文件。

A. 施工　　B. 监理　　C. 设计　　D. 建设

11. 涂膜防水屋面施工时，其胎体增强材料长边、短边搭接宽度分别不得小于（　　）。

A. 50mm；50mm　　B. 50mm；70mm　　C. 70mm；50mm　　D. 70mm；70mm

12. 吊杆间距通常为（　　）mm。

A. 500～800　　B. 900～1200　　C. 1300～1500　　D. 1600～2000

13. 墙面石材直接干挂法所用的挂件，其制作材料宜为（　　）。

A. 钢材　　B. 塑料　　C. 不锈钢　　D. 铝合金

14. 反铲挖土机的特点是（　　）。

A. 后退向下、强制切土　　B. 前进向上、强制切土

C. 后退向下、自重切土　　D. 直上直下、强制切土

15. 砖砌体水平灰缝的砂浆饱满度不得低于（　　）。

A. 60%　　B. 70%　　C. 80%　　D. 90%

三、多选题（每题2分，共计10分）

1. 土方填筑时，常用的压实方法有（　　）。

A. 堆载法　　B. 碾压法　　C. 夯实法　　D. 水灌法　　E. 振动压实法

2. 以下灌注桩中，属于非挤土类桩的是（　　）。

A. 锤击沉管桩　　B. 振动冲击沉管桩　C. 爆扩桩　　D. 人工挖孔桩　　E. 钻孔灌注桩

3. 砌砖的常用方法有（　　）。

A. 干摆法　　B. 铺浆法　　C. “三一”砌法　D. 全顺砌法　　E. 灌缝法

4. 某大体积混凝土采用全面分层法连续浇筑时，混凝土初凝时间为 180min，运输时间为 30min。已经于上午 8 时浇筑完第一层混凝土并采用匀速浇筑，那么浇筑完成第二层混凝土的时间可以是(　　)。

A. 上午 9 时　　B. 上午 9 时 30 分　C. 上午 10 时

D. 上午 11 时　　E. 上午 11 时 30 分

5. 相对于外贴法，地下工程卷材防水的内贴法的特点（　　）。

A. 施工期长　　B. 节约地下外墙模板

C. 防水层易受结构沉降的影响　　D. 要求基坑肥槽宽

E. 易修补

四、简答题（5 题，共计 36 分）

1. 对普通黏土砖墙临时间断处的留槎与接槎的要求有哪些？(本题 10 分)

2. 简述大体积混凝土裂缝的防止方法。(本题 6 分)

3. 简述卷材屋面保护层施工要求。(本题 5 分)

4. 墙体抹灰前，对其基体应做哪些处理？(本题 10 分)

5. 加气混凝土砌块不宜用在哪些部位？(本题 5 分)

五、作图题（计 10 分）

某厂金工车间柱距 6m，一个节间的纵剖面如试题图 9-1 所示。起重机底铰距停机面的高度 $E=2$m。试在试题图 9-1 中用图解法求出吊装跨中屋面板所需的最小起重臂长度。

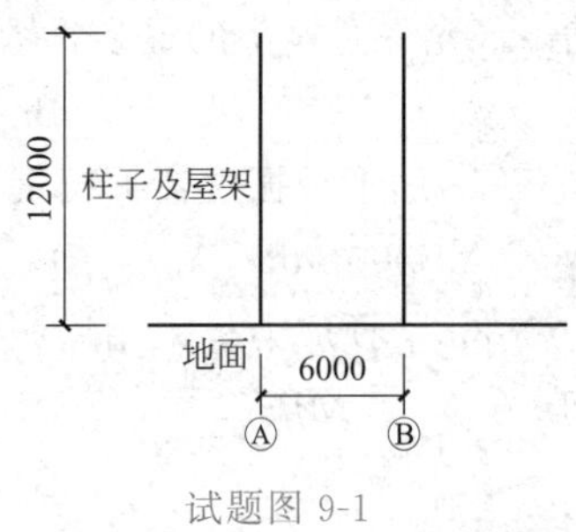

试题图 9-1

六、计算题（2 题，共计 23 分）

1.（本题 13 分）某工程的 20m 空心板梁，采用先张法施工，设计采用标准强度 $f_{ptk}=1860$MPa 的高强低松弛钢绞线，公称面积 $A_g=140\text{mm}^2$；弹性模量 $E_g=1.95\times10^5$MPa。采用 0→$1.03\sigma_{con}$ 程序进行张拉(其中控制应力 $\sigma_{con}=0.75f_{ptk}$)。为保证施工符合设计要求，施工中采用油压表读数和钢绞线拉伸量测定值双控制，实测张拉力为 210kN，伸长值为 154mm。

请确定：

(1) 单根钢绞线最大张拉端控制力和钢绞线理论伸长量。(8 分)

(2) 判断该钢绞线张拉是否符合规范要求。(5 分)

试题九参考答案

2.（本题 10 分）某钢筋混凝土梁主筋设计采用 HRB335 级（$f_y=300\text{N/mm}^2$）3 根直径 28mm 的钢筋，现无此规格、品种的钢筋，拟用 HRB400 级（$f_y=360\text{N/mm}^2$）钢筋代换，试计算需代换钢筋的面积、直径和根数。

试　题　十

一、名词解释（每题 3 分，共计 6 分）

1. 整体吊装法　2. 松铺系数

二、单项选择题（每题 1 分，共计 16 分）

1. 某宽 5m、深 2m、长 100m 的管沟采用直立壁开挖，已知 $K_s=1.25$，$K'_s=1.05$，采用体积为

$5m^3$的汽车外运，应安排（　　）车次才能将土全部运走。

A. 200　　B. 210　　C. 250　　D. 260

2. 填方工程中，若采用的填料透水性不同，宜将渗透系数较大的填料（　　）。

A. 填在上部　　B. 填在中间　　C. 填在下部　　D. 与透水性小的填料掺杂

3. 大面积高密度打桩不宜采用的打桩顺序是（　　）。

A. 由一侧向单一方向进行　　B. 自中间向两个方向对称进行

C. 自中间向四周进行　　D. 分区域进行

4. 检查每层墙面垂直度的工具是（　　）。

A. 钢尺　　B. 经纬仪　　C. 托线板　　D. 楔形塞尺

5. 毛石挡水墙的泄水孔当设计无规定时，泄水孔应均匀设置，在每米高度上间隔（　　）左右设置一个泄水孔。

A. 3m　　B. 2m　　C. 3.5m　　D. 2.5m

6. 当预应力筋需要代换时，应进行专门计算，并应经原（　　）单位确认。

A. 设计　　B. 施工　　C. 监理　　D. 建设

7. 已知某板中受力钢筋的直径 $d=12$mm，外包尺寸为 3300mm，钢筋两端弯钩的增长值各为 $6.25d$，钢筋因弯折引起的量度差总值为 48mm，则此钢筋的下料长度为（　　）mm。

A. 3327　　B. 3198　　C. 3402　　D. 3498

8. 某梁的跨度为 6m，采用钢模板、钢支柱支模时，其跨中起拱高度不正确的是（　　）。

A. 5mm　　B. 12mm　　C. 6mm　　D. 18mm

9. 某跨度为 9m、强度为 C30 的现浇混凝土梁，当混凝土强度达到（　　）时方可拆除底模。

A. 15MPa　　B. 21MPa　　C. 22.5MPa　　D. 30MPa

10. 某大体积混凝土 $1450m^3$，则至少需要制作（　　）组标准养护的抗压试块。

A. 15　　B. 8　　C. 7　　D. 3

11. 采用埋管法留设孔道的预应力混凝土梁，其预应力筋需两端张拉的是（　　）。

A. 18m 长曲线孔道　　B. 32m 长直线孔道

C. 15m 长曲线孔道　　D. 38m 长直线孔道

12. 单层工业厂房屋架的吊装工艺顺序是（　　）。

A. 绑扎→起吊→对位→临时固定→校正→最后固定

B. 绑扎→翻身扶直→起吊→对位与临时固定→校正→最后固定

C. 绑扎→对位→起吊→校正→临时固定→最后固定

D. 绑扎→对位→校正→起吊→临时固定→最后固定

13. 施工时，施砌的蒸压（养）砖应符合下列哪一项的规定（　　）。

A. 龄期不应小于 28d　　B. 龄期不应大于 28d

C. 出厂日期不应少于 3 个月　　D. 出厂日期不应超过于 3 个月

14. 屋面防水设防要求为一道防水设防的建筑，其防水等级为（　　）。

A. Ⅰ级　　B. Ⅱ级　　C. Ⅲ级　　D. Ⅳ级

15. 在抹灰工程中，下列各层次中起装饰作用的是（　　）。

A. 基层　　B. 中层　　C. 底层　　D. 面层

16. 型钢挑梁宜采用工字钢等双轴截面对称的型钢，钢梁截面高度不应小于（　　）mm。

A. 100　　B. 150　　C. 160　　D. 200

三、多选题（每题 2 分，共计 12 分）

1. 为了提高生产效率，铲运机常用的施工方法有（　　）。

A. 跨铲法　　B. 斜角铲土法　　C. 下坡铲土法　　D. 助铲法　　E. 并列法

2. 在干作业成孔灌注桩施工中应注意的事项有（　　）。

A. 钻杆应保持垂直稳固，不晃动　　B. 钻进速度应根据电流值变化调整

C. 清孔后应及时吊放钢筋笼　　D. 浇筑混凝土前先放护孔漏斗

E. 每次浇筑混凝土高度不得大于 2m

3. 砖墙砌筑的工序包括（　　）。

A. 抄平　　B. 放线　　C. 立皮数杆　　D. 砌砖　　E. 灌缝

4. 采用闪光对焊的接头检查，符合质量要求的是（　　）。

A. 接头表面无横向裂纹　　B. 钢筋轴线偏移为 1mm

C. 拉伸试验 3 个接头中有 2 个合格　　D. 接头处弯折为 3°

E. 与电极接触处的表面无明显烧伤

5. 无黏结预应力的工艺特点是（　　）。

A. 无须留设孔道与灌浆　　B. 施工简便

C. 对锚具要求低　　D. 预应力筋易弯曲成所需形状

E. 需要穿筋

6. 履带式起重机的技术性能参数主要包括（　　）。

A. 起重力矩　　B. 起重半径　　C. 臂长　　D. 起重量　　E. 起重高度

四、简答题（4 题，共计 33 分）

1. 简述地面砖施工前对基层应如何处理。（本题 8 分）

2. 简述永久式模板的种类及施工特点。（本题 9 分）

3. 后张法施工的孔道留设方法有哪些？应注意哪些问题？（本题 8 分）

4. 泥浆护壁成孔灌注桩施工中，泥浆的作用有哪些？（本题 8 分）

墙体

底板

垫层

试题图 10-1

五、作图题（本题 10 分）

在试题图 10-1 中画出地下防水混凝土外墙采用平缝加止水板形式施工缝的位置，并标注相关尺寸。

六、计算题（2 题，共计 23 分）

1.（本题 10 分）用先张法工艺制作某构件，采用直径 9mm 的高强钢丝作预应力筋，其标准强度值 $f_{ptk}=1470\text{MPa}$，使用梳筋板镦头夹具，每次张拉 6 根，张拉程序为：$0\rightarrow1.03\sigma_{con}$，其中控制应力 $\sigma_{con}=0.75f_{ptk}$。

试计算：

（1）根据规定的控制应力求每次张拉力的最大值。（5 分）

（2）若该构件的混凝土强度等级为 C40，则构件放张时至少应达到的强度是多少？（5 分）

2.（本题 13 分）某工程有按 C30 配合比浇注的混凝土试块 10 组，其强度分别为 29.0MPa、31.0MPa、32.5MPa、33.0MPa、33.5MPa、34.0MPa、34.5MPa、35.0MPa、35.5MPa、36.0MPa。试对该混凝土强度进行检验评定（合格评定）。（$f_{cu平均值}\geqslant f_{cu,k}+1.15S_{fcu}$，$f_{cu,min}\geqslant0.9f_{cu,k}$）

试题十参考答案

参 考 文 献

[1] 穆静波，孙震．土木工程施工．2版．北京：中国建筑工业出版社，2014.

[2] 姚谨英．建筑施工技术．6版．北京：中国建筑工业出版社，2017.

[3] 穆静波，王亮．建筑施工．2版．北京：中国建筑工业出版社，2012.

[4] 穆静波．土木工程施工习题集．3版．北京：中国建筑工业出版社，2019.

[5] 本书编委会．建筑工程管理与实务复习题集．北京：中国建筑工业出版社，2016.

[6] GB 50208—2011 地下防水工程质量验收规范

[7] GB 50207—2012 屋面工程质量验收规范

[8] GB 5020—2002 建筑地基基础工程施工质量验收规范

[9] GB 50209—2010 建筑地面工程施工质量验收规范

[10] JGJ 130—2011 建筑施工扣件式钢管脚手架安全技术规范

[11] GB 50210—2001 建筑装饰装修工程质量验收规范

[12] GB 50666—2011 混凝土结构工程施工规范

[13] GB 50204—2015 混凝土结构工程施工质量验收规范

[14] GB 50924—2014 砌体结构工程施工规范

[15] GB 50203—2011 砌体结构工程施工质量验收规范

[16] JGJ 18—2012 钢筋焊接及验收规程

[17] GB 50755—2012 钢结构工程施工规范